朝倉数学大系

砂田利一・堀田良之・増田久弥 [編集]

解析的整数論 I
－素数分布論－

本橋洋一 [著]

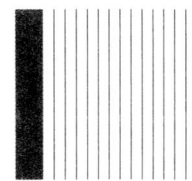

〈朝倉数学大系〉
編集委員

砂田利一
明治大学教授
東北大学名誉教授

堀田良之
東北大学名誉教授

増田久弥
東京大学名誉教授
東北大学名誉教授

序

　自然数の何れかを手にし自然数の積への分解を思う．試みの始まりは何時のことか，何処のことか，最早知るよしも無い．思案は原初の知的苛立と喜びをもたらし，その感情は今も変わること無く慈しまれる．苛立は個々の分解の困難即ち素数の存在への意識，喜びは整除全体の観照．自然数は素数にて揺るぎなく組み立てられ，人の心に調和が広がる．

　人は自然数全体を斯く観ることができる．素数は貴石の如き存在．しかし，不思議なことに個々の素数の在りかについて人は確たる認識を持つには至らぬままである．この地点に素数あるべしと全て指し示す術が希い求められる．夢は与えられた限界以下の素数の個数を整除とは独立し自在に決定することである．その成就を完全なる素数定理と名付けるべきか．或は永遠の謎とすべきか．

　著者の目的は，この未知への数多の接近のうち古典的とされるところ，即ち18世紀後半から20世紀終盤に至るまでに一切の仮定無く厳密に証明された事実の本流を展開することにある．手法は伝統的であるものの著者の思想として篩法を水先に立てた．本書は素数分布について語る何人もが念頭に置くべき基礎事実の集成である．それ故，解析的整数論の如何なる分野に向かうにも必須となる素養を与えよう．

　筆を進めると共に時として追憶に遊んだ．畏友 Matti Jutila 君並びに Aleksandar Ivić 君の変わらぬ友情，家族の与えてくれた安らぎ，そして朝倉書店各位の温かな忍耐に心より感謝する．

　　2009 年 9 月

　　　　　　　　　　　　　　　　　　　　Bloomsbury にて著者記す

目　　次

読者諸氏へ vi

1　素　数　定　理 1
   1.1　Euler 積 1
   1.2　Zeta-函数の函数等式 7
   1.3　Riemann の報文 9
   1.4　Zeta-函数の零点 12
   1.5　素数定理 I 18
   1.6　Riemann 予想と Hoheisel の着想 23
   1.7　付　　記 27

2　指　　数　　和 36
   2.1　Weyl–van der Corput の方法 36
   2.2　Vinogradov の方法 41
   2.3　Vinogradov の平均値定理 44
   2.4　素数定理 II 50
   2.5　付　　記 51

3　短区間中の素数 55
   3.1　L^2-不等式 I 55
   3.2　Zeta-函数の冪乗平均値 59
   3.3　素数定理 III 73
   3.4　付　　記 79

4 算術級数中の素数 ･･････････････････････････････････ 83
4.1 Dirichlet 指標 ･･････････････････････････････････ 83
4.2 L-函数の函数等式 ･･･････････････････････････････ 87
4.3 L-函数の零点 ･･････････････････････････････････ 89
4.4 L-函数の非消滅領域 ･････････････････････････････ 92
4.5 素数定理 IV ･･･････････････････････････････････ 97
4.6 付　　記 ････････････････････････････････････ 103

5 篩　　　法 I ･･････････････････････････････････ 105
5.1 Brun の着想 ･･････････････････････････････････ 105
5.2 篩 問 題 ･････････････････････････････････････ 110
5.3 Rosser の篩 ･･････････････････････････････････ 114
5.4 付　　記 ････････････････････････････････････ 123

6 一 次 元 篩 I ････････････････････････････････････ 126
6.1 篩と微分方程式 ････････････････････････････････ 126
6.2 篩 限 界 ･････････････････････････････････････ 132
6.3 一次元篩の主項 ････････････････････････････････ 140
6.4 付　　記 ････････････････････････････････････ 147

7 篩　　　法 II ･････････････････････････････････ 149
7.1 Linnik と Selberg の着想 ･･････････････････････････ 149
7.2 L^2-不等式 II ･････････････････････････････････ 156
7.3 付　　記 ････････････････････････････････････ 166

8 平均素数定理 ･･･････････････････････････････････ 169
8.1 素数定理 V ･･･････････････････････････････････ 169
8.2 双子素数予想及び Goldbach 予想 ････････････････････ 181
8.3 付　　記 ････････････････････････････････････ 185

9 最小素数定理 ·· 188
  9.1 L^2-不等式 III ································· 188
  9.2 素数定理 VI ····································· 196
  9.3 Linnik 現象 ······································ 208
  9.4 付　　記 ··· 213

10 一 次 元 篩 II ·· 217
  10.1 篩残余項の構造 ································ 217
  10.2 一次元篩の残余項 ······························ 222
  10.3 素数定理 VII ··································· 233
  10.4 付　　記 ······································· 247

後　　書 ·· 249
参 考 文 献 ·· 251
索　　引 ·· 257

読者諸氏へ

　本書は通読を旨として書かれている．各章末の付記も本文と同等に読まれるべきである．推論・計算については，読者自らが細部を補うことも期待されている．予備知識としては函数論及び整数論等の基礎的な部分のみを想定している．文献については，厳選を心がけた．著述にあたり，拙著「Sieve Methods and Prime Number Theory」(Tata 講義録) 及び「リーマンゼータ函数と保型波動」(共立出版) を多く参照した．なお，第 2 巻にては，ゼータ函数論を主題とする．

　記号等は常用例を念頭に議論の流れと共に導入され，その後断りなく自在に用いられる．関連し，本分野に伝統的な常数の用法について注意する．例えば，本文の式 (1.1.4) にて「x は充分大」とされているが，如何ほどに大なるかは明言されていない．この例の場合，不等式の成立条件を確かめることは実は読者に残されているのである．同様なことは，常用の Landau 記号「O, o」或は補題 1.2 にて導入される Vinogradov 記号「$\ll$」の使用に際し暗々裏に望まれている．つまり，殆どの場合，これらに含まれる常数の実際の値を知る必要は無く存在のみを知れば充分であるが，それを確かめることは議論の文脈に沿えば可能である，と著者は主張しているのである．同じく補題 1.2 にて始まる「ε」の使用にも言うなれば不明瞭さがある．この微小な正数は様々な数式に現れ「所により値が異なる」とされる．例えば，(1.1.29) と (1.6.2) にてはそれぞれの ε の値は独立と自然に理解されよう．しかし，(3.3.6) と (3.3.24) にては前者から後者が導かれるのであり，これらの ε には従属関係がある．従って，本来は同じ記号を使用すべきではない．しかし，この関係を文脈から明確にすることは容易である故，著者はそれを読者に委ねる訳である．実際は，ある特定の量子的な ε が存在し本書の全ての常数はそれの何らかの整数倍とできる．しかし，量子 ε を特定することは議論を進めるにあたりことさらに必要なことではない．本質的なことは，これら常数のもたらす如何なる均衡の上にそれぞれの数学的事実が成立しているかを感覚として体得することである．

第1章 素数定理

1.1 Euler 積

素因数分解の一意性は数論の様々な場面に現れるが，そのとりわけ基本的な表象は Riemann zeta-函数

$$\zeta(s) = \sum_{n=1}^{\infty} \frac{1}{n^s}, \quad s = \sigma + it, \quad \sigma > 1, \, t \in \mathbb{R}, \tag{1.1.1}$$

に対する Euler 積表示

$$\zeta(s) = \prod_{p} \left(1 - \frac{1}{p^s}\right)^{-1}, \quad \sigma > 1, \tag{1.1.2}$$

である．積は全ての素数 p に渡る．これらは示された領域にて共に絶対収束する．従って，$\sigma > 1$ なるとき $\zeta(s)$ は正則であり且つ零点を有しない．証明には，領域 $\sigma > 0$ にて成立する等式

$$\prod_{p<x} \left(1 - \frac{1}{p^s}\right)^{-1} = \sum_{n<x} \frac{1}{n^s} + \sum_{\substack{n \geq x \\ p|n \Rightarrow p<x}} \frac{1}{n^s} \tag{1.1.3}$$

を考察する．ここに記号 $p|n$ は p が n の約数であることを示す．条件 $\sigma > 1$ のもとに $x \to \infty$ とするならば，右辺の第2和は0に収束する．

定理 1.1 素数は無限に存在する．

[証明] 等式 (1.1.3) にて例えば $s = \frac{1}{2}$ とし，右辺の第2和を無視するならば，充分大なる x について

$$\prod_{p<x} \left(1 - \frac{1}{p^{1/2}}\right)^{-1} > x^{1/2} \tag{1.1.4}$$

を得る．従って，左辺は有界ではありえないことから証明を終わる．

一方，(1.1.2) は
$$\frac{1}{\zeta(s)} = \sum_{n=1}^{\infty} \frac{\mu(n)}{n^s}, \quad \sigma > 1, \tag{1.1.5}$$
と同値である．ここに，μ は Möbius 函数である．函数 μ の基本性質，或はその定義として，
$$\sum_{d|n} \mu(d) = \begin{cases} 1 & n=1, \\ 0 & n>1, \end{cases} \tag{1.1.6}$$
がある．これは (1.1.1) と (1.1.5) のもとに自明な等式 $\zeta(s)\zeta(s)^{-1} \equiv 1$ を書き換えたものである．函数 $\zeta(s)$ の解析的な性質については後に詳述する．

函数 f は $\mathbb{N}$ にて定義され $g(n) = \sum_{d|n} f(d)$ とする．収束性についての要件を度外視し，
$$F(s) = \sum_{n=1}^{\infty} \frac{f(n)}{n^s}, \quad G(s) = \sum_{n=1}^{\infty} \frac{g(n)}{n^s} \tag{1.1.7}$$
とおくならば，関係式
$$\zeta(s)F(s) = G(s), \quad F(s) = \frac{G(s)}{\zeta(s)} \tag{1.1.8}$$
は自明である．後者は (1.1.5) により，Möbius の反転公式
$$f(n) = \sum_{d|n} \mu(d) g(n/d) \tag{1.1.9}$$
と同値である．

「素因数分解の一意性」を体現するものとして「乗法的函数」f がある．これは，$\mathbb{N}$ にて定義され，$f(1) = 1$ 且つ任意の互いに素な m, n に対し $f(mn) = f(m)f(n)$ を充たす．函数 μ はその一つである．収束性についての要件を再び度外視するならば，
$$\sum_{n=1}^{\infty} \frac{f(n)}{n^s} = \prod_p \left(\sum_{l=0}^{\infty} \frac{f(p^l)}{p^{ls}} \right) \tag{1.1.10}$$
を得る．これをも Euler 積と称する．更に「完全乗法性」$f(p^l) = f(p)^l$ を課

すならば，(1.1.2) に相当し

$$\sum_{n=1}^{\infty} \frac{f(n)}{n^s} = \prod_p \left(1 - \frac{f(p)}{p^s}\right)^{-1} \tag{1.1.11}$$

を得る．

例えば，約数函数 $\sigma_\alpha(n) = \sum_{d|n} d^\alpha$ は前者の場合であり，

$$\sum_{n=1}^{\infty} \frac{\sigma_\alpha(n)}{n^s} = \zeta(s)\zeta(s-\alpha), \quad \sigma > 1 + \max\{0, \operatorname{Re}\alpha\}, \tag{1.1.12}$$

なる等式が成り立つ．左辺の収束性については，右辺の zeta-因子それぞれの Euler 積展開の収束性から従う，とみるのがよい．この論法は以後様々な議論にて断り無く用いられる．なお，$\operatorname{Re} s = \sigma$ と約数函数 σ_α との混同は無かろう．特に $\alpha = 0$ とし，約数函数 $d(n) = \sum_{d|n} 1$ について

$$\sum_{n=1}^{\infty} \frac{d(n)}{n^s} = \zeta(s)^2, \quad \sigma > 1. \tag{1.1.13}$$

或は，より一般に任意の整数 $k \geq 2$ について

$$d_k(n) = \sum_{d_1 d_2 \cdots d_{k-1} | n} 1, \quad \sum_{n=1}^{\infty} \frac{d_k(n)}{n^s} = \zeta(s)^k, \quad \sigma > 1. \tag{1.1.14}$$

一方，表示式 (1.1.11) の例として重要なものは Dirichlet 指標 χ に付随する L-函数

$$\begin{aligned} L(s,\chi) &= \sum_{n=1}^{\infty} \frac{\chi(n)}{n^s} \\ &= \prod_p \left(1 - \frac{\chi(p)}{p^s}\right)^{-1}, \quad \sigma > 1, \end{aligned} \tag{1.1.15}$$

である．函数 $L(s,\chi)$ については後に詳述する．

Euler 積表示 (1.1.10) の応用として (1.1.12) を挙げたが，より印象深い例として次の Ramanujan の等式がある．

補題 1.1 領域 $\sigma > 1 + \max\{0, \operatorname{Re}\alpha, \operatorname{Re}\beta, \operatorname{Re}(\alpha+\beta)\}$ にて，

$$\sum_{n=1}^{\infty} \frac{\sigma_\alpha(n)\sigma_\beta(n)}{n^s} = \frac{\zeta(s)\zeta(s-\alpha)\zeta(s-\beta)\zeta(s-\alpha-\beta)}{\zeta(2s-\alpha-\beta)}. \tag{1.1.16}$$

[証明] この論法は後に篩法の議論にて用いられる．また，L-函数に応用され，算術級数中の素数の存在に関する基本定理の証明にても用いられる．先ず，$[d_1, d_2]$ は整数 d_1, d_2 の最小公倍数とし，

$$\sigma_\alpha(n)\sigma_\beta(n) = \sum_{[d_1,d_2]|n} d_1^\alpha d_2^\beta. \tag{1.1.17}$$

両辺に n^{-s} を乗じ和をとるならば，(1.1.16) の左辺は

$$\zeta(s) \sum_{d_1,d_2=1}^{\infty} \frac{d_1^\alpha d_2^\beta}{[d_1,d_2]^s} = \zeta(s) \sum_{d_1,d_2=1}^{\infty} \frac{(d_1,d_2)^s}{d_1^{s-\alpha} d_2^{s-\beta}} \tag{1.1.18}$$

となる．但し，(d_1, d_2) は d_1, d_2 の最大公約数である．ここで，(1.1.9) にて $g(n) = n^s$ とおけば，

$$n^s = \sum_{d|n} \varphi_s(d), \quad \varphi_s(d) = d^s \prod_{p|d}(1 - p^{-s}) \tag{1.1.19}$$

を得る．函数 φ_s は乗法的である．表示

$$(d_1, d_2)^s = \sum_{\substack{d|d_1 \\ d|d_2}} \varphi_s(d) \tag{1.1.20}$$

を用い，

$$\sum_{d_1,d_2=1}^{\infty} \frac{(d_1,d_2)^s}{d_1^{s-\alpha} d_2^{s-\beta}} = \zeta(s-\alpha)\zeta(s-\beta) \sum_{d=1}^{\infty} \frac{\varphi_s(d)}{d^{2s-\alpha-\beta}}. \tag{1.1.21}$$

右辺の和は，(1.1.10) と (1.1.19) の第 2 式から

$$\prod_p \Big(1 + (1-p^{-s})\sum_{k=1}^{\infty} \frac{1}{p^{k(s-\alpha-\beta)}}\Big) = \prod_p \Big(1 - \frac{1}{p^{s-\alpha-\beta}}\Big)^{-1}\Big(1 - \frac{1}{p^{2s-\alpha-\beta}}\Big)$$
$$= \zeta(s-\alpha-\beta)\zeta(2s-\alpha-\beta)^{-1}.$$
$$\tag{1.1.22}$$

或は (1.1.8) と (1.1.19) の第 1 式から直接に (1.1.22) の右辺に達するもよい．

以上をまとめ (1.1.16) の証明を終わる．収束性の吟味は容易であろう．

特に $\alpha = \beta = 0$ とし

$$\sum_{n=1}^{\infty} \frac{d(n)^2}{n^s} = \frac{\zeta(s)^4}{\zeta(2s)}, \quad \sigma > 1, \tag{1.1.23}$$

なる美しい等式を得る．

約数函数 $\sigma_\alpha(n)$ については，Ramanujan による表示式

$$\sum_{l=1}^{\infty} \frac{r_l(n)}{l^{1-\alpha}} = \frac{\sigma_\alpha(n)}{\zeta(1-\alpha)}, \quad \operatorname{Re}\alpha < 0, \tag{1.1.24}$$

も示しておく必要がある．ここに

$$r_l(n) = \sum_{\substack{h=1 \\ (h,l)=1}}^{l} e(hn/l), \quad e(x) = \exp(2\pi i x), \tag{1.1.25}$$

は Ramanujan 和である．関係式 (1.1.8) を参照するならば (1.1.24) は

$$\sum_{l|q} r_l(n) = \sum_{h=1}^{q} e(hn/q) = \begin{cases} q & q|n, \\ 0 & q \nmid n, \end{cases} \tag{1.1.26}$$

と同値であると知れる．

更に，Euler 積 (1.1.10) の一部応用として次の有用な評価を示しておく．

補題 1.2 任意の固定された整数 $k, l \geq 1$ について

$$\sum_{n<x} d_k(n)^l \ll x(\log x)^{k^l - 1}, \tag{1.1.27}$$

$$\sum_{n<x} \frac{d_k(n)^l}{n} \ll (\log x)^{k^l}. \tag{1.1.28}$$

系として，任意の小常数 $\varepsilon > 0$ について

$$d_k(n) \ll n^\varepsilon. \tag{1.1.29}$$

[注意] Vinogradov の記法 $U \ll V$ は，或る常数 $c > 0$ が存在し $|U/V| < c$ となることを意味する．つまり Landau の記法 $U = O(|V|)$ と同義である．式

(1.1.27)–(1.1.28) 及び (1.1.29) に含まれる定数は各々 k, l 及び k, ε に従属するが，それらの存在のみがここでは重要である．当然に，前者は全ての $x \geq 2$，後者は全ての自然数 n についての主張である．以下巻末に至るまで，この様な委細を逐一述べることはせず，自然な文脈のもとに議論を進める．

[証明] 不等式 (1.1.29) が (1.1.27) は勿論のこと (1.1.28) からも従うことは見易い．一方，(1.1.28) の左辺は

$$\sum_{n_1 n_2 \cdots n_k < x} \frac{d_k(n_1 n_2 \cdots n_k)^{l-1}}{n_1 n_2 \cdots n_k}$$
$$\leq \Big(\sum_{n<x} \frac{d_k(n)^{l-1}}{n}\Big)^k \leq \Big(\sum_{n<x} \frac{1}{n}\Big)^{k^l}. \tag{1.1.30}$$

ここで容易な不等式 $d_k(n_1 n_2 \cdots n_k) \leq \prod_{j=1}^{k} d_k(n_j)$ を用いた．従って，(1.1.28) を得る．次に，(1.1.27) を示すために，先ず $d_k(n) = \sum_{m|n} d_{k-1}(m)$ に注意し，k についての帰納法により

$$\sum_{n<x} d_k(n) \ll x(\log x)^{k-1}. \tag{1.1.31}$$

これは，(1.1.27) にて $l=1$ の場合であるが，一般の l については，函数

$$q(s) = \sum_{n=1}^{\infty} \frac{d_k(n)^l}{n^s}, \quad \sigma > 1, \tag{1.1.32}$$

を用いるがよい．評価 (1.1.29) により，収束性は明らかである．係数の乗法性から，

$$q(s) = \prod_p \Big(1 + \frac{k^l}{p^s} + \sum_{j=2}^{\infty} \frac{d_k(p^j)^l}{p^{js}}\Big)$$
$$= \zeta(s)^{k^l} q_1(s) \tag{1.1.33}$$

とおくならば，因子 $q_1(s)$ は $\sigma > \frac{1}{2}$ にて絶対収束する Euler 積表示を有する．それを展開し

$$q_1(s) = \sum_{n=1}^{\infty} \frac{h(n)}{n^s} \tag{1.1.34}$$

とする．乗法的函数 $h(n)$ を具体的に書き下すまでもなく，以上から

$$\sum_{n<x} d_k(n)^l = \sum_{n<x}\sum_{m|n} h(m)d_{k^l}(n/m)$$
$$\ll x\sum_{m<x}\frac{|h(m)|}{m}(\log x/m)^{k^l-1} \ll x(\log x)^{k^l-1}. \quad (1.1.35)$$

1.2　Zeta-函数の函数等式

定義式 (1.1.1) に戻り $\zeta(s)$ の基本的な解析的性質を考察する．

定理 1.2　函数 $\zeta(s)$ は全複素平面に一意的に接続する．その結果，$\zeta(s)$ は点 $s=1$ における極以外にて正則である．この極の近傍においては漸近式

$$\zeta(s) = \frac{1}{s-1} + c_E + O(|s-1|) \quad (1.2.1)$$

が成立する．ここに $c_E = 0.57721\ldots$ は Euler 常数である．更に，任意の $s \in \mathbb{C}$ について函数等式

$$\zeta(1-s) = 2^{1-s}\pi^{-s}\cos(\tfrac{1}{2}s\pi)\Gamma(s)\zeta(s) \quad (1.2.2)$$
$$= \pi^{1/2-s}\frac{\Gamma(\tfrac{1}{2}s)}{\Gamma(\tfrac{1}{2}(1-s))}\zeta(s) \quad (1.2.3)$$

が成立する．

[証明]　定義式 (1.1.1) を

$$\zeta(s) = \int_{1-0}^{\infty}\frac{d[x]}{x^s}, \quad \sigma > 1, \quad (1.2.4)$$

と書く．右辺は Stieltjes 積分であり，$[x]$ は x の整数部分．函数 $\rho(x) = [x] - x + \frac{1}{2}$ を用い，部分積分法により解析接続

$$\zeta(s) = \frac{1}{s-1} + \frac{1}{2} + s\int_1^{\infty}\frac{\rho(x)}{x^{s+1}}dx, \quad \sigma > -1, \quad (1.2.5)$$

を得る．函数 $\rho(x)$ の積分は有界である故，領域 $\sigma > -1$ までの接続が得られたのである．更に部分積分を繰り返す，つまり Euler–Maclaurin の総和法を適用するならば，全複素平面への接続が得られる．特に，

$$\lim_{s \to 1}\Big(\zeta(s) - \frac{1}{s-1}\Big) = \frac{1}{2} + \lim_{N \to \infty}\int_1^N \frac{\rho(x)}{x^2}dx$$
$$= \lim_{N \to \infty}\Big(\sum_{n=1}^N \frac{1}{n} - \log N\Big) = c_E. \quad (1.2.6)$$

つまり，(1.2.1) を得た．

函数等式 (1.2.2) の証明に移る．先ず，Γ-函数の積分表示式を用い，領域 $\sigma > 1$ にての絶対収束性により

$$\Gamma(s)\zeta(s) = \sum_{n=1}^\infty \int_0^\infty x^{s-1}e^{-nx}dx$$
$$= \int_0^\infty \frac{x^{s-1}}{e^x - 1}dx. \quad (1.2.7)$$

後者を変形し，

$$-2i\sin(\pi s)\,\Gamma(s)\zeta(s) = \int_C \frac{(-x)^{s-1}}{e^x - 1}dx. \quad (1.2.8)$$

但し，積分路 C は実軸上にて $+\infty$ を発し，点 $\frac{1}{2009}$ に進み原点を中心とし正方向に円を描き，再び実軸に沿い $+\infty$ に戻る．この間，$\arg(-x)$ は $-\pi$ から π に変化する．積分 (1.2.8) は全ての $s \in \mathbb{C}$ につき収束し，整函数である．つまり，複素平面全体への $\zeta(s)$ の一意的接続を得る．次に，条件 $\sigma < 0$ を課す．積分路 C の円周部分を $|x| = (2N-1)\pi$，$N \in \mathbb{N}$，へ拡大し，極 $\pm 2\pi in$，$1 \le n < N$，における留数計算を実行するならば，$N \to \infty$ とし

$$\int_C \frac{(-x)^{s-1}}{e^x - 1}dx = -4\pi i\sin(\tfrac{1}{2}\pi s)\sum_{n=1}^\infty (2\pi n)^{s-1} \quad (1.2.9)$$

となり，(1.2.2) が得られる．

以上は Riemann の第 1 証明である．彼は，Γ-函数の倍角公式を用い (1.2.2) から (1.2.3) 即ち函数 $\pi^{-s/2}\Gamma(\tfrac{1}{2}s)\zeta(s)$ の対称性を知り，この函数のいわば Mellin 逆変換から函数

$$\theta(x) = \sum_{n=-\infty}^\infty \exp(-\pi x n^2), \quad x > 0, \quad (1.2.10)$$

に到達した．そして，(1.2.3) は「Jacobi の変換公式」

$$\theta(x) = x^{-1/2}\theta(1/x) \tag{1.2.11}$$

と同値であることを観察した．実際，Poisson 和公式により，

$$\theta(x) = \sum_{n=-\infty}^{\infty}\int_{-\infty}^{\infty}\exp(2\pi in\xi - \pi x\xi^2)d\xi = x^{-1/2}\theta(1/x). \tag{1.2.12}$$

一方，

$$\frac{1}{2}\int_0^{\infty}(\theta(x)-1)x^{s/2-1}dx = \pi^{-s/2}\Gamma(\tfrac{1}{2}s)\zeta(s), \quad \sigma > 1, \tag{1.2.13}$$

である．ここで項別積分が行われているが，絶対収束性により正当化される．積分を $x=1$ にて分割し，$0<x<1$ に対応する部分において $x \mapsto 1/x$ と変数変換し，更に，(1.2.11) を用いる．表示 (1.2.13) は

$$\pi^{-s/2}\Gamma(\tfrac{1}{2}s)\zeta(s) = \frac{1}{s(s-1)} + \frac{1}{2}\int_1^{\infty}(x^{s/2}+x^{(1-s)/2})(\theta(x)-1)\frac{dx}{x} \tag{1.2.14}$$

と変形される．この積分は全ての $s \in \mathbb{C}$ に対し収束し整函数を表示する．変換 $s \mapsto 1-s$ に対する右辺の不変性により，Riemann の第 2 証明を終了する．

1.3 Riemann の報文

函数 $\zeta(s)$ は全複素平面にて有理型函数として存在する．そこで，Euler 積 (1.1.2) の両辺にて対数微分をとるならば，条件 $\sigma > 1$ のもとに，

$$\begin{aligned}-\frac{\zeta'}{\zeta}(s) &= \sum_p \frac{\log p}{p^s} + \sum_p \frac{\log p}{p^{2s}-p^s} \\ &= \sum_{n=1}^{\infty}\frac{\Lambda(n)}{n^s}\end{aligned} \tag{1.3.1}$$

を得る．上行の第 2 和は領域 $\sigma > \tfrac{1}{2}$ にて正則である．また $\Lambda(n)$ は von Mangold 函数であり，

$$\Lambda(n) = \begin{cases}\log p & n \text{ は素数 } p \text{ の冪,} \\ 0 & \text{そのほか,}\end{cases} \tag{1.3.2}$$

と定義される．Chebyshev に従い函数

$$\psi(x) = \sum_{n<x} \Lambda(n) \tag{1.3.3}$$

を導入するならば，

$$\pi(x) = \int_2^x \frac{d\psi(u)}{\log u} + O(x^{1/2} \log x) \tag{1.3.4}$$

を得ることは見易い．従って，素数分布と (1.3.1) との関係は明瞭である．勿論，(1.3.1) は (1.1.2) と同値である．左辺は有理型函数であり右辺の全複素平面への解析接続を与える．例えば，$s=1$ の近傍にては，(1.2.1) から

$$-\frac{\zeta'}{\zeta}(s) = \frac{1}{s-1} - c_E + O(|s-1|). \tag{1.3.5}$$

ここで $s \to 1+0$ とするならば，(1.3.1) の上行から定理 1.1 が再び従う．

もしも仮に Euler 積だけが手中にあり，(1.1.1) を欠くならば，(1.3.1) は皮相な関係式に終わることであろう．源泉 (1.1.1) から得られる $\zeta(s)$ に関する様々な解析的事実，とりわけ半平面 $\sigma \leq 1$ における知見を，如何にして (1.3.1) 乃至は (1.3.4) に注ぎ素数分布の実相に迫るか．以下の議論は全てこの目的に捧げられる．

基本関係式 (1.3.1) の指し示すものは，函数 $(\zeta'/\zeta)(s)$ の特異点分布の重要性である．そこで，函数等式 (1.2.3) から $\zeta(s)$ の零点についての情報を読み取ることとする．このために，

$$\xi(s) = \frac{1}{2}s(s-1)\pi^{-s/2}\Gamma(\tfrac{1}{2}s)\zeta(s) \tag{1.3.6}$$

とおく．Euler 積 (1.1.2) の絶対収束性から，$\zeta(s)$ は半平面 $\sigma>1$ にて零点を有しない．また，$\Gamma(s)$ は全く零点を有せぬ故，$\xi(s)$ は半平面 $\sigma>1$ にて正則であり且つ零点を有しない．一方，(1.2.3) は等式 $\xi(s) = \xi(1-s)$ と同義である．従って，$\xi(s)$ は

$$\text{臨界帯：} \quad 0 \leq \sigma \leq 1 \tag{1.3.7}$$

の外部にて正則であり且つ零点を有しない．また，臨界帯においては，(1.2.14) を参照し $\xi(s)$ は正則であると知れる．即ち，$\xi(s)$ は整函数であり，零点を有するとするならば，それは臨界帯内に限られ，しかもそれら全ては $\zeta(s)$ の零点でもある．逆に，臨界帯に入る $\zeta(s)$ の零点は全て $\xi(s)$ の零点である．函数 $\zeta(s)$

のこの他の零点は，ここに挙げた $\xi(s)$ の性質から，$\Gamma(\frac{1}{2}s)$ の半平面 $\sigma < 0$ における極に一致する．即ち

$$\zeta(-2m) = 0, \qquad m \in \mathbb{N}. \tag{1.3.8}$$

これら全ては単根であり，$\zeta(s)$ の「自明な零点」と呼ばれる．他方，臨界帯に入る零点を「複素零点」と定義し，それらを一般的に

$$\rho = \beta + i\gamma \tag{1.3.9}$$

と記すこととする．勿論，$\overline{\rho}, 1-\rho, 1-\overline{\rho}$ もまた複素零点である．ここで $\gamma \neq 0$ であることを注意しておく．実際，

$$(1-2^{1-s})\zeta(s) = \sum_{n=1}^{\infty} \frac{(-1)^{n-1}}{n^s} > 0, \quad s > 0, \tag{1.3.10}$$

より

$$\zeta(s) < 0, \qquad 0 < s < 1. \tag{1.3.11}$$

函数 $\pi(x)$ と $\zeta(s)$ の零点との関係は Riemann による深遠な研究により初めて認識された．その報文の表題を銘記すべし．概要は次の通りである．先ず，前節にて示した如く函数等式を 2 通りに証明し，零点に関する上記の観察を行う．そして，Riemann は以下の主張或は予想を文脈中に鏤めた．

(1) 複素零点 ρ は無限に存在し，
(2) 臨界帯の $0 < t < T$ なる部分に入るそれらの個数を $N(T)$ と記すならば

$$N(T) = \frac{T}{2\pi} \log \frac{T}{2\pi} - \frac{T}{2\pi} + O(\log T), \quad T \geq 2. \tag{1.3.12}$$

(3) 常数 a, b が存在し，

$$\xi(s) = e^{a+bs} \prod_{\rho} \left(1 - \frac{s}{\rho}\right) e^{s/\rho}, \quad s \in \mathbb{C}. \tag{1.3.13}$$

(4) 函数 $\psi(x)$ についての明示式，或は完全展開式

$$\psi(x) = x - \sum_{\rho} \frac{x^{\rho}}{\rho} - \frac{\zeta'}{\zeta}(0) - \frac{1}{2}\log(1-x^{-2}), \quad x > 1, \tag{1.3.14}$$

が成り立つ.

(5) 全ての ρ について, 恐らく (*sehr wahrscheinlich*)
$$\beta = \frac{1}{2}. \tag{1.3.15}$$

勿論, 上記は今日の表記を採り書き直したものである. また, (4) については無限和の意味を解釈する必要があるが, ここでは度外視する.

Riemann は素数分布自体について何一つ証明した訳ではない. しかし, 彼は素数分布論と複素函数論とを明確に連結し, 理論の枠組と発展の方向とを決定的に定めた. 以下にて具体的にみる.

1.4 Zeta-函数の零点

先ず, 上記の Riemann の主張の内, (1), (2) 及び (3) を証明しよう. 領域 $\sigma \geq \frac{1}{2}$, $t \geq 2$ にては, 表示 (1.2.5) より $\zeta(s) \ll |s|$ である故, Γ-函数に関する Stirling 漸近公式を援用し, $\xi(s) \ll \exp(c|s|\log|s|)$ となる. また, $\lim_{\sigma \to \infty} \zeta(s) = 1$ から, この評価は本質的に最良なものである. 従って, 「Hadamard の因数分解定理」により, (1.3.13) 及び
$$\sum_\rho \frac{1}{|\rho|} = +\infty \tag{1.4.1}$$
を得る. つまり主張 (1) と (3) の証明を得た.

以後特に必要とはせぬが, (1.3.13) における常数 a, b を定めておこう. 先ず, (1.2.5) より
$$\zeta(0) = -\frac{1}{2} \tag{1.4.2}$$
である故,
$$a = -\log 2. \tag{1.4.3}$$

次に, (1.3.6) 及び (1.3.13) の右辺の対数微分をとり,
$$\frac{\zeta'}{\zeta}(s) = \frac{1}{2}\log\pi + b - \frac{1}{s-1} - \frac{1}{2}\frac{\Gamma'}{\Gamma}\left(\frac{1}{2}s+1\right) + \sum_\rho \left(\frac{1}{s-\rho} + \frac{1}{\rho}\right). \tag{1.4.4}$$

これより,
$$b = -1 - \frac{1}{2}\log\pi + \frac{\zeta'}{\zeta}(0) + \frac{1}{2}\frac{\Gamma'}{\Gamma}(1). \qquad (1.4.5)$$

一方, (1.2.2) から
$$-\frac{\zeta'}{\zeta}(1-s) = -\log(2\pi) - \frac{1}{2}\pi\tan(\tfrac{1}{2}\pi s) + \frac{\Gamma'}{\Gamma}(s) + \frac{\zeta'}{\zeta}(s) \qquad (1.4.6)$$
である故,
$$\frac{\zeta'}{\zeta}(0) = \log(2\pi) - \frac{\Gamma'}{\Gamma}(1) - \lim_{s\to 1}\left(\frac{\zeta'}{\zeta}(s) + \frac{1}{s-1}\right). \qquad (1.4.7)$$
従って, (1.3.5) により
$$\frac{\zeta'}{\zeta}(0) = \log(2\pi), \quad b = \frac{1}{2}\log(4\pi) - 1 - \frac{1}{2}c_E. \qquad (1.4.8)$$

表示 (1.4.4) は重要である. 複素零点の分布について, 幾つかの帰結をそこから導こう. 先ず複素零点の水平分布を考察する. このために, (1.4.4) にて $\sigma > 1$, $t \geq 2$ とする. ある絶対常数 $c > 0$ が存在し,
$$-\operatorname{Re}\frac{\zeta'}{\zeta}(s) < c\log t - \sum_\rho \operatorname{Re}\left(\frac{1}{s-\rho} + \frac{1}{\rho}\right). \qquad (1.4.9)$$
この無限和の各項は正である故,
$$-\operatorname{Re}\frac{\zeta'}{\zeta}(\sigma + it) < c\log t. \qquad (1.4.10)$$
また, t がある $\rho = \beta + i\gamma$ の虚部に一致している場合は,
$$-\operatorname{Re}\frac{\zeta'}{\zeta}(\sigma + i\gamma) < c\log\gamma - \frac{1}{\sigma - \beta}. \qquad (1.4.11)$$
然るに, 任意の $t \in \mathbb{R}$ について
$$-3\operatorname{Re}\frac{\zeta'}{\zeta}(\sigma) - 4\operatorname{Re}\frac{\zeta'}{\zeta}(\sigma + it) - \operatorname{Re}\frac{\zeta'}{\zeta}(\sigma + 2it) \geq 0, \quad \sigma > 1, \qquad (1.4.12)$$
である. 実際, (1.3.1) より左辺は
$$2\sum_{n=1}^\infty \frac{\Lambda(n)}{n^\sigma}(1 + \cos(t\log n))^2 \qquad (1.4.13)$$
に等しい. これら 3 不等式より

$$\frac{4}{\sigma-\beta} < \frac{3}{\sigma-1} + c\log\gamma, \quad \sigma > 1. \tag{1.4.14}$$

つまり,
$$\beta < 1 - (\sigma-1)\frac{1-c(\sigma-1)\log\gamma}{3+c(\sigma-1)\log\gamma}. \tag{1.4.15}$$

充分小なる $\alpha > 0$ を採り $\sigma = 1 + \alpha(\log\gamma)^{-1}$ とし,「de la Vallée Poussin の非消滅領域」を得る.

補題 1.3 絶対常数 $c > 0$ が存在し,
$$\zeta(s) \neq 0, \quad \sigma > 1 - \frac{c}{\log(|t|+2)}, \ t \in \mathbb{R}. \tag{1.4.16}$$

次に, 函数 $N(T)$ を考察する. 仮定
$$\zeta(\sigma + iT) \neq 0, \quad \sigma \in \mathbb{R}, \tag{1.4.17}$$

のもとに,
$$N(T) = \frac{1}{2\pi}\Delta \arg\xi(s) \tag{1.4.18}$$

である. 但し, Δ は変数 s が, 頂点 $\frac{3}{2}$, $\frac{3}{2}+iT$, $-\frac{1}{2}+iT$, $-\frac{1}{2}$ なる長方形の周上を正方向に一周するときの「連続的」変化を示す. 底辺上にては $\xi(s)$ は実数であり, 既に述べた様に 0 とはならぬ故, $\arg\xi(s)$ は変化しない. また, 点 $\frac{1}{2}+iT$ から点 $-\frac{1}{2}$ までの変化は, 点 $\frac{3}{2}$ から点 $\frac{1}{2}+iT$ までのそれに等しい. 何故ならば, 函数等式により $\xi(\sigma+it) = \overline{\xi(1-\sigma+it)}$ が成立するからである. そこで, 点 $\frac{3}{2}$ から点 $\frac{1}{2}+iT$ までの部分変化を Δ^* にて表すならば,

$$N(T) = \frac{1}{\pi}\Delta^* \arg\xi(s). \tag{1.4.19}$$

よって, Γ-函数についての Stirling 漸近公式を用い, 容易に
$$N(T) = \frac{T}{2\pi}\log\frac{T}{2\pi} - \frac{T}{2\pi} + \frac{7}{8} + S(T) + O(T^{-1}) \tag{1.4.20}$$

を得る. 但し,
$$S(T) = \frac{1}{\pi}\Delta^* \arg\zeta(s) \tag{1.4.21}$$

とした. 然るに, 任意の $a > \frac{3}{2}$ について, 頂点 $\frac{3}{2}$, $\frac{3}{2}+iT$, $a+iT$, a なる

長方形の周上においては $\arg \zeta(s)$ は変化しない．従って，

$$S(T) = \frac{1}{\pi} \arg \zeta(\tfrac{1}{2} + iT) \tag{1.4.22}$$

を得る．この偏角は，仮定 (1.4.17) のもとに値 0 から出発し，$\operatorname{Im} s = T$ なる水平線上を $+\infty$ 方向から点 $\tfrac{1}{2} + iT$ まで辿るときの連続的変動の結果である．

そこで，$S(T)$ の評価を行わねばならない．そのために次の二つの事実が必要となる．任意の $T \geq 2$ について

$$N(T+1) - N(T) \ll \log T. \tag{1.4.23}$$

そして，仮定 (1.4.17) のもとに

$$\frac{\zeta'}{\zeta}(s) = \sum_{\substack{\rho \\ |T-\gamma|<1}} \frac{1}{s-\rho} + O(\log T), \quad -1 < \sigma \leq 2,\, t = T. \tag{1.4.24}$$

先ず，(1.4.9) にて $s = 2 + iT$ とし，容易に

$$\sum_{\rho} \frac{1}{1 + (\gamma - T)^2} = O(\log T) \tag{1.4.25}$$

を得るが，これより (1.4.23) が直ちに従う．次に，仮定 (1.4.17) のもとに，(1.4.4) にて $s = \sigma + iT$ 及び $s = 2 + iT$ とし，それらの差を求めるならば

$$\frac{\zeta'}{\zeta}(\sigma + iT) = O(1) + \sum_{\substack{\rho \\ |T-\gamma|<1}} \frac{1}{\sigma + iT - \rho}$$
$$- \sum_{\substack{\rho \\ |T-\gamma|<1}} \frac{1}{2 + iT - \rho} + \sum_{\substack{\rho \\ |T-\gamma|\geq 1}} \frac{2-\sigma}{(\sigma + iT - \rho)(2 + iT - \rho)}. \tag{1.4.26}$$

下行の二つの和に (1.4.23) を応用し (1.4.24) を得る．

ここで，後の目的も含め，「zeta-函数の対数」の意味を定めておく．Euler 積 (1.1.2) から，

$$\log \zeta(s) = \sum_{n=2}^{\infty} \frac{\Lambda(n)}{n^s \log n}, \quad \sigma > 1, \tag{1.4.27}$$

と定義するのが自然であるが，半平面 $\sigma \leq 1$ においては慎重に議論せねばならない．そこで，(1.4.27) を

$$\log \zeta(s) = \int_{+\infty}^{\sigma} \frac{\zeta'}{\zeta}(\alpha + it) d\alpha \tag{1.4.28}$$

と書き直し，新たにこれを $\log \zeta(s)$ の定義とする．即ち，点 s を含む水平線に沿い $+\infty$ 方向から s まで積分を行うが，「その間に函数 $(\zeta'/\zeta)(\alpha + it)$ の特異点に遭遇せぬ限りにおいて」(1.4.28) の右辺にて $\log \zeta(s)$ の値とする．これは，全複素平面から点 $s = 1$ 及び $\zeta(s)$ の各零点を出発し $-\infty$ 方向に向かう半直線を全て取り去った領域に (1.4.27) の右辺を解析接続したものに他ならない．この限りにおいて，$\log \zeta(s)$ は一価函数である．勿論，これらの取り除かれた半直線上の s についても $\log \zeta(s)$ を考察できるが，それはあくまでも上記の領域から解析接続した結果として現れる多価性を考慮の上扱わねばならない．

以上をもって，$S(T)$ の評価に戻り，仮定 (1.4.17) のもとに

$$S(T) = \frac{1}{\pi} \operatorname{Im} \log \zeta(\tfrac{1}{2} + iT) \tag{1.4.29}$$

であることを注意する．そこで，(1.4.28) において，$\sigma = \frac{1}{2}$, $t = T$ とし，$2 < \alpha < \infty$ にては自明な評価，また $\frac{1}{2} \leq \alpha \leq 2$ にては (1.4.24) を用い，更に (1.4.23) に注意し，

$$S(T) = O(\log T) \tag{1.4.30}$$

を得る．式 (1.4.20) に挿入し，Riemann の主張 (2) の証明を終わる．

次節にて「明示式」と「素数定理」を証明するが，その目的に限るならば，Hadamard の因数分解定理を手段とする上記の議論は充分に満足すべきものである．しかしながら，今後の議論の中にて次第に明らかになるのであるが，素数分布のより精妙な考察にては，次の「Landau の対数微分補題」が有用となる．

補題 1.4 円盤 $|s - s_0| \leq r$ にて函数 $f(s)$ は正則且つ $|f(s)/f(s_0)| \leq \exp(M)$ であるとする．円盤 $|s - s_0| \leq \frac{1}{2} r$ 内の f の全ての零点の集合を重複を含め $\{\lambda\}$ とする．このとき絶対常数 $c > 0$ が存在し，次の (A), (B), (C) が成立する．

(A)
$$\left|\frac{f'}{f}(s) - \sum_\lambda \frac{1}{s-\lambda}\right| < \frac{cM}{r}, \quad |s-s_0| \leq \frac{1}{4}r. \tag{1.4.31}$$

(B) $f(s) \neq 0$, $\text{Re}(s-s_0) \geq 0$, であるならば,
$$-\text{Re}\frac{f'}{f}(s_0) < \frac{cM}{r}. \tag{1.4.32}$$

同条件のもとに, $-\frac{1}{2}r < \lambda_0 - s_0 \leq 0$ なる零点が存在するならば,
$$-\text{Re}\frac{f'}{f}(s_0) < \frac{cM}{r} - \frac{1}{s_0 - \lambda_0}. \tag{1.4.33}$$

(C) $|(f'/f)(s_0)| < M/r$ 且つ $f(s) \neq 0$, $\text{Re}(s-s_0) \geq -2r_1$, とする. 但し, $0 < r_1 < \frac{1}{4}r$. このとき,
$$\left|\frac{f'}{f}(s)\right| < \frac{cM}{r}, \quad |s-s_0| \leq r_1. \tag{1.4.34}$$

[証明] 函数 $g(s) = f(s)\prod_\lambda (s-\lambda)^{-1}$ は $|s-s_0| \leq r$ にて正則且つ $|s-s_0| \leq \frac{1}{2}r$ のとき $g(s) \neq 0$. 一方, $|s-s_0| = r$ のとき $|g(s)/g(s_0)| \leq \exp(M)$ は見易い. 従って, 同じ不等式が円盤 $|s-s_0| \leq r$ にて成立している. 函数 $h(s) = \log(g(s)/g(s_0))$, $h(s_0) = 0$, は $|s-s_0| \leq \frac{1}{2}r$ にて正則且つ $\text{Re}\,h(s) \leq M$ を充たす. よって, Borel–Carathéodory の定理により, $|s-s_0| \leq \frac{3}{8}r$ にて $|h(s)| < cM$. 更に, Cauchy の積分表示式を用い, $|s-s_0| \leq \frac{1}{4}r$ にて $|h'(s)| < cM/r$. つまり, (1.4.31) を得る. (B) の仮定のもとにては, $\text{Re}(s_0 - \lambda) > 0$ である故, (1.4.32)–(1.4.33) は (1.4.31) より容易に従う. 同様に, (C) の仮定のもとにては, (1.4.31) から
$$-\text{Re}\frac{f'}{f}(s) < \frac{cM}{r}, \quad |s-s_0| \leq \frac{1}{4}r, \text{Re}(s-s_0) \geq -2r_1. \tag{1.4.35}$$

Borel–Carathéodory の定理を函数 $-(f'/f)(s)$ と円周 $|s-s_0| = 2r_1$, $|s-s_0| = r_1$ について適用し, 証明を終わる.

応用として, 補題 1.3 に別証明を与える. 虚部が充分大なる零点 $\rho = \beta + i\gamma$, $\zeta(\rho) = 0$, を採り, $s_1 = \sigma_0 + i\gamma$, $s_2 = \sigma_0 + 2i\gamma$ とする. 但し, $\alpha > 0$ を充分小とし, $\sigma_0 = 1 + \alpha(\log \gamma)^{-1}$. 等式 (1.2.5) より $|s - s_j| \leq \frac{1}{2}$ ならば, $|\zeta(s)/\zeta(s_j)| \ll \gamma \log \gamma$. よって, (B) にて $f(s) = \zeta(s)$ とし

$$-\operatorname{Re}\frac{\zeta'}{\zeta}(s_1) < c\log\gamma - \frac{1}{\sigma_0 - \beta}, \quad -\operatorname{Re}\frac{\zeta'}{\zeta}(s_2) < c\log\gamma. \tag{1.4.36}$$

これらと (1.4.12) を組み合わせ，(1.4.14)–(1.4.15) を得，証明を終わる．

次に，t を充分大とし，$s_0 = \sigma_0 + it$ とする．但し，σ_0 は新たに $1+\alpha(\log t)^{-1}$ とする．充分小なる α について，$f(s) = \zeta(s)$ は (C) の条件を充たしている．つまり，(1.4.34) より

$$\frac{\zeta'}{\zeta}(s) \ll \log|t|, \quad \sigma > 1 - \frac{c}{\log|t|}, \quad |t| \geq 2, \quad t \in \mathbb{R}, \tag{1.4.37}$$

を得る．

1.5 素数定理 I

次に，Riemann の主張 (4) の証明を行う．そのために，先ず，伝統的な手段である「Perron の近似式」を示す．即ち，仮定 $a > 0, T \geq 2$ のもとに一様に

$$\frac{1}{2\pi i}\int_{a-iT}^{a+iT} y^s \frac{ds}{s} = \begin{cases} 1 + O\left(\dfrac{y^a}{T\log y}\right), & y > 1, \\ O\left(\dfrac{y^a}{T|\log y|}\right), & 0 < y < 1. \end{cases} \tag{1.5.1}$$

実際，$y > 1$ の場合，積分路を $-\infty$ 方向に平行移動するならば，問題は二つの半直線 $(-\infty \pm iT, a \pm iT]$ に沿う積分の評価に帰着するが，それは部分積分法を用いれば容易である．残りの場合は積分路を $+\infty$ 方向に平行移動すればよい．

定義 (1.3.3) に戻り，(1.5.1) にて $y = x/n$, $x = [x] + \frac{1}{2}$ とし，$a > 1$ を任意にとる．両辺に $\Lambda(n)$ を乗じ n につき和をとるならば，絶対収束性と (1.3.1) により

$$\psi(x) = -\frac{1}{2\pi i}\int_{a-iT}^{a+iT}\frac{\zeta'}{\zeta}(s)x^s\frac{ds}{s} + O\left(\frac{x^a}{T}\sum_{n=1}^{\infty}\frac{\Lambda(n)}{n^a|\log x/n|}\right) \tag{1.5.2}$$

を得る．残余項に含まれる和において，$n \leq \frac{1}{2}x$ 及び $n \geq 2x$ に対応する部分は明らかに $O(|(\zeta'/\zeta)(a)|)$ である．また，残りの部分は $|\log(x/n)|^{-1} \ll n/|x-n|$ を用い評価する．即ち，

$$\psi(x) = -\frac{1}{2\pi i}\int_{a-iT}^{a+iT}\frac{\zeta'}{\zeta}(s)x^s\frac{ds}{s} + O\Big(\frac{x^a}{T}\Big|\frac{\zeta'}{\zeta}(a)\Big| + \frac{x}{T}(\log x)^2\Big) \quad (1.5.3)$$

を得る.

ここで，次の二つの事実に注意する．自明な零点の近傍を除くならば，

$$\frac{\zeta'}{\zeta}(s) \ll \log|s|, \quad \sigma \le -1. \quad (1.5.4)$$

また，任意の $T \ge 2$ について，$T \le T_0 \le T+1$,

$$\frac{\zeta'}{\zeta}(\sigma + iT_0) \ll \log^2 T, \quad -1 < \sigma \le 2, \quad (1.5.5)$$

となる T_0 が存在する．実際，(1.5.4) は (1.4.6) から，(1.5.5) は (1.4.23) 及び (1.4.24) から容易に得られる．

そこで，(1.5.3) にて $T = T_0$, $a = 1 + (\log x)^{-1}$ とし，正奇数 U につき，積分路を $\sigma = -U$ 上に平行移動する．表示 (1.4.4) 及び (1.5.4)–(1.5.5) を用い，

$$\psi(x) = x - \sum_{|\gamma|<T_0}\frac{x^\rho}{\rho} - \frac{\zeta'}{\zeta}(0) + \sum_{m<U/2}\frac{x^{-2m}}{2m}$$

$$-\frac{1}{2\pi i}\int_{-U-iT_0}^{-U+iT_0}\frac{\zeta'}{\zeta}(s)x^s\frac{ds}{s} + O\Big(\frac{x}{T}(\log xT)^2\Big) \quad (1.5.6)$$

を得る．この積分は $U \to +\infty$ のとき 0 に収束する故，(1.4.8) の第 1 式及び (1.4.23) に留意し，次の極めて基本的な結論に達する．

定理 1.3 条件 $x = [x] + \frac{1}{2}$ のもとに，任意の $T \ge 2$ について

$$\psi(x) = x - \sum_{|\gamma|<T}\frac{x^\rho}{\rho} - \log(2\pi) - \frac{1}{2}\log(1-x^{-2}) + O\Big(\frac{x}{T}(\log xT)^2\Big). \quad (1.5.7)$$

実際上は，変数 x に対する上記の条件は何ら束縛とはならない．また，(1.5.7) の右辺第 3, 4 項もあまり意味のあるものではない．しかしながら，$T \to \infty$ なる状態を考察する場合には，これらは具体的な意味を持つ．即ち，

$$\psi(x) = x - \lim_{T\to\infty}\sum_{|\gamma|<T}\frac{x^\rho}{\rho} - \log(2\pi) - \frac{1}{2}\log(1-x^{-2}) \quad (1.5.8)$$

は x が何らかの素数の冪に一致せぬ場合にのみ成立する．函数 $\psi(x)$ はその様な x において不連続である故，これは当然に必要となる条件である．実は，x が正整数の場合に定義 (1.3.3) において和の終項を $\frac{1}{2}\Lambda(x)$ に置き換えるならば，(1.5.8) は全ての $x>1$ について成立する．この補遺を得るには，近似式 (1.5.1) にて $y=1$ の場合を考察すれば済む．勿論，(1.5.8) にこれら注意を加え Riemann の主張 (4) の証明を得たこととなる．つまり，(1.3.14) はこの様に読み直した上にて受け入れられるものである．

変数 x が増大しつつ素数 p を通過するとき，(1.5.8) の左辺は不連続となり，$\log p$ なる跳躍をする．対するに，右辺にてはこの不連続性は複素零点が無限に存在しなければ起こり得ない．余りにも自明な観察ではある．しかしながら，これを言い換え，ただ 1 個の素数を検出するにあたり函数 $\zeta(s)$ はその無限個の複素零点を総動員せざるを得ない，と観たならば如何に．つまり，(1.3.14) 乃至は (1.5.8) なる美しい明示式は，複素零点全体の「統計的」事象の一滴である．では，その様な統計を如何にして (1.1.1) から多様に導き，例えば (1.5.7) に注ぐのか．この視点は後に深められ，意外とも言い得る帰結をもたらす．

ここでは先ず，補題 1.3 と定理 1.3 を組み合わせ，「de la Vallée Poussin の素数定理」を証明する．

定理 1.4 （素数定理 I） 絶対常数 $c>0$ が存在し，
$$\pi(x) = \mathrm{li}(x) + O(x\exp(-c(\log x)^{1/2})). \tag{1.5.9}$$
但し，$\mathrm{li}(x)$ は対数積分，つまり
$$\mathrm{li}(x) = \lim_{v\to 0^+}\left\{\int_0^{1-v} + \int_{1+v}^x\right\}\frac{du}{\log u}. \tag{1.5.10}$$

[証明] 関係式 (1.3.4) により
$$\psi(x) = x + O(x\exp(-c(\log x)^{1/2})) \tag{1.5.11}$$
を示せば充分である．式 (1.5.7) において $T=\exp((\log x)^{1/2})$ とし，

$$|\psi(x) - x| \ll x^b \sum_{\substack{\rho \\ |\gamma| < T}} \frac{1}{|\rho|} + x\exp(-\tfrac{1}{2}(\log x)^{1/2}). \tag{1.5.12}$$

ここに $b = \max_{|\gamma|<T} \beta$ である．評価 (1.4.23) を用いるならば，右辺の和は $O((\log T)^2)$ である故，(1.4.16) により (1.5.11) を得る．より良い残余項が後に与えられる．

素数定理 (1.5.9) に同値な数論上の事実は様々に知られているが，ここでは次を示すにとどめる．

補題 1.5 任意の $x > 2$ について

$$\prod_{p<x}\left(1 - \frac{1}{p}\right) = \frac{e^{-c_E}}{\log x}\left(1 + O(\exp(-c(\log x)^{1/2}))\right), \tag{1.5.13}$$

$$\sum_{n<x} \mu(n) \ll x\exp(-c(\log x)^{1/2}). \tag{1.5.14}$$

[証明] 先ず (1.5.13) の左辺の対数は

$$-\sum_{p<x}\sum_{m=1}^{\infty}\frac{1}{mp^m} = -\sum_{n<x}\frac{\Lambda(n)}{n\log n} + \sum_{p<x}\sum_{p^m\geq x}\frac{1}{mp^m}. \tag{1.5.15}$$

右辺の第 2 和は

$$\ll \sum_{x^{1/2}\leq p<x}\frac{1}{p^2} + \sum_{p<x^{1/2}}\frac{1}{x}. \tag{1.5.16}$$

従って，

$$\sum_{n<x}\frac{\Lambda(n)}{n\log n} = \log\log x + c_E + O(\exp(-c(\log x)^{1/2})) \tag{1.5.17}$$

となることを示せば充分である．そこで，(1.4.27) を参照の上，(1.5.1) を援用し，$x = [x] + \frac{1}{2}$ とするならば，

$$\frac{1}{2\pi i}\int_{a-iT}^{a+iT}\log\zeta(s+1)\frac{x^s}{s}ds = \sum_{n<x}\frac{\Lambda(n)}{n\log n} + O((\log x)^2/T). \tag{1.5.18}$$

但し，$a = (\log x)^{-1}$, $T = \exp((\log x)^{1/2})$ である．ここで，絶対常数 $c_1, c_2 > 0$ があり，

$$|\log \zeta(s)| \leq \log \zeta(1 + (\log |t|)^{-1}) + c_1,$$
$$\sigma > 1 - \frac{c_2}{\log |t|}, \ |t| \geq 3, \tag{1.5.19}$$

となることを注意する．定義 (1.4.28) に戻り，積分を $\alpha = 1 + (\log |t|)^{-1}$ にて分割し，(1.4.37) を用いるがよい．式 (1.5.18) の左辺にて，積分路を $L_{-2} + L_{-1} + C + L_1 + L_2$ に移動する．ここに，$b = A(\log T)^{-1}$ とし $L_{-2} = [a - iT, -b - iT]$, $L_{-1} = [-b - iT, -b]$, $C = \{|s| = b\}$, $L_1 = [-b, -b + iT]$, $L_2 = [-b + iT, a + iT]$ である．向き付けは自明であろう．線分 $L_{\pm 1}, L_{\pm 2}$ に沿う積分は $O(x^{-b/2})$ である．一方，$s\zeta(s+1)$ は原点の近傍にて零点を有せず且つ正則である故，

$$\frac{1}{2\pi i} \int_C \log \zeta(s+1) \frac{x^s}{s} ds = -\frac{1}{2\pi i} \int_C (\log s) \frac{x^s}{s} ds. \tag{1.5.20}$$

右辺の対数函数の枝は $|\operatorname{Im} \log s| \leq \pi$ にて定める．何故ならば，$\log \zeta(s+1)$ は定義より $s > 0$ なるとき実数である．右辺にて $s = be^{i\xi}$ と変数変換し，$x^s = \exp(b(\log x) e^{i\xi})$ を展開し，更に項別に積分を実行するならば (1.5.20) は

$$-\log b - \sum_{k=1}^{\infty} \frac{(-b \log x)^k}{k! \cdot k}$$
$$= -\log b - \int_0^{b \log x} (e^{-t} - 1) \frac{dt}{t}$$
$$= \log \log x - \int_0^1 (e^{-t} - 1) \frac{dt}{t} - \int_1^{b \log x} e^{-t} \frac{dt}{t}$$
$$= \log \log x + c_E + O(\exp(-c(\log x)^{1/2})). \tag{1.5.21}$$

ここで，積分表示

$$c_E = \int_0^1 \frac{1 - e^{-t}}{t} dt - \int_1^{\infty} \frac{e^{-t}}{t} dt \tag{1.5.22}$$

を用いた．以上をまとめ (1.5.17) を得，(1.5.13) の証明を終わる．

次に，(1.5.14) については，(1.5.19) より

$$\zeta(s)^{-1} \ll \log |t|, \quad \sigma > 1 - \frac{c}{\log |t|}, \ |t| \geq 3, \tag{1.5.23}$$

が従うことに注意すれば充分であろう．

なお，(1.5.13) よりも弱い「Mertens の素数定理」
$$\prod_{p<x}\left(1-\frac{1}{p}\right) = \frac{e^{-c_E}}{\log x}\left(1+O((\log x)^{-1})\right), \quad x \geq 3, \qquad (1.5.24)$$
は初等的，つまり函数論を用いずに証明可能である．詳細は省く．

1.6 Riemann 予想と Hoheisel の着想

残るは Riemann の主張 (5) である．これを今日「Riemann 予想」と称する．この予想を支持する証左は様々に得られている．例えば，臨界線 $\sigma = \frac{1}{2}$ 上に相当な密度にて複素零点が存在する，$\zeta(s)$ に類似する一群の函数につき (5) の相対物が厳密に成立する，或はまた，鋭敏かつ膨大な電子的数値計算にても (5) に疑問を抱かせる現象例はいささかも発見されていない，等々である．しかしながら，これらの事実は，現状では何一つ函数 $\pi(x)$ について新たな知見を与えるものでは無い．つまり，素数分布論から観るならば (5) は未だ全くの暗黒の中にある，として過言ではない．なお且つ，予想 (5) のもとに得られる素数分布に関する帰結には通常の予測を超えるものは何一つ知られていない．

そこで，唐突に問うが，Riemann 予想はそもそも必要であろうか．勿論，この問は一般的には意味をなさない．しかし，素数分布論において緊要か否か，とするならば意味を有し得る．その理由を本節にて示し，あわせて今後の議論の展開を示唆する．

Riemann 予想を仮定するならば，(1.4.23) と (1.5.7) から
$$\begin{aligned}\psi(x) &= x + O(x^{1/2}\log^2 x), \\ \pi(x) &= \mathrm{li}(x) + O(x^{1/2}\log x).\end{aligned} \qquad (1.6.1)$$
或は，少し粗く，
$$\begin{aligned}\psi(x) &= x + O(x^{1/2+\varepsilon}), \\ \pi(x) &= \mathrm{li}(x) + O(x^{1/2+\varepsilon}).\end{aligned} \qquad (1.6.2)$$
後者が Riemann 予想と同値であることは見易い．実際，等式 (1.3.1) を

$$-\frac{\zeta'}{\zeta}(s) = \frac{1}{s-1} + \int_1^\infty x^{-s} d(\psi(x) - x), \quad \sigma > 1, \qquad (1.6.3)$$

と書き，部分積分法を応用してみればよい．従って，(1.6.1) と (1.6.2) はやや奇異なことに実は同値である．興味深いことに，この同値関係を示すには明示式つまり $\zeta(s)$ の零点を経由せねばならない．

　一方，素数分布論の究極の命題とは，数直線上のこの地点に素数あるべし，と明言する術であろう．或は緩めて換言するならば，素数を次々と同定するためにはどの様な区間を用意すれば足るのかを定めることであろう．これは，n 番目の素数を p_n とするとき，差 $p_{n+1} - p_n$ に対しなるべく鋭い評価を得ることと同値である．実験的には，全ての $n > 1$ につき

$$p_{n+1} - p_n \ll \log^2 n \qquad (1.6.4)$$

となることが相当にもっともらしい．もしも事実であるならば素数の集合は極めて平坦な分布をなしていることとなる．しかし (1.6.2) からは

$$p_{n+1} - p_n \ll p_n^{1/2+\varepsilon} \qquad (1.6.5)$$

より深い評価を得ることはできない．評価 (1.6.4) と (1.6.5) の較差は余りにも大きい．現今のところこれを埋める手がかりは全く知られていない．

　では，(1.6.5) を示すには，Riemann 予想は必要であろうか．これが上記の唐突な問を具体化したものである．実に驚くべきことに，Hoheisel は「必要性の否定」を強く示唆する発見を成した．彼は，$\zeta(s)$ の理論を用いるものの，何らの仮定なく

$$\varpi_0 = \limsup_{n \to \infty} \frac{\log(p_{n+1} - p_n)}{\log p_n} < 1 \qquad (1.6.6)$$

を証明した．つまり，

$$p_{n+1} - p_n \ll p_n^{\varpi}, \quad n \geq 1, \qquad (1.6.7)$$

なる絶対常数 $\varpi < 1$ の存在を証明したのである．この結果の真価を味わうには，次の事実に注意すれば充分であろう．Riemann 予想と (1.6.5) との関係を一般化するならば，「準 Riemann 予想」

$$\zeta(s) \neq 0, \quad \sigma > \varpi_0, \tag{1.6.8}$$

と (1.6.6) との関係となる.

注意であるが,例えば (1.6.5) から Riemann 予想を導くことは不明である.まして,評価 (1.6.6) から (1.6.8) へ逆行する道程は予想し難い.つまり,「区間における素数分布」$\pi(x+y) - \pi(x)$ に関する知見を $\pi(x)$ そのものに反映させることは未解明である.

Hoheisel の議論を簡易化して示すために,次の二つの仮定を導入する.

(a) 絶対常数 $0 < \tau < 1$ 及び $c > 0$ が存在し,

$$\zeta(s) \neq 0, \quad \sigma > 1 - \frac{c}{(\log(|t|+2))^\tau}. \tag{1.6.9}$$

(b) 複素零点 $\rho = \beta + i\gamma$ の内, $\alpha \le \beta, |\gamma| \le T$ となるものの個数を $N(\alpha, T)$ とする.このとき,絶対常数 $\theta \ge 2, A > 0$ が存在し,

$$N(\alpha, T) \ll T^{\theta(1-\alpha)} \log^A T, \quad \frac{1}{2} \le \alpha \le 1; 2 \le T. \tag{1.6.10}$$

定理 1.5 上記の仮定 (a), (b) のもとに

$$\pi(x) - \pi(x-y) = (1 + o(1))\frac{y}{\log x}, \quad x^{1 - 1/\theta + \varepsilon} < y < x. \tag{1.6.11}$$

従って,

$$\varpi_0 \le 1 - \theta^{-1}. \tag{1.6.12}$$

[証明] 明示式 (1.5.7) において $T = x^{1-\varpi}$, $\varpi > 1 - 1/\theta$, とするならば,任意の $0 \le y < x$ について

$$\psi(x) - \psi(x-y) = y - \int_{x-y}^{x} \left(\sum_{\substack{\rho \\ |\gamma| < T}} u^{\rho-1} \right) du + O(x^\varpi \log^2 x). \tag{1.6.13}$$

他方,

$$\left| \sum_{\substack{\rho \\ |\gamma|<T}} u^{\rho-1} \right| \leq -\int_0^1 u^{\alpha-1} dN(\alpha, T)$$

$$= (\log u)\int_{\frac{1}{2}}^1 N(\alpha, T) u^{\alpha-1} d\alpha + O(N(T) u^{-1/2}). \quad (1.6.14)$$

但し，$N(T)$ は (1.3.12) の通りである．ここで，仮定 (a)-(b) を用いるならば，$\xi = c(\log T)^{-\tau}$ とし

$$\int_{\frac{1}{2}}^1 N(\alpha, T) u^{\alpha-1} d\alpha \ll (\log x)^A \int_{\frac{1}{2}}^{1-\xi} (x^{-1} T^{\theta})^{1-\alpha} d\alpha$$

$$\ll (\log x)^A x^{(\theta(1-\varpi)-1)\xi}. \quad (1.6.15)$$

これらをまとめ (1.3.4) に注意し (1.6.11) を得る．

Hoheisel 自身の結果は $\varpi_0 \leq 1 - \frac{1}{33000}$ であり，数値としては印象の強いものではない．しかし，それは当時，仮定 (a) に相当する結果が欠けていたことに主な原因があった．然るに間もなく，Vinogradov, I.M., の理論が登場し，仮定 (a) は事実として樹立された．それ以後，Hoheisel の方法は「零点密度理論」として素数分布論の中枢に置かれることとなったのである．何よりも，仮に

$$N(\alpha, T) \ll T^{2(1-\alpha)} \log^A T, \quad \frac{1}{2} \leq \alpha \leq 1, \quad (1.6.16)$$

つまり，$\theta = 2$ が成立するならば Riemann 予想からの帰結である (1.6.5) を樹立できることとなる．しかも Riemann 予想をもってしても (1.6.5) より深い結論を短区間における素数分布について得ることは極めて困難と映る．それ故に，零点密度理論は素数分布論とほぼ同義として研究されてきたのである．「密度予想」(1.6.16) は未だ打ち立てられていない．しかし，この目標への様々な試みの過程において多くの意義深い事実，手段，理論が収穫され今日の解析的整数論の根幹を形作るに至った．それらをこれから語る．Vinogradov の理論については次章にて，Hoheisel の着想の発展については第 3 章及び第 7–10 章にて詳細に論じる．

しかしなお「Lindelöf 予想」について述べておくべきであろう．評価

$$\zeta(\tfrac{1}{2}+it) \ll |t|^{\varepsilon}, \quad |t| \geq 2, \tag{1.6.17}$$

が成立するであろう，との主張である．後に示すが，これより

$$N(\alpha,T) \ll T^{(2+\varepsilon)(1-\alpha)} \log^A T, \quad \tfrac{1}{2} \leq \alpha \leq 1. \tag{1.6.18}$$

つまり，(1.6.17) は $\varpi_0 \leq \tfrac{1}{2}$ なる深い結論をもたらす．

一方，Lindelöf 予想は Riemann 予想の帰結である．先ず，(1.6.17) は

$$\zeta(s) \ll |t|^{\varepsilon}, \quad \sigma > \frac{1}{2}, \ |t| \geq 2, \tag{1.6.19}$$

と同値である．これは，Dirichlet 級数の一般論により，函数

$$\mu(\sigma) = \limsup_{t \to \infty} \frac{\log|\zeta(\sigma+it)|}{\log t} \tag{1.6.20}$$

が「下向きに凸」であることから従う．ここで Möbius 函数との混同は無かろう．例えば，函数等式 (1.2.2) から $\mu(0) \leq \tfrac{1}{2}$ であるから，$\mu(\sigma) \leq \tfrac{1}{2}(1-\sigma)$，$0 \leq \sigma \leq 1$．特に，「zeta-函数の凸性評価」

$$\zeta(\tfrac{1}{2}+it) \ll |t|^{1/4+\varepsilon} \tag{1.6.21}$$

を得る．然るに，(1.6.17) は $\mu(\sigma) \leq \sigma - \tfrac{1}{2}$, $\sigma \leq \tfrac{1}{2}$, 且つ $\mu(\sigma) = 0$, $\sigma \geq \tfrac{1}{2}$, と主張する訳である．証明は割愛するが，Riemann 予想は，充分大なる $t > 0$ につき

$$\log \zeta(s) \ll (\log t)^{2(1-\sigma)} \log\log t, \quad \frac{1}{2} + \frac{1}{\log\log t} \leq \sigma \leq 1, \tag{1.6.22}$$

をもたらし，(1.6.19) を与える．

1.7　付　　　記

函数 $\zeta(s)$ を素数分布に関して用いることは Euler (1737) に始まる．それが定理 1.1 の証明であったことは周知である．今日にては zeta を冠される函数は膨大な族をなしている．しかし，その単純な定義にもかかわらず斯くも重要な存在は $\zeta(s)$ をおいて他には無い．函数 $\zeta(s)$ の全般については Titchmarsh [18] 及び Ivić [5] を参照せよ．本書にては素数分布論にて必要不可欠となる事

項のみを述べてある.

Euler 積の様々な応用に親しむことは重要である. 篩法を念頭に置いての Ramanujan の等式 (1.1.16) の証明は著者による. Titchmarsh [18, Chap. I] には (1.1.2) から派生する興味深く有用な例が掲げられている. Ramanujan 和 (1.1.25) は Eisenstein 級数の Fourier 展開に現れる. 本書第 2 巻はその事実から始められるであろう. このことも含め Ramanujan の等式の背景には篩法と共に保型形式或はより本質的には保型表現論が控えている.「Rankin–Selberg 理論」の始まりを (1.1.16) にみることも可能である. Euler 積と Hecke 作用素との関係は第 2 巻にて採り上げられる. 函数 $\zeta(s)$ と Hecke L-函数との一種神秘的な関係が示されるが, その機序は尖点形式のスペクトル理論に加えとりわけ Hecke 作用素を媒介とする Euler 積に帰着されるのである.

函数 $\zeta(s)$ の函数等式は Euler の手中にもあったと思われる. しかし, その重要性に気づいたのはやはり Riemann [86] であった. 解析接続なる概念が意義を得た最初の例の一つではなかろうか. Riemann の出発点 (1.2.7) はしかし Chebyshev [35] による. Titchmarsh [18, Chap. II] には 7 通りの証明が展開されている. その内の 3 種は Riemann による. 上記には報文 [86] にある 2 種を示したが, 他 1 種は「Riemann–Siegel の積分公式」に対する証明と同一であり, [18] にては 7 番目に記されている.

一方, 函数等式は Poisson 和公式

$$\sum_{m=-\infty}^{\infty} f(m) = \sum_{n=-\infty}^{\infty} \int_{-\infty}^{\infty} f(x)e(nx)dx \qquad (1.7.1)$$

と同値である. 成立条件は省略する. 左辺にて f を Mellin 逆変換にて表し, $\zeta(s)$ と関係づけ, 函数等式を用いれば右辺を得る. 逆は, (1.2.12) より明らか. 等式 (1.2.14) は保型形式に関する所謂「Hecke 対応」の原型であろう. 実は, 保型形式には函数等式を 2 乗したものが正しい対応物である.「Voronoï 和公式」を本書第 2 巻にて扱うのはこの文脈による. Jutila [7] を参照せよ.

積分表示 (1.2.8) に鞍点法を適用し, $\zeta(s)$ の優良な近似式を得ることができる. 下記の解説にある理由にて, これを「Riemann–Siegel の近似函数等式」と

いう．2乗に対応する近似函数等式は算術的な性格を有する．Motohashi [15] をみよ．

予想
$$\pi(x) = (1 + o(1))\frac{x}{\log x} \qquad (1.7.2)$$
を初めて言明したのは Legendre (1798) であった．一方，対数積分 $\mathrm{li}(x)$ が $\pi(x)$ の良い近似値を与えることは，少年 Gauss (1792/93) により観察されていた様である．部分積分法により任意の $J \geq 1$ について
$$\mathrm{li}(x) = \sum_{j=0}^{J-1} \frac{j!\,x}{(\log x)^{j+1}} + (1 + o(1))\frac{J!\,x}{(\log x)^{J+1}} \qquad (1.7.3)$$
であり，右辺の各項が素数分布にて明確な意味を持つことを素数定理 (1.5.9) は示している．つまり，(1.7.2) は (1.5.9) と比較し非常に弱い漸近式である．

Euler よりも深い意味にて函数 $\zeta(s)$ を用いたのは Chebyshev [35] であるが，彼は素数定理の直前にまで到達していた．つまり，何らかの漸近展開が $\pi(x)$ について成立するとするならばそれは Gauss 予想の通りとなる，との結論を函数 $\zeta^{(\nu)}(s)$, $\log \zeta(s)$ の $s \to 1 + 0$ なるときの挙動から得ていた．但し，彼は記号 $\zeta(s)$ を用いることは無かった．この研究が Riemann [86] に深い動機を与えたのである．しかし，Chebyshev の名は [86] には無い．彼は，更に論文 [36] にて素数分布については函数 $\pi(x)$ を直接に扱うのではなく，函数
$$\psi(x) = \sum_{m=1}^{\infty} \sum_{p < x^{1/m}} \log p \qquad (1.7.4)$$
を経由することが望ましいことを明瞭とした．それにて，$\pi(x)/(x/\log x)$ の意味ある上下の評価をも与えた．

第 1.4 節においては Hadamard による整函数論の基本部分が必須である．また，Borel–Carathéodory の定理を含む「最大値原理」の応用一般も必須である．函数論の教科書としては，数論における経験を踏まえて編まれた Tichmarsh [19] が最良である．一方，函数論の基礎も含め解析的整数論或は素数分布論を初めて学ぶには Landau の著書 [9][10] を超えるものは未だ無い．なお，素数

定理 (1.5.9) を証明することのみを旨とするならば，整函数の大域理論は必要ない．Landau の補題 1.4 のみにて足りる．残余項に拘らぬのであれば更に簡便な証明も知られている．例えば [18, Sec. 3.6, 3.7] をみよ．

複素変数函数としての $\log\zeta(s)$ の扱いには慎重を要すること無論である．「枝」の定義に明確さを欠く記述を散見する．定義 (1.4.28) を採るのが正確である．

Legendre 予想 (1.7.2) は 1896 年に Hadamard [48] と de la Vallée Poussin [101] により独立に証明された．Riemann [86] から彼らの証明に至る道のりは函数論の発展と軌を一にする．

Mertens [71] の着想 (1.4.12) 無くして，「非消滅領域」(1.4.16) を示すことは困難であろう．従って，de la Vallée Poussin [102] による定理 1.4 の証明も困難となる．しかし，唐突なものとも映ることであろう．実際，不等式 (1.4.12) の算術性は Motohashi [82] に至るまで注意されることは無かった．第 9 章にて展開される篩法の解析的応用と関連を有し，$\zeta(s)$ とは極めて自然な関係にある．つまり，$\mathrm{Re}\,s>1$ にて
$$\sum_{n=1}^{\infty}\frac{|\sigma_{i\omega}(n)|^4}{n^s}$$
$$=\zeta(s)^6\zeta(s+i\omega)^4\zeta(s-i\omega)^4\zeta(s+2i\omega)\zeta(s-2i\omega)C(s,\omega)\quad(1.7.5)$$
なる等式の存在が背後にある．但し，$\omega\in\mathbb{R}$ は任意であり，$C(s,\omega)$ は $\mathrm{Re}\,s>\frac{1}{2}$ にて正則且つ有界である．第 2.5 節の終段を参照せよ．

垂直線分 $[\frac{1}{2},\frac{1}{2}+iT]$ 上の零点の個数を $N_0(T)$ と記す．先ず Hardy [18, Sec. 10.2] が $N_0(T)\to\infty$ を，その後 Hardy と Littlewood [18, Theorem 10.7] が $N_0(T)\gg T$，更に Selberg [88] [18, Sec. 10.9] が $N_0(T)\gg T\log T$ を示した．Levinson [67] の着想のもとに，Conrey [39] は $\liminf_{T\to\infty}N_0(T)/N(T)>\frac{2}{5}$ を得ている．興味深いものの素数分布論への何らかの帰結がこれらから得られることは恐らくは無かろう．従って本書にては詳細は述べない．零点の垂直分布よりも水平分布の状況が素数分布にはより関連が深いのである．但し，Selberg [88] の方法が篩法と本質的に関係することは注意しておく．第 7.3 節を参照せよ．

Hoheisel [53] の着想はその単純明快さにてまたその広大な影響にて記憶され

るべきものである．なお，後の発展により零点密度理論は必ずしも必要不可欠とは言えぬことも明らかとなっている．しかし，依然として長のあることを強調しておく．

Selberg は漸近公式

$$\sum_{n<x} \Lambda(n)\log n + \sum_{mn<x} \Lambda(m)\Lambda(n) = 2x\log x + O(x) \tag{1.7.6}$$

を初等的つまり複素函数論を用いずに得たが，ここより彼自身と Erdős は「素数定理の初等的証明」を独立に成したのである (1948)．重要な事実ではあるが，現状では複素函数論による議論が遥かに豊かな内容をもたらす故，本書にては「初等的証明」は扱わない．勿論，複素解析的な方法を凌駕する理論が出現する可能性を否定するものでは無い．漸近式 (1.7.6) は関係式

$$\left(\frac{\zeta'}{\zeta}\right)'(s) + \left(\frac{\zeta'}{\zeta}\right)^2(s) = \frac{\zeta''}{\zeta}(s) \tag{1.7.7}$$

にて $s \to 1+0$ なる状態と密接に関係しており，Chebyshev の研究 [35] と相通じることは興味深かろう．背景として Selberg 自身による $\zeta(s)$ の零点分布に関する研究があったことは間違いが無い．つまり，そこにて用いられた技巧に (1.7.6) の源が認められるのである．なお，予想 (1.6.4) に関しては，例えば Selberg [89] 或は Ivić [5, Chap. 12] をみよ．

Riemann 予想 – RH – の算術的帰結については，言及を最小とした．函数 $\zeta(s)$ 自体への帰結については，Titchmarsh [18] に詳しい．本書の範疇は，あくまでも「素数分布論にて一切の仮定無く厳密に証明された具体的事実」を記述することにある．従って，Riemann 予想について記述することは構成の外にある．しかしながら，著者にも多少の観察はある．以下にそれを記す．

RH は一般化され，函数等式，Euler 積が支配する広大な L-函数の世界にて一定の普遍性を有するものである，とされる．この様に拡張された RH について，成立例もまた反例も未だ発見されていない．つまり，Riemann の慎ましやかな主張以来，RH に関する知見には本質的変化は何もない．他方，RH の傍証は豊かにみえる．とりわけ，モデュラ群等における Selberg zeta-函数，有限体上の代数的多様体に付随する zeta-函数につき RH の類似が成立するという事実は喧伝するに充分な力を持つ．しかし，それら函数の出自が $\zeta(s)$ のそれと余りに異なることに戸惑いをおぼえる．RH とこれら類似との関係は実に全くの未開である．これら擬 RH の証明理論が何らかの実際的進展を素数分布論にもたらしたことも未だ無い．後

者におけるいずれの目覚ましい進展も，本書にあるごく基礎的な解析的手段により得られたものばかりである．この乖離にも戸惑いを覚える．素数分布論にて，RH の傍証と言える結果は唯一「Bombieri–Vinogradov, A.I., の平均素数定理」(後出の定理 8.2) である．算術級数中の素数の分布は「平均的には」Dirichlet L-函数について拡張された RH から予見されるものと同様である，とする．第 8.3 節にて示される様に，「双子素数予想」を始めとする加法的素数理論にて著しい帰結を持つ．正確を欠く表現ではあるが，これら古典的な問題に関しては斯く拡張された RH を回避することができるのである．

Riemann は報文 [86] にて，先ず Gauss と Dirichlet による素数分布に対する深い関心を指摘する．そして，先達 Euler にならい，素因数分解の一意性と同値である等式 (1.1.2) に注意する．次に，Chebyshev による積分表示 (1.2.7) を (1.2.8) と変形し，函数等式を (1.2.8)–(1.2.14) にある如く 2 通りに証明する．等式 (1.2.3) を，定義 (1.3.6) を経由し，

$$\Xi(t) = \Xi(-t), \quad \Xi(t) = \xi(\tfrac{1}{2} + it), \quad t \in \mathbb{C}, \tag{1.7.8}$$

と書くとき，(1.2.14) から

$$\Xi(t) = 2 \int_1^\infty \frac{d}{dx}\left(x^{3/2} \theta'(x)\right) x^{-1/4} \cos\left(\tfrac{1}{2} t \log x\right) dx \tag{1.7.9}$$

を得る．この積分表示により $\Xi(t)$ を t^2 の急収束冪級数に展開できる，と述べている．続いて，Euler 積 (1.1.2) により $\Xi(t)$ は水平帯 $|\mathrm{Im}\,t| \leq \tfrac{1}{2}$ の外部には零点を有せぬことを観察する．更に，証明方針のみを示し，領域 $0 < \mathrm{Re}\,t < T$ における零点の個数は漸近的に (1.3.12) である，と主張する．しかし，この段落からは論理よりも直観に重きが置かれる．Riemann が敢えて $\Xi(t)$ を $\zeta(s)$ の代りに用いたことは，極めて示唆に富む．これは単なる対称の美を求めた結果ではなく，実直線上の $\Xi(t)$ つまり「臨界線」$\mathrm{Re}\,s = \tfrac{1}{2}$ 上の $\zeta(s)$ の挙動に対する彼の尋常ならざる関心がなさせたものに相違ない．この意味にて，表示 (1.7.9) への言及も Fourier 変換が彼の念頭にあったことを明白に示している．幸いにもこれら推測を支持する決定的な証左が Riemann の遺稿の中に残されている．Siegel [98] による部分的な復原等によるならば，函数等式の第 1 証明の背後にて重要な計算が懸命に行われていたのである．その「隠された計算」においては，Riemann は鞍点に狙いを定め (1.2.8) における C を拡大，変形する．後に「鞍点法」として一般化される手法である．詳細は割愛せざるを得ないが，彼の手になるものは，今日に至るまで数多ある鞍点法計算の中にて白眉を極め，正に感嘆能わざると形容する他はない．結果として，$\zeta(s)$ の優良な近似式が現われる．それを基に彼は詳細な数値計算を遂行し，$\Xi(t)$ の零点の幾つかを求め，それらが実軸上にあることを発見する．函数 $\Xi(t)$ の「秩序ある振動」ともいうべきものを期待したのであろう．その先には RH がみえようか．

これら一切を何故か隠蔽し，Riemann は次のごとく記す．Man findet nun in der That etwa so viel reelle Wurzeln innerhalb dieser Grenzen, und es ist sehr warhscheinlich, dass alle Wurzeln reell sind. Hiervon wäre allerdings ein strenger Beweis zu wünschen; ich habe indess die Aufsuchung desselben nach einigen flüchtigen vergeblichen Versuchen vorläufig bei Seite gelassen, da er für den nächesten Zweck meiner Untersuchung entbehrlich schien. つまり「函数 $\Xi(t)$ の実根の個数はほぼ (1.3.12) と同様であり，従って，

$$\text{根はおそらく全て実根であると思われる．} \tag{1.7.10}$$

勿論，証明は大いに望まれる処であるが，予はいささかの試みののち暫し触れぬこととした．本研究の目下の目的とするところには必要無きものと思われる故」．勿論，(1.7.10) は今日いうところの RH である．予想 (1.7.10) の根拠とするものを率直に受け取るならば，臨界線上の複素零点につき漸近的な個数を彼は得ていたことになる．さもなければ，(1.7.10) に向かう帰納は意味をなさない．事実であるならば今日にても驚嘆すべき結果である．彼が (1.7.10) の証明に「再び」挑んだであろうことは想像に難くないが，痕跡は発見されていない．

Riemann の「目的」とは，函数 $\pi(x)$ に関する「明示式」であった．報文の過半がその議論に費やされている．彼は先ず，(1.1.2) から

$$\frac{1}{s}\log\zeta(s) = \int_1^\infty f(x)x^{-s-1}dx, \quad \mathrm{Re}\,s > 1, \tag{1.7.11}$$

に注意する．但し，

$$f(x) = \sum_{m=1}^\infty \frac{1}{m}\pi(x^{1/m}). \tag{1.7.12}$$

函数 $\pi(x)$ の不連続性も考慮されている．直感的な Fourier 逆変換（或は Mellin 逆変換）の援用により，積分表示

$$f(x) = \frac{1}{2\pi i}\int_{a-\infty i}^{a+\infty i}\log\zeta(s)\frac{x^s}{s}ds, \quad a > 1, \quad x > 1, \tag{1.7.13}$$

に達する．積分路を左方向へ移動し，$f(x)$ を $\zeta(s)$ の零点について展開することが試みられる．論旨は厳密ではないが，その目指すところは壮快にも明確である．結果として，

$$f(x) = \mathrm{li}(x) - \frac{1}{2}\sum_\rho \left[\mathrm{li}(x^\rho) + \mathrm{li}(x^{1-\rho})\right]$$
$$+ \int_x^\infty \frac{dy}{y(y^2-1)\log y} + \log\xi(0) \tag{1.7.14}$$

なる展開を Riemann は主張する．但し，ρ は複素零点である．項各々の意味や収束性の吟味は度外視されている．更に，

$$\pi(x) = \sum_{m=1}^\infty \frac{\mu(m)}{m}f(x^{1/m}) \tag{1.7.15}$$

を注意し，$\pi(x)$ の「展開」を終る．それは，明示式 (1.5.8) と同値である．

何故に Riemann は $\pi(x)$ の展開をかくも重要視したのか．彼は各複素零点の寄与を「振動項」と称しているが，意味深い暗示であろうか．それとも，単に Fourier 展開が模範とされたことの反映にすぎないのであろうか．他方，微分作用素の固有値と Fourier 展開との関係もまた彼の視界にあったに相違ない．複素零点の「意味」を定めることに較べるならば，予想 (1.7.10) はなるほど二義的な問題ではある．それ故に「必要無きもの」と彼は記したのであろうか．

以下については，著者の嗜好の偏りを更に念頭に置くべし．この感想記の始めに示した2種の擬 zeta-函数は各々明確な幾何学的，算術的背景を有している．然るに，$\zeta(s)$ についてはその様な意味付けは不明である．本書第2巻の主題の一つであるが，モジュラ群に対応する実解析的 Eisenstein 級数と $\zeta(s)$ 或はより正確には積 $\zeta(s_1)\zeta(s_2)$ との関係からみて，Maass 形式

に対応する Hecke L-函数こそが $\zeta(s)$ の最近親者と思われる．実際，$L^2(\mathrm{PSL}_2(\mathbb{Z})\backslash \mathrm{PSL}_2(\mathbb{R}))$ の既約表現への分解により，これら函数間に全体として緊密な関係のあることを証明できる．その要の位置に $\zeta(s)$ がある．Selberg zeta-函数の背後にあるスペクトル理論が $\zeta(s)$ について新たな知見をもたらすのである（Motohashi [16] を参照せよ）．この事実から，函数 $\zeta(s)$ はより函数解析学上の研究対象と映る．勿論，数学分野の境界なぞは些末なことではある．一方，有限体上の擬 RH の成立は「指数和の評価」を経由しとりわけ重要な算術的応用を有する．これも本書第 2 巻の目的の一つである．

「Riemann の近似式」は現在 Riemann–Siegel の近似函数等式と呼ばれる（Motohashi [15] を参照せよ）．数値計算をもとに Riemann 予想がなされた，ということは大方にとり意外であるやも知れない．Siegel [98] も言う如く，「壮大な一般論」を背景にもたらされた予想では決してないことは強調すべきであろう．Riemann の魅惑の計算から生まれ出てきたのである．当時の思潮としては当然であろうが，著者はここに喜ばしく健全な思考をみる．但し，数値計算が予想 (1.7.10) に先行した，という観点は著者の見解である．予想 (1.7.10) から数値計算に向かった可能性も勿論ある．それがより自然であるかも知れない．つまり，(1.7.11)–(1.7.13) が Riemann にとり実際の出発点であったとするならば，積分路の左方向への移動に際し，複素零点についての考察は不可避である．函数 $\pi(x) - \mathrm{li}(x)$ の評価に関心を持つのも，余りに当然であり，そこから (1.7.10) に想到したとしても何らの無理もない．実際，報文の終段は暗に $O(x^{1/2} \log x)$ なる評価を示している．これは，(1.7.10) と同値である．Riemann がこの事実に気付かぬままであったはずは無かろう．何故に，素数分布における (1.7.10) の帰結について，彼は明言を避けたのであろうか．切歯扼腕の表れか．なお，零点や極について函数を展開することは 18 世紀から盛んであった．然らば，$\log \zeta(s)$ よりも対数微分 $(\zeta'/\zeta)(s)$ を用いることが自然である．著者には釈然とはせぬが，Chebyshev の研究 [35] の影響を示す事実には違いない．

RH の数値的検証に電子計算機を用いることは，器機の開発とほぼ同時に試みられ始めたが，その初期報告 Haselgrove [3] はとりわけ興味深い．Riemann–Siegel の近似函数等式の見事な価値が示されているのである．このことは現行の膨大な計算においても依然として同様である．電子技術の伸展に伴い，RH への傍証は深まり行くかにみえる．様々な L-函数についてもまた同様である．しかし，やはり，$\zeta(s)$ の精妙さを捉えることは遠い未来に渡り計算機械の能力の外にあると著者には思われる．この見解の解説を試みる．RH によれば，実数値函数

$$Z(t) = -2\pi^{1/4}((t^2 + \tfrac{1}{4})|\Gamma(\tfrac{1}{2}(\tfrac{1}{2}+it)|)^{-1}\xi(\tfrac{1}{2}+it)$$
$$= \pi^{-it/2}\frac{\Gamma(\tfrac{1}{2}(\tfrac{1}{2}+it))}{|\Gamma(\tfrac{1}{2}(\tfrac{1}{2}+it))|}\zeta(\tfrac{1}{2}+it), \quad t \in \mathbb{R}, \qquad (1.7.16)$$

の極大 (小) 値は非負 (正) である．従って，例えば仮に正の極小値が存在するならば RH は成立せず，となる．函数 $Z(t)$ のグラフをみると，非常な大きさの極大 (小) 値の直前或は直後に辛うじて負 (正) と認められる極小 (大) 値が現れる，という汗握の現象が散見される (Lehmer の観察)．RH は成立せずとの証左の発見がなされるとするならば，例外的に大なる $|Z(t)| = |\zeta(\tfrac{1}{2}+it)|$ を与える実数 t の近傍に於いてであろう，という考えがここから導かれる．しかし，その吟味すべき $t > 0$ のうち最小のものは現行計算機械の能力外にある，と

思われる．なお且つ，これら極値の上下限は $\pm\infty$ である．更に，次の事実も考慮に値する．漸近値 (1.3.12) と複素零点の実際の個数との差は，RH のもとに $O((\log T)(\log\log T)^{-1})$，何らの仮定なく (1.4.30) にて証明された様に $O(\log T)$．この因子 $(\log\log T)^{-1}$ を計算機械にて検出することは，極めて困難であろう．

素数分布論には計算機械の限界を如実に示す例が数多くあるが，報文 [86] にも関係する言及がある．これは，当時流布していた $3\cdot 10^6$ 以下の素数表からの Gauss による観察であり，常に $\pi(x)<\mathrm{li}(x)$ ではなかろうか，とする説である．しかし，Littlewood [70] は後に

$$\pi(x)-\mathrm{li}(x)=\Omega_\pm(\mathrm{li}(x^{1/2})\log\log\log x) \qquad (1.7.17)$$

を証明しこれを否定した．つまり，左辺は無限に符号変化をし，しかも振動値は急速に拡大する．この因子 $\log\log\log x$ を計算機械により検出することは絶望的である．なお且つ，最初の符号変化に対応する x の値の評価もなされているが，現行の評価計算にては，それは 300 桁を超える巨大さである．なお，(1.7.17) は「素数分布の不規則性」を示す現象の典型である．その証明は割愛するが，例えば Landau [10] を参照せよ．

「振動項」なる Riemann の用語から何らかの作用素を連想することは，余りに飛躍であるかも知れない．また，彼の「必要無きもの」という表現も，明示式を証明する限りにおいて，技術的に必要無い，という意味であるやも知れない．しかし，Riemann が振動項に「固有値」を瞥見することは無かった，とするのも余りに無理がある，なによりも彼は調和解析の泰斗であった．何らかの函数空間と作用素，それ以外に RH を記述し解決する手段を夢想するのは困難である．Hilbert 及び Pólya に端を発するこの漠然たる推測が正しいのであるならば，おそらくは簡明な構造であろう．さもなくば，RH は普遍性を有し得ない．しかしながら，言うは易し．臨界線上の $\zeta(s)$ の平均値の考察から著者は RH に形容を絶する深淵をみる（Motohashi [16] の終段を参照せよ）．

著者は，RH の証明されることを切望する．しかし，RH の効力は素数分布論にて極めて限定的であることにも心するものである．例えば，周知の如く，Gauss の余りにも平明な予想

$$n^2<\exists p<(n+1)^2,\quad \forall n\in\mathbb{N}, \qquad (1.7.18)$$

すらその埒外にある．まして，現今の素数分布論の夢は RH を遥かに超えて深遠である．Riemann は自らの予想のもたらす算術的帰結について明瞭には語らなかった．彼は慎重であった．展開 (1.7.14) の複素零点に関する和を (1.7.10) のもとに述べ，その直後に予想の成立せざる場合につき僅かに触れているかと思える一節がある．... wenn in $\sum_\alpha$ für sämmtliche positiven (oder einen positiven reellen Theil enthaltenden) Wurzeln der Gleichung $\Xi(\alpha)=0,\ldots$ 報文には熱情と共に一抹の諦念が認められる．

函数 $\zeta(s)$ についての現代の知識は Riemann のそれよりも遥かに深いことは確かである．しかしながら，依然として，Landau [10, Teil 5 導入] の言うところを探るのが最も真摯であろう．Ich weiß nicht, ob das wahr oder falsch ist.

[注意] 上記にては現行の記法を勿論用いた．例えば，報文 [86] における函数 ξ は本書の函数 Ξ である．

第2章 指 数 和

2.1 Weyl–van der Corput の方法

本章にては函数 $\zeta(s)$ の臨界帯における評価を考察する.とりわけ垂直線 $\sigma=1$ の近傍における評価は,短区間素数分布論にて必要とされる「非消滅領域」(1.6.9) と密接に関係するのである.

そこで,一般的な「指数和」

$$F(N) = \sum_{N \leq n < 2N} e(f(n)) \qquad (2.1.1)$$

を考える.但し,N は正整数,$f(x)$ は滑らかな実数値函数とする.単位円周上にて点 $e(f(n))$ が大略原点対称に分布しているならば,右辺の各項の打ち消し合いの度合いは大きく,$|F(N)|$ は自明な評価 $O(N)$ よりも著しく小となるはずである.では,打ち消し合いをどの様にして検出するか.この問題に対しみるべき結果を最初に与えたのは Weyl である.彼の着想は簡明である.区間 $[N, 2N]$ を小区間に分け $F(N)$ の代わりに

$$\sum_{0 \leq u < U} e(f(u+M)), \quad M \approx N, \qquad (2.1.2)$$

を考える.但し,$U = N^\alpha$,$0 < \alpha < 1$,は後に適当に定めるべきものである.これは一種の摂動法である.函数 f が充分に滑らか,例えば,応用上常例である C^∞ 級であるならば,$f(u+M)$ は変数 u の多項式にて近似され,それによる誤差は無視できよう.従って,(2.1.2) の代わりに実数係数多項式 g につき和

$$G(U) = \sum_{0 \leq u < U} e(g(u)) \quad (2.1.3)$$

の評価を課題とする．これを「Weyl の和」と称する．Weyl は自明な等式

$$|G(U)|^2 = \sum_{u_1} \sum_{u_2} e(g(u_1) - g(u_2))$$
$$= \sum_{u} \sum_{r} e(g(u+r) - g(u)) \quad (2.1.4)$$

に注目した．和の範囲を省略してある．ここで，$g(u+r) - g(u)$ は変数 u については g よりも低次の多項式である．そこで，操作 (2.1.4) を繰り返すならば，ついには

$$S = \sum_{a \leq u < b} e(\alpha u + \beta), \quad \alpha, \beta \in \mathbb{R}, \quad (2.1.5)$$

なる形の和に達する．勿論，

$$|S| \leq \min\left\{ b - a + 1, \frac{1}{|\sin \pi \alpha|} \right\}. \quad (2.1.6)$$

ここから $G(U)$ の自明ではない評価が導かれる．それを函数 $(t/2\pi) \log x$ に適用し，$\zeta(s)$ の大きさにつき帰結を得る．

一方，van der Corput に従い，Poisson 和公式を和 $F(N)$ に応用することも考えられる．即ち，

$$F(N) = \sum_{n=-\infty}^{\infty} \int_{N}^{2N} e(f(x) + nx) dx + \frac{1}{2}(e(f(N)) + e(f(2N))). \quad (2.1.7)$$

或は，

$$F(N) = \int_{N}^{2N} e(f(x)) dx$$
$$- \frac{1}{2\pi i} \sum_{\substack{n=-\infty \\ n \neq 0}}^{\infty} \frac{1}{n} \int_{N}^{2N} \frac{f'(x)}{f'(x) + n} d(e(f(x) + nx)) + O(1). \quad (2.1.8)$$

簡単のために，

$$f'(x) \text{ は単調且つ } |f'(x)| \leq \eta < 1, \quad N \leq x \leq 2N, \quad (2.1.9)$$

と仮定する．このとき，$f'(x)/(f'(x)+n)$ も単調である故，第 2 平均値定理により (2.1.8) の無限和内の各積分は $O(1/|n|)$ と評価される．従って，

$$F(N) = \int_N^{2N} e(f(x))dx + O(1) \qquad (2.1.10)$$

を得る．残余項は η に関係する．条件 (2.1.9) が満たされぬ場合，例えば $f'(x) + \nu = 0$ が整数 $\nu \neq 0$ について積分区間内にて解をもつ場合には，「鞍点法」を適用すればよい．いずれにせよ，和 (2.1.1) の評価を積分の評価に変換でき，一般的にこの手法は Weyl の反復法より有効な結論をもたらす．具体的な応用例を次に示す．これは「凸性評価」(1.6.21) を顕著に凌ぐ結果である．

定理 2.1

$$\zeta(\tfrac{1}{2} + it) \ll t^{1/6}(\log t)^{3/2}, \quad t \geq 2. \qquad (2.1.11)$$

[証明] 式 (1.2.5) よりやや詳しく，任意の $\sigma > -1$，整数 $N \geq 1$ について，

$$\zeta(s) = \sum_{n=1}^{N} \frac{1}{n^s} + \frac{N^{1-s}}{s-1} - \frac{1}{2}N^{-s} + s\int_N^\infty \frac{\rho(x)}{x^{s+1}}dx. \qquad (2.1.12)$$

函数 $\rho(x)$ の Fourier 級数展開及びその有界収束性を用い

$$\int_{N_1}^{N_2} \frac{\rho(x)}{x^{s+1}}dx = \frac{1}{\pi}\sum_{m=1}^{\infty}\frac{1}{m}\int_{N_1}^{N_2}\frac{\sin(2m\pi x)}{x^{s+1}}dx. \qquad (2.1.13)$$

仮に $t \leq N_1 < N_2$ であるならば，部分積分法により

$$\int_{N_1}^{N_2} x^{-\sigma-1}\exp(it\log x \pm 2m\pi ix)dx \ll N_1^{-\sigma-1}m^{-1}. \qquad (2.1.14)$$

従って，(2.1.12) から近似式

$$\zeta(s) = \sum_{n<t}\frac{1}{n^s} + O(t^{-\sigma}), \quad 0 < \sigma;\ 1 \leq t, \qquad (2.1.15)$$

が従う．この右辺において $\sigma = \tfrac{1}{2}$ であるならば，$n < t^{1/3}$ なる部分は (2.1.11) と比較し無視できる故，「zeta-和」

$$Z(N,t) = \sum_{N \le n < 2N} n^{it} = \sum_{N \le n < 2N} e\left(\frac{t}{2\pi}\log n\right) \qquad (2.1.16)$$

を条件 $t^{1/3} \le N < t$ のもとに考察する．但し，t は当然に充分大とする．Weyl の摂動を応用するために

$$U = Nt^{-1/3} < N^{1/2}t^{1/6} \qquad (2.1.17)$$

とおき，

$$Z(N,t) = \frac{1}{U}\sum_{0 \le u < U}\sum_{N \le n < 2N}(n+u)^{it} + O(U) \qquad (2.1.18)$$

に注意する．容易に，

$$|Z(N,t)| \ll \frac{N^{1/2}}{U}\Big(\sum_{0 \le u < v < U}|Z(N,t;u,v)|\Big)^{1/2} + N^{1/2}t^{1/6}. \qquad (2.1.19)$$

但し

$$\begin{aligned}Z(N,t;u,v) &= \sum_{N \le n < 2N} e(h(n)), \\ h(n) &= (t/2\pi)\log((n+u)/(n+v)).\end{aligned} \qquad (2.1.20)$$

展開 (2.1.7) と同じく，Poisson 和公式により

$$Z(N,t;u,v) = \sum_{n=-\infty}^{\infty}\int_N^{2N} e(h(x)+nx)dx + O(1). \qquad (2.1.21)$$

この積分の鞍点は

$$\frac{t}{2\pi}\cdot\frac{(v-u)}{(x+u)(x+v)} + n = 0 \qquad (2.1.22)$$

を充たすが，それが積分区間内に入る n は区間

$$J = [-(1/\pi)(v-u)tN^{-2}, -(1/4\pi)(v-u)tN^{-2}] \qquad (2.1.23)$$

に含まれる故，U の選び方から $N \le t^{2/3}$ なる場合のみ鞍点法の応用を考慮する必要がある．そこでこの場合に，$n \in J$ について鞍点を x_0 とし積分を

$$\left(\int_N^{x_0-\delta} + \int_{x_0-\delta}^{x_0+\delta} + \int_{x_0+\delta}^{2N}\right)e(h(x)+nx)dx \qquad (2.1.24)$$

と分割する．但し，$\delta > 0$ は後に定めるべきものである．第 1 積分を

$$\frac{1}{2\pi i}\int_N^{x_0-\delta}\frac{1}{h'(x)+n}de(h(x)+nx) \tag{2.1.25}$$

と書き,

$$|h'(x)+n|=\Big|\int_{x_0}^x h''(\xi)d\xi\Big|\gg \delta(v-u)tN^{-3} \tag{2.1.26}$$

に注意する．第2平均値定理により第1積分は $O\left(N^3/(\delta t(v-u))\right)$．明らかに，同じ評価が第3積分についても成立する．第2積分には自明な評価を用い，最適化を計り，$\delta=N^{3/2}(t(v-u))^{-1/2}$ と定める．これらをまとめ，

$$Z(N,t;u,v)=\sum_{n\notin J}\int_N^{2N}e(h(x)+nx)dx+O\left((t(v-u))^{1/2}N^{-1/2}\right). \tag{2.1.27}$$

一方，部分積分法を用い，$n\in J$ のとき

$$\int_N^{2N}e(h(n)+nx)dx$$
$$=-\frac{1}{2\pi in}\int_N^{2N}h'(x)e(h(x)+nx)dx+O(1/|n|) \tag{2.1.28}$$

を注意し，$Z(N,t;u,v)$ に (2.1.8) の類似を援用し，(2.1.27) の無限和は

$$\int_N^{2N}e(h(x))dx-\frac{1}{2\pi i}\sum_{\substack{n\notin J\\ n\neq 0}}\frac{1}{n}\int_N^{2N}\frac{h'(x)}{h'(x)+n}de(h(x)+nx)+O(1) \tag{2.1.29}$$

と変形される．ここで，(2.1.23) により $\sum_{n\in J}|n|^{-1}\ll 1$ であることを用いた．従って，

$Z(N,t;u,v)$
$$\ll N^2(t(v-u))^{-1}+\sum_{\substack{n\notin J\\ n\neq 0}}\frac{1}{|n|}\sup_{N\leq x\leq 2N}\frac{|h'(x)|}{|h'(x)+n|}+(t(v-u))^{1/2}N^{-1/2}$$
$$\ll N^2(t(v-u))^{-1}+\log(2+t(v-u)N^{-2})+(t(v-u))^{1/2}N^{-1/2}. \tag{2.1.30}$$

つまり，

$$\sum_{0\leq u<v<U}|Z(N,t;u,v)|\ll N^2t^{-1}U\log U+U^2\log t+N^{-1/2}t^{1/2}U^{5/2}$$
$$\ll U^2t^{1/3}\log t. \tag{2.1.31}$$

一方, $t^{2/3}<N<t$ なる場合には鞍点法を援用する必要は無く,同じ結論を容易に得る. 従って, 式 (2.1.19) に戻り,

$$Z(N,t)\ll N^{1/2}t^{1/6}(\log t)^{1/2}. \tag{2.1.32}$$

この評価を (2.1.15) に挿入し定理 2.1 の証明を終わる.

2.2 Vinogradov の方法

鞍点法に依存する van der Corput の方法は, 例えば点 $e(f(n))$ が高速にて単位円周上を回転する場合には Weyl の方法よりも劣る結果をもたらすことがある. 何故ならば, その場合に $f'(x)$ は極端に大きくなり, 鞍点法を適用すべき積分項が余りに多く制御不可能となるからである. 実は, 函数 $\zeta(s)$ を垂直線 $\sigma=1$ の近傍にて評価する問題は正にその様な状況を考慮せねばならない典型例なのである.

この高速回転の場合に有効な Vinogradov, I.M., の方法を以下に述べる. 彼の着想は, Weyl の議論に Diophantus 方程式の理論を導入した点にある. Weyl 和 (2.1.3) において $g(x)=\sum_{l=0}^{k}a_lx^l$ とする. このとき任意の整数 $q\geq 1$ について

$$|G(U)|^{2q}=\sum_{\underline{\lambda}}J_{q,k}(U,\underline{\lambda})\prod_{j=1}^{k}e(a_j\lambda_j). \tag{2.2.1}$$

但し, $\underline{\lambda}=(\lambda_1,\lambda_2,\ldots,\lambda_k)\in\mathbb{Z}^k$ であり, $J_{q,k}(U,\underline{\lambda})$ は

$$\begin{aligned}(x_1^l+x_2^l+\cdots+x_q^l)-(x_{q+1}^l+x_{q+2}^l+\cdots+x_{2q}^l)&=\lambda_l,\\ 1\leq x_j\leq U,\quad 1\leq j\leq 2q,\quad 1\leq l\leq k,&\end{aligned} \tag{2.2.2}$$

なる方程式系の整数解の個数である. Weyl はこの関係式において $q=2^{k-2}$ なる場合を考察したといえる. 評価 (2.1.6) を用いるべく (2.2.2) を変形した訳

である．しかし，変数の個数は k と共に指数的に増大する故，k が増加するにつれ (2.1.6) の使用は損失の多いものとなる．Vinogradov は，q を Weyl の様に非常に大きくとらなくとも，$J_{q,k}(U,\underline{\lambda})$ を制御できることに想到し，その事実により $G(U)$ の評価を得た．彼の議論においては q は k のある冪乗の大きさであり，Weyl の方法と比べ著しい改良である．以下，$Z(N,t)$ について実際の効力をみる．勿論，N は充分大とし，$N \leq t$ とする．

先ず，任意の整数 $U \geq 1$ について

$$Y(n,t) = \sum_{u=1}^{U}\sum_{v=1}^{U} e\left(\frac{t}{2\pi}\log\left(1+\frac{uv}{n}\right)\right) \tag{2.2.3}$$

とし，

$$|Z(N,t)| \leq \frac{1}{U^2}\sum_{N \leq n < 2N}|Y(n,t)| + O(U^2). \tag{2.2.4}$$

また，任意の整数 $k \geq 1$ について

$$W(n,t) = \sum_{u=1}^{U}\sum_{v=1}^{U} e(\alpha_1 uv + \alpha_2(uv)^2 + \cdots + \alpha_k(uv)^k),$$
$$\alpha_\nu = (-1)^{\nu-1}\frac{t}{2\pi\nu n^\nu}, \tag{2.2.5}$$

とすれば

$$Y(n,t) = W(n,t) + O(tU^{2(k+2)}n^{-k-1}). \tag{2.2.6}$$

即ち，

$$|Z(N,t)| \leq \frac{1}{U^2}\sum_{N \leq n < 2N}|W(n,t)| + O(U^2 + tN(U^2/N)^{k+1}). \tag{2.2.7}$$

そこで $0 < \delta < 1$ を固定し

$$U = [N^{\delta/2}], \quad k = \left[\frac{\log t}{(1-\delta)\log N}\right] + 1 \tag{2.2.8}$$

とおく．容易に

$$|Z(N,t)| \leq \frac{1}{U^2}\sum_{N \leq n < 2N}|W(n,t)| + O(N^\delta) \tag{2.2.9}$$

を得る．

任意の整数 $q \geq 1$ について，Hölder 不等式により，

$$|W(n,t)|^{4q^2}$$
$$\leq \left(U^{2q-1}\sum_{u=1}^{U}\left|\sum_{v=1}^{U}e(\alpha_1 uv + \alpha_2(uv)^2 + \cdots + \alpha_k(uv)^k)\right|^{2q}\right)^{2q}$$
$$\leq U^{4q^2-2q}\left(\sum_{\underline{\lambda}}J_{q,k}(U,\underline{\lambda})\left|\sum_{u=1}^{U}e(\alpha_1\lambda_1 u + \alpha_2\lambda_2 u^2 + \cdots + \alpha_k\lambda_k u^k)\right|\right)^{2q}$$
$$\leq U^{8q^2-4q}\sum_{\underline{\lambda}}J_{q,k}(U,\underline{\lambda})\left|\sum_{u=1}^{U}e(\alpha_1\lambda_1 u + \alpha_2\lambda_2 u^2 + \cdots + \alpha_k\lambda_k u^k)\right|^{2q}. \quad (2.2.10)$$

ここで
$$J_{q,k}(U,\underline{\lambda}) \leq J_{q,k}(U,\underline{0}) \quad (2.2.11)$$
に注意する．実際,
$$J_{q,k}(U,\underline{\lambda}) = \int_{[0,1]^k}\left|\sum_{u=1}^{U}e(\theta_1 u + \theta_2 u^2 + \cdots + \theta_k u^k)\right|^{2q}$$
$$\times e(-\theta_1\lambda_1 - \theta_2\lambda_2 - \cdots - \theta_k\lambda_k)d\theta_1 d\theta_2\cdots d\theta_k \quad (2.2.12)$$

より明白である．従って,

$$|W(n,t)|^{4q^2}$$
$$\leq U^{8q^2-4q}J_{q,k}(U,\underline{0})\left|\sum_{\underline{\lambda},\underline{\mu}}J_{q,k}(U,\underline{\mu})e(\alpha_1\lambda_1\mu_1 + \alpha_2\lambda_2\mu_2 + \cdots + \alpha_k\lambda_k\mu_k)\right|$$
$$\leq U^{8q^2-4q}\{J_{q,k}(U,\underline{0})\}^2\prod_{\nu=1}^{k}S_\nu. \quad (2.2.13)$$

但し，$\|x\| = \inf_{n\in\mathbb{Z}}|x-n|$ とし

$$S_\nu = \sum_{|\mu|<U_\nu}\min\left(2U_\nu, \frac{1}{2\|\alpha_\nu\mu\|}\right), \quad U_\nu = qU^\nu. \quad (2.2.14)$$

この和を評価するために

$$\alpha_\nu = (-1)^{\nu-1}\frac{t}{2\pi\nu n^\nu} = \frac{(-1)^{\nu-1}}{l} + \frac{\theta}{l^2}, \qquad (2.2.15)$$
$$l = [2\pi\nu n^\nu/t], \quad |\theta| \le 1,$$

とし,

$$S_\nu \ll (U_\nu/l + 1)\max_Q \sum_{\mu=1}^{l} \min\left(U_\nu, \frac{1}{\|\alpha_\nu(\mu + lQ)\|}\right)$$
$$= (U_\nu/l + 1)\max_Q \sum_{\mu=1}^{l} \min\left(U_\nu, \frac{1}{\|a(\mu)/l + b(\mu)/l^2\|}\right). \quad (2.2.16)$$

但し,$a(\mu) = (-1)^{\nu-1}\mu + [\theta Q]$, $b(\mu) = \theta\mu + (\theta Q - [\theta Q])l$ である.これより,$a(\mu)$ の値を法 l にて分類し

$$S_\nu \ll (U_\nu/l + 1)(U_\nu + l\log l) \ll U_\nu^2(1/l + 1/U_\nu + l/U_\nu^2)\log l \quad (2.2.17)$$

を得る.従って,

$$N^{(1-\delta/3)\nu} \le t \le N^{(1-\delta/4)\nu} \quad (2.2.18)$$

であるならば,上記の議論は意味があり,絶対常数 $A, c > 0$ が存在し

$$S_\nu \le A^\nu U_\nu^2 t^{-c\delta}. \quad (2.2.19)$$

そこで (2.2.13) において,(2.2.18) を満たさぬ ν については自明な評価 $S_\nu \le 4U_\nu^2$ を用いるならば,

$$|W(n,t)|^{4q^2} \le A^{k^2} q^{2k} U^{8q^2-4q+k(k+1)}\{J_{q,k}(U,\underline{0})\}^2 t^{-c\delta^2\log t/\log N} \quad (2.2.20)$$

を得る.

斯くして,zeta-和の評価を,一つの Diophantus 問題へ還元することがなされた訳である.

2.3 Vinogradov の平均値定理

因子 $J_{q,k}(U,\underline{0}) = J_{q,k}(U)$ の評価について詳述する.定義 (2.2.2) を繰り返すが,$J_{q,k}(U)$ は方程式系

$$x_1^l + x_2^l + \cdots + x_q^l = x_{q+1}^l + x_{q+2}^l + \cdots + x_{2q}^l, \quad 1 \le l \le k, \qquad (2.3.1)$$

の $x_j \in \mathbb{Z}, 1 \le x_j \le U \ (1 \le j \le 2q)$ なる解の個数である．

Vinogradov 自身の議論は難解である．ここでは p-進法による簡易化を採り入れる．次の評価が要となる．

補題 2.1 任意の素数 $p > k$，任意の整数 λ_l, $1 \le l \le k$, についての合同式系

$$x_1^l + x_2^l + \cdots + x_k^l \equiv \lambda_l \mod p^l, \quad 1 \le l \le k, \qquad (2.3.2)$$

を条件

$$D \le x_j < D + Mp^k, \quad 1 \le j \le k; \quad x_j \not\equiv x_{j'} \mod p, \quad j \ne j', \qquad (2.3.3)$$

のもとに考える．解の個数を X とすると，任意の D 及び整数 $M \ge 1$ について一様に

$$X \le k! M^k p^{k(k-1)/2}. \qquad (2.3.4)$$

[証明] 明らかに $D = 0$ と仮定して一般性を失わない．各 x_j を p-進展開し

$$\begin{aligned} & x_j = x_{j0} + x_{j1}p + \cdots + x_{jk}p^k, \\ & x_{j0} \ne x_{j'0}, \quad j \ne j', \\ & 0 \le x_{jr} < p, 1 \le r < k; 0 \le x_{jk} < M. \end{aligned} \qquad (2.3.5)$$

系 (2.3.2) から

$$x_{10}^l + \cdots + x_{k0}^l \equiv \lambda_l \mod p, \quad 1 \le l \le k. \qquad (2.3.6)$$

よって，$x_{10}, x_{20}, \ldots, x_{k0}$ は法 p についてのある k-次合同式の相異なる解の一組でなければならない．この合同式の係数は $\lambda_1, \lambda_2, \ldots, \lambda_k$ により一意的に定まる故，解の組は順列を無視すれば唯一つである．即ち，条件 (2.3.5) のもとに (2.3.6) の解の個数は高々 $k!$ である．次に $x_{j0}, x_{j1}, \ldots, x_{jl-1}, 1 \le l < k$, が定められたものとし，系

$$x_1^m + \cdots + x_k^m \equiv \lambda_m \mod p^{l+1}, \quad l+1 \le m \le k, \qquad (2.3.7)$$

を考える．これは系

$$x_{10}^{m-1}x_{1l} + \cdots + x_{k0}^{m-1}x_{kl} \equiv \lambda'_m \mod p, \quad l+1 \leq m \leq k, \qquad (2.3.8)$$

と同値である．但し，

$$\lambda'_m p^l = \lambda_m - \sum_{j=1}^{k}(x_{j0} + x_{j1}p + \cdots + x_{jl-1}p^{l-1})^m. \qquad (2.3.9)$$

連立一次合同式 (2.3.8) の係数行列の階数は (2.3.5) により $k-l$ である故，解 $(x_{1l},\ldots,x_{kl})$ の個数は p^l である．更に，$(x_{1k},\ldots,x_{kk})$ の個数は M^k 以下である．以上をまとめ，(2.3.4) を得る．

補題 2.2 整数変数 k は充分大とする．条件

$$(2k)^{3k} \leq U, \quad k(k+1) \leq q \qquad (2.3.10)$$

のもとに

$$U^{1-1/k} \leq U_1 \leq 4U^{1-1/k} \qquad (2.3.11)$$

なる U_1 が存在し

$$J_{q,k}(U) \leq 2^{4q}U^{2q/k+(3k-5)/2}J_{q-k,k}(U_1). \qquad (2.3.12)$$

[証明] 先ず，定理 1.4 により $\frac{1}{2}U^{1/k} < p < U^{1/k}$ となる素数 p を定め，$U_1 = [U/p] + 1$ とおく．明らかに，$J_{q,k}(U) \leq J_{q,k}(pU_1)$．これは系 (2.3.1) に代わり，系

$$(x_1 + py_1)^l + \cdots + (x_q + py_q)^l$$
$$= (x_{q+1} + py_{q+1})^l + \cdots + (x_{2q} + py_{2q})^l, \qquad (2.3.13)$$
$$1 \leq x_j \leq p,\ 0 \leq y_j < U_1, 1 \leq j \leq 2q,\ 1 \leq l \leq k,$$

を考察すると同じである．これの解の内，集合 $\{x_1,\ldots,x_q\}$, $\{x_{q+1},\ldots,x_{2q}\}$ が共に少なくとも k 個の相異なる元を含むものを第 1 種，残り全てを第 2 種とする．

第 1 種解の個数 J_1 の評価を行う．条件

$$x_j \neq x_{j'}, \quad x_{q+j} \neq x_{q+j'}, 1 \leq j < j' \leq k, \qquad (2.3.14)$$

を満たす (2.3.13) の解の個数を J_1' とすると $J_1 \leq q^{2k} J_1'$ である．そこで，

$$S(x) = \sum_{0 \leq y < U_1} e(\theta_1(x+py) + \theta_2(x+py)^2 + \cdots + \theta_k(x+py)^k) \quad (2.3.15)$$

とおくならば，

$$J_1' = \int_{[0,1]^k} \Big| \sum_{x_1,\ldots,x_k} S(x_1) \cdots S(x_k) \Big|^2 \Big| \sum_{x=1}^p S(x) \Big|^{2q-2k} d\theta_1 \cdots d\theta_k$$
$$\leq p^{2q-2k} J_1''. \quad (2.3.16)$$

ここに，

$$J_1'' = \max_{1 \leq x \leq p} \int_{[0,1]^k} \Big| \sum_{x_1,\ldots,x_k} S(x_1) \cdots S(x_k) \Big|^2 |S(x)|^{2q-2k} d\theta_1 \cdots d\theta_k. \quad (2.3.17)$$

この積分は系

$$(x_1 - x + py_1)^l + \cdots + (x_k - x + py_k)^l$$
$$- (x_{q+1} - x + py_{q+1})^l - \cdots - (x_{q+k} - x + py_{q+k})^l$$
$$= p^l(y_{k+1}^l + \cdots + y_q^l - y_{q+k+1}^l - \cdots - y_{2q}^l), \quad 1 \leq l \leq k, \quad (2.3.18)$$

の条件 (2.3.14) 下にての解の個数と同じである．左辺の各項を展開してみればよい．この系の解の内

$$y_{k+1}^l + \cdots + y_q^l - y_{q+k+1}^l - \cdots - y_{2q}^l = \mu_l, \quad 1 \leq l \leq k, \quad (2.3.19)$$

なるものの個数を $J_1''(\underline{\mu})$ とするならば

$$J_1'' \leq \sum_{\underline{\mu}} J_1''(\underline{\mu}) J_{q-k,k}(U_1, \underline{\mu}) \leq J_{q-k,k}(U_1) \sum_{\underline{\mu}} J_1''(\underline{\mu}). \quad (2.3.20)$$

この最右辺の和は系

$$(x_1 - x + py_1)^l + \cdots + (x_k - x + py_k)^l \equiv (x_{q+1} - x + py_{q+1})^l + \cdots$$
$$+ (x_{q+k} - x + py_{q+k})^l \mod p^l, \quad 1 \leq l \leq k, \quad (2.3.21)$$

の条件 (2.3.14) 下にての解の個数である．ここで，$x_{q+1}, \ldots, x_{q+k}, y_{q+1}, \ldots, y_{q+k}$

を固定するとき，その様な解の個数は補題 2.1 により評価できる．即ち，

$$J_1'' \leq k!([U/p^k]+1)^k(pU_1)^k p^{k(k-1)/2} J_{q-k,k}(U_1). \tag{2.3.22}$$

以上から

$$\begin{aligned}
J_1 &\leq q^{2k} p^{2q-2k} k!([U/p^k]+1)^k (pU_1)^k p^{k(k-1)/2} J_{q-k,k}(U_1) \\
&\leq 2^{4q-1} U^{2q/k+(3k-5)/2} J_{q-k,k}(U_1). \tag{2.3.23}
\end{aligned}$$

第2種解の個数 J_2 の評価は容易である．集合 $\{x_1,\ldots,x_q\}$, $\{x_{q+1},\ldots,x_{2q}\}$ は何れか一方が高々 $k-1$ 個の相異なる元を含むものとし，

$$\begin{aligned}
J_2 &= \int_{[0,1]^k} \sum_{\substack{x_1,\ldots,x_q \\ x_{q+1},\ldots,x_{2q}}} S(x_1)\cdots S(x_q)\overline{S(x_{q+1})}\cdots\overline{S(x_{2q})} d\theta_1\cdots d\theta_k \\
&\leq \int_{[0,1]^k} \sum_{\substack{x_1,\ldots,x_q \\ x_{q+1},\ldots,x_{2q}}} \{|S(x_1)|^{2q}+\cdots+|S(x_{2q})|^{2q}\} d\theta_1\cdots d\theta_k \\
&\leq 2\binom{p}{k-1}(k-1)^q p^q J_{q,k}(U_1). \tag{2.3.24}
\end{aligned}$$

即ち，

$$\begin{aligned}
J_2 &\leq 2k^q p^{q+k-1} U_1^{2k} J_{q-k,k}(U_1) \\
&\leq 2^{4q-1} U^{2q/k+(3k-5)/2} J_{q-k,k}(U_1). \tag{2.3.25}
\end{aligned}$$

但し，因子 k^q の評価に (2.3.10) を用いた．以上をまとめ (2.3.12) の証明を終わる．

結論として，次の「Vinogradov の平均値定理」を得る．「平均値」と称するのは，積分表示 (2.2.12)，$\underline{\lambda}=\underline{0}$, の存在による．

定理 2.2 任意の整数 $\tau \geq 0$, 充分大なる実数 U, 整数 k について，条件

$$k(k+\tau) \leq q \tag{2.3.26}$$

のもとに，

$$J_{q,k}(U) \leq (4k)^{4q\tau} U^{2q-k(k+1)/2+\eta(k,\tau)}. \tag{2.3.27}$$

但し,
$$\eta(k,\tau) = \frac{1}{2}k(k+1)\left(1-\frac{1}{k}\right)^\tau. \tag{2.3.28}$$

[証明] 先ず, $\tau = 0$ であれば (2.3.27) は自明な評価である. そこで, 整数 τ についての帰納法を用いる. 即ち, $\tau = m$ にて定理は成立しているものと仮定し,
$$k(k+m+1) \leq q \tag{2.3.29}$$
とする. 場合を分け,
$$(2k)^{3k(k/(k-1))^m} \leq U \tag{2.3.30}$$
なるときを先に扱う. 補題 2.2 を援用でき, 且つ $k(k+m) \leq q-k$ である故, $J_{q-k,q}(U_1)$ に対し (2.3.27) を用いてよい. 従って,
$$J_{q,k}(U)$$
$$\leq 2^{4q}U^{2q/k+(3k-5)/2}(4k)^{4(q-k)m}U_1^{2(q-k)-k(k+1)/2+\eta(k,m)}$$
$$\leq 2^{4q}U^{2q/k+(3k-5)/2}(4k)^{4(q-k)m}2^{4(q-k)}U^{(1-1/k)(2q-2k-k(k+1)/2+\eta(k,m))}$$
$$\leq (4k)^{4q(m+1)}U^{2q-k(k+1)/2+\eta(k,m+1)}. \tag{2.3.31}$$

つまり, (2.3.30) のもとに (2.3.27), $\tau = m+1$, を得る.

次に, 条件 (2.3.30) が成立せぬものと仮定する. この場合は, 補題 2.2 に代わり自明な不等式 $J_{q,k}(U) \leq U^{2k}J_{q-k,k}(U)$ を用いる. つまり,
$$J_{q,k}(U) \leq (4k)^{4(q-k)m}U^{2q-k(k+1)/2+\eta(k,m)}$$
$$= (4k)^{4q(m+1)}U^{2q-k(k+1)/2+\eta(k,m+1)}(4k)^{-4q-4km}U^{\eta(k,m)/k}. \tag{2.3.32}$$

やはり (2.3.31) を得, 証明を終わる.

Zeta-和に戻る. 定理 2.2 と (2.2.20) から, 次を得る.

定理 2.3 絶対常数 $c > 0$ が存在し,
$$\sum_{n<N} n^{it} \ll N^{1-c(\log N/\log t)^2}, \quad 2 \leq N \leq t. \tag{2.3.33}$$

[証明] 上記の組み合わせから容易に

$$W(n,t) \ll U^{2+\frac{1}{2}\eta(k,\tau)q^{-2}} t^{-c\delta^2 q^{-2}(\log t/\log N)}, \quad q = k(k+\tau), \qquad (2.3.34)$$

を得る．但し，U, δ, k は (2.2.8) を満たす．ここで，

$$U^{\frac{1}{2}\eta(k,\tau)} \leq t^{c\delta(1-1/k)^\tau (\log t/\log N)} \qquad (2.3.35)$$

である故，δ を適当に定め充分大なる整数 C について $\tau = Ck$ とするならば，

$$W(n,t) \ll U^2 t^{-c(\log t/\log N)^{-3}}. \qquad (2.3.36)$$

これを (2.2.9) に挿入し，(2.3.33) に至る．

2.4 素数定理 II

第 1.6 節にて導入した仮定 (a) に相当する結果を証明する．

補題 2.3 絶対常数 $c > 0$ が存在し，

$$\zeta(s) \ll |t|^{c(1-\sigma)^{3/2}} (\log |t|)^{2/3}, \quad \frac{1}{2} \leq \sigma \leq 1; \; |t| \geq 2. \qquad (2.4.1)$$

[証明] 式 (2.1.15) の和を $(t^{(1-\sigma)^{1/2}} \exp((\log t)^{2/3}))^A \leq t$ にて分割する．常数 A は充分大として差し支えない．一方には自明な評価を用い，他方には部分和法と共に (2.3.33) を援用すれば済む．

定理 2.4 絶対常数 $c > 0$ が存在し，

$$\zeta(s) \neq 0, \quad \sigma > 1 - \frac{c}{(\log |t|)^{2/3} (\log \log |t|)^{1/3}}, \; |t| \geq 3. \qquad (2.4.2)$$

[証明] 補題 1.4 を援用する．虚部が充分大なる複素零点 $\beta + i\gamma$ をとり，

$$\begin{aligned} s_1 &= \sigma_0 + i\gamma, \quad s_2 = \sigma_0 + 2i\gamma, \\ \sigma_0 &= 1 + \frac{\tau}{(\log \gamma)^{2/3}(\log\log \gamma)^{1/3}}, \end{aligned} \qquad (2.4.3)$$

とおく．但し，$\tau > 0$ は充分小さな常数である．また，

$$r = \left(\frac{\log\log \gamma}{\log \gamma}\right)^{2/3} \qquad (2.4.4)$$

とする．補題 2.3 により，$M = c \log \log \gamma$ ととることができ，(1.4.32)–(1.4.33) から

$$\begin{aligned}
-\mathrm{Re}\frac{\zeta'}{\zeta}(s_1) &< \frac{c}{r}\log\log\gamma - \frac{1}{\sigma_0 - \beta}, \\
-\mathrm{Re}\frac{\zeta'}{\zeta}(s_2) &< \frac{c}{r}\log\log\gamma.
\end{aligned} \qquad (2.4.5)$$

これらと (1.4.12) にて，

$$\beta < 1 - (\sigma_0 - 1)\frac{1 - c(\sigma_0 - 1)r^{-1}\log\log\gamma}{3 + c(\sigma_0 - 1)r^{-1}\log\log\gamma}. \qquad (2.4.6)$$

定理の証明を終わる．

定理 1.3 と 2.4 を組み合わせ，定理 1.4 と同様にして次の「Vinogradov の素数定理」を得る．函数 $\pi(x)$ への現今最良の近似である．

定理 2.5 （素数定理 II） 絶対常数 $c > 0$ が存在し，$x > 3$ について

$$\pi(x) = \mathrm{li}(x) + O\Big(x\exp\Big(-c\frac{(\log x)^{3/5}}{(\log\log x)^{1/5}}\Big)\Big). \qquad (2.4.7)$$

2.5 付　　　記

「指数和」とは 'exponential sum' 或は 'trigonometrical sum' の訳である．Weyl や van der Corput の方法の詳細については Ivić [5]，Titchmarsh [18] 等をみよ．難問である「約数問題」や「円の問題」への応用もまた重要な目的である．それらは本書第 2 巻にて採りあげられよう．定理 2.1 の改良等については Jutila [7] や Huxley [4] をみよ．しかし，目下の目的に限るならば，第 2.1 節の解説にて充分であろう．基本は Weyl の摂動と調和解析をどのように有効に組み合わせるかである．後者については，Poisson 和公式のみならず凡そあらゆる「直交分解」が有用となる．例えば，実解析的尖点形式のスペクトル理論の活用，Kloosterman 和に代表される有限体上の指数和の評価の利用，等がある．第 2.1 節はその様な評価理論の雛形である．

有限区間についての Poisson 和公式が (2.1.7) にて注意されているが，有用

である．これは級数

$$\sum_{n=1}^{\infty} \frac{\sin(2\pi nx)}{n\pi} = [x] - x + \frac{1}{2}, \quad x \notin \mathbb{Z}, \tag{2.5.1}$$

の有界収束性を用いて示される．先ず，和 $\sum_{|n|\leq N} \cos(2\pi nx)$ の積分を考察し，それを Stieltjes 積分に対する部分積分法を経由し応用するがよい．

定理 2.1 に現れる指数 $\frac{1}{6}$ は構造的或は量子的な常数と思われる．つまり，$\zeta(s)$ のそれに類似する函数等式を充たし且つ算術的な出自をもつ一群の L-函数につき，$\frac{1}{6}$ の整数倍の指数が付随するものと予想される．この基本的な予想は，ごく最近に至り一複素変数尖点形式に対応する保型 L-函数全てについて Jutila–Motohashi [64] により確認されている．その場合，対応する指数は極めて一様に $\frac{1}{3}$ である．つまり，例えば群 $\mathrm{PSL}(2,\mathbb{Z})$ 上の実解析的尖点形式 $\psi(x+iy)$ に対応する Hecke L-函数 $H_\psi(s)$ について，

$$H_\psi(\tfrac{1}{2}+it) \ll (\kappa_\psi + |t|)^{1/3+\varepsilon}, \quad t \in \mathbb{R}, \tag{2.5.2}$$

である．ここに，$-y^2((\partial_x)^2 + (\partial_y)^2)\psi = (\kappa_\psi^2 + \frac{1}{4})\psi$．評価は ψ 及び t につき一様である．詳細は第 2 巻にて述べられよう．勿論，Riemann 予想のしかるべき拡張によれば，Lindelöf 予想の対応する拡張も従う故，この構造的常数は実は ε であろうと推定することもできる．しかし，先ずは，$\zeta(s)$ については $\frac{1}{8}$，対応し $H_\psi(s)$ については $\frac{1}{4}$ なる指数に到達せねばならない．しかし，この慎ましやかな目標についてすら，手がかりは全くの未知である．なお，定理 2.1 の内容と同等の結果は $|\zeta(\frac{1}{2}+it)|$ の 2 乗乃至は 4 乗平均の理論からも導くことが可能である．2 乗平均の場合は第 3.4 節をみよ．つまり，下記に示唆するが，これら「平均値理論」は Weyl の着想の延長線上にある．Ivić [6] に詳しい．

Weyl の摂動或は 'Weyl shift' (2.1.2) は極めて単純にして強力な着想である．著者は背景に保型表現の構造をみる．Motohashi [16] の関係する部分を引用し説明を試みる．問題を極めて単純化し，滑らかな函数 g につき和 $\sum_n g(n)$ の評価が求められているものとする．一般的には，Poisson 和公式や Dirichlet 級数展開を用い，和を変換し (2.1.1) の評価に問題を帰着させる．そこで，Weyl の着想を再記するならば，

$$\sum_{m \in I} e(f(n)) = \frac{1}{J} \sum_{n} \sum_{j=1}^{J} e(f(n+j))\delta_I(n+j). \qquad (2.5.3)$$

ここに, J は任意且つ δ_I は区間 I の特性函数である. この右辺は, 左辺の 1 次元和を 2 次元和に引き上げたものとみなせよう. より正確には,「非対角」の位置にある項どうしの打ち消し合いを検出する問題に移行した, とみる. この観察を多少抽象するならば, 2 次元和の分解

$$\sum_{m,n} G(m,n) = \Big\{ \sum_{m=n} + \sum_{m<n} + \sum_{m>n} \Big\} G(m,n) \qquad (2.5.4)$$

となる. これを Atkinson [24] の分解という. しかし, 一般的には最良な分解では無かろう. そこで, 対称軸を回転させ,

$$\sum_{m,n} G(m,n) = \Big\{ \sum_{km=ln} + \sum_{km<ln} + \sum_{km>ln} \Big\} G(m,n) \qquad (2.5.5)$$

を考察する. 但し, 整数 $k, l \neq 0$ は任意とする. これら分解全てを用いることを念頭におき, 両辺に重み $w(k,l)$ を乗じ和をとる. つまり,

$$\sum_{m,n} G(m,n) = \frac{1}{W} \Big\{ \sum_{km=ln} + \sum_{km<ln} + \sum_{km>ln} \Big\} w(k,l) G(m,n). \qquad (2.5.6)$$

但し W は $w(k,l)$ 全ての和である. 勿論, $W \neq 0$ とする. これは, (2.5.3) に対応し, 2 次元和を 4 次元和に引き上げたものとみなせよう. よって, (2.5.4) に対応し 4 次元和の分解

$$\sum_{k,l,m,n} G(k,l,m,n) = \Big\{ \sum_{km=ln} + \sum_{km<ln} + \sum_{km>ln} \Big\} G(k,l,m,n) \qquad (2.5.7)$$

がみえる. 更に, 新たな視点に移り, 左辺を 2 行 2 列の行列上の和と捉える. すると, 右辺は各項を対応する行列の行列式の値にて分類したものとなる. 即ち, (2.5.7) は

$$\sum_{N} G(N) = \Big\{ \sum_{|N|=0} + \sum_{|N|>0} + \sum_{|N|<0} \Big\} G(N) \qquad (2.5.8)$$

と表現される. 但し, N は 2 行 2 列の整数行列である. 右辺の第 1 和は Ramanujan の等式 (1.1.16) に対応する. 一方, Hecke による類別を用いるな

らば，

$$\sum_{|N|>0} G(N) = \sum_{n=1}^{\infty} \sum_{|N|=n} G(N)$$
$$= \sum_{n=1}^{\infty} \sum_{ad=n} \sum_{b=1}^{d} \sum_{N \in \mathrm{SL}(2,\mathbb{Z})} G\left(N \begin{pmatrix} a & b \\ & d \end{pmatrix}\right). \quad (2.5.9)$$

斯くして，Weyl の着想は保型構造と関連するのである．より明確には，Weyl の場合は加群であり，Poisson 和公式が利用される理由となる．対して，(2.5.9) には保型表現が関連して来ることを観てとれよう．詳細は第 2 巻にて展開するが，定理 2.1 のこの様な背景をかいまみることは興味深かろう．

一方，Vinogradov の理論は初め「Waring 問題」への応用を念頭において展開された．この側面や理論の原形については彼の著書 [22] をみよ．第 2.2–2.3 節 は Karatsuba [8] から一部借用した．定理 2.3 を改良すること，即ち評価

$$\sum_{n<N} n^{it} \ll N^{1-c(\log N/\log t)^{\omega}} \quad (\omega < 2) \quad (2.5.10)$$

の証明は長年の課題であるが，手掛かりは全く得られていない．

素数定理 (2.4.7) の残余項は現今最良のものであるが，半世紀に渡り変化は無い．勿論，(2.5.10) が得られたならば然るべく改良が従う．

一種不思議であろうが，篩法を用いるならば，非消滅領域 (2.4.2) のみかそこにおける $\zeta(s)$ の下からの評価をも初等的につまり函数論を一切援用せずに証明できる．Motohashi [80] をみよ．しかし，(2.4.7) の初等的証明は未解決である．なお，篩法を (1.7.5) と組み合わせる，つまり補題 1.4 の如き函数論の手法を篩法に置き換え，不等式 (1.4.12) をより有効に用い，(2.4.2) を改良する試みが Motohashi [82] にてなされている．その経験から，Hadamard の整函数論や Landau の補題 1.4 は $\zeta(s)$ の算術的特性を引き出す手段としては汎用的に過ぎる，と映る．

第3章 短区間中の素数

3.1 L^2-不等式 I

零点密度理論の源は, Bohr と Landau による「Riemann 予想の統計的証左」

$$N(\tfrac{1}{2} + \delta, T) = o(T), \quad \delta > 0, \tag{3.1.1}$$

にある. つまり, (1.3.12) と比較し殆ど全ての複素零点は臨界線の近傍に集中しているのである. この重要な結果を深化させることは勿論多くの人々の目的とするところとなり, 多様な研究がなされてきた. 後に詳述されるが, それら研究は, 外見上の乖離の甚だしさにも関わらず, 実は篩法の範疇にて俯瞰されるべきものなのである. 従って本章にては, 前出の Hoheisel の着想と後出の篩理論の両者を念頭に, 短区間素数分布論の核心部を示す. ここでは背景にとどまるものの, 篩法が今後次第に前面に現れて来ることとなる.

先ず, 基本手段を示す. これらは何れかの Hilbert 空間内の不等式である. 第7章以後にても重要となる.

補題 3.1 任意の $T \geq 1$ について,

$$\int_{-T}^{T} \Big| \sum_{n=1}^{\infty} a_n n^{it} \Big|^2 dt \ll \sum_{n=1}^{\infty} (n+T)|a_n|^2. \tag{3.1.2}$$

但し, 右辺は収束するものと仮定する.

[証明] より一般的に, 函数

$$F(x) = \sum_{\omega} c_\omega e^{i\omega x} \tag{3.1.3}$$

の2乗平均を考察する. 任意の $\tau > 0$ について,

$$v(x) = \begin{cases} \tau^{-1} & |x| \leq \frac{1}{2}\tau, \\ 0 & |x| > \frac{1}{2}\tau, \end{cases} \tag{3.1.4}$$

とおく．Parseval 公式により，

$$\int_{-\infty}^{\infty} |F(x)\hat{v}(x)|^2 dx = 2\pi \int_{-\infty}^{\infty} \Big|\sum_{\omega} c_\omega v(x-\omega)\Big|^2 dx. \tag{3.1.5}$$

ここに，$\hat{v}(x) = (2/\tau x)\sin(\frac{1}{2}\tau x)$．区間 $[-\pi/\tau, \pi/\tau]$ にては $\hat{v}(x) \geq 2/\pi$ である故，

$$\int_{-\pi/\tau}^{\pi/\tau} |F(x)|^2 dx \ll \tau^{-2} \int_{-\infty}^{\infty} \Big|\sum_{|\omega-x|\leq \frac{1}{2}\tau} c_\omega\Big|^2 dx \tag{3.1.6}$$

を得る．そこで，$\tau = \pi/T$, $c_\omega = a_n$, $\omega = \log n$, とするならば，

$$\int_{-T}^{T} \Big|\sum_{n=1}^{\infty} a_n n^{it}\Big|^2 dt \ll T^2 \int_{0}^{\infty} \Big|\sum_{x \leq n \leq x\exp(\pi/T)} a_n\Big|^2 \frac{dx}{x}. \tag{3.1.7}$$

これより (3.1.2) が従う．補題の証明を終わる．

補題 3.2 内積 $\langle \cdot, \cdot \rangle$ が定義されている Hilbert 空間内の任意の元 $\underline{a}^{(j)}$, $1 \leq j \leq J$, 及び $\underline{b}$ について，次の不等式が成立する．

$$\sum_{j \leq J} \frac{|\langle \underline{b}, \underline{a}^{(j)} \rangle|^2}{\sum_{j' \leq J} |\langle \underline{a}^{(j)}, \underline{a}^{(j')} \rangle|} \leq \|\underline{b}\|^2. \tag{3.1.8}$$

但し，$\|\underline{b}\| = \langle \underline{b}, \underline{b} \rangle^{1/2}$ である．系として

$$\sum_{j \leq J} |\langle \underline{b}, \underline{a}^{(j)} \rangle| \leq \|\underline{b}\| \Big(\sum_{j, j' \leq J} |\langle \underline{a}^{(j)}, \underline{a}^{(j')} \rangle|\Big)^{1/2}, \tag{3.1.9}$$

$$\sum_{j \leq J} |\langle \underline{b}, \underline{a}^{(j)} \rangle|^2 \leq \|\underline{b}\|^2 \max_{j \leq J} \sum_{j' \leq J} |\langle \underline{a}^{(j)}, \underline{a}^{(j')} \rangle|. \tag{3.1.10}$$

[証明] 任意の $\xi_j \in \mathbb{C}$ について

$$\|\underline{b} - \sum_{j \leq J} \xi_j \underline{a}^{(j)}\|^2 \geq 0. \tag{3.1.11}$$

左辺を展開し，

$$\|\underline{b}\|^2 - 2\mathrm{Re}\sum_{j \leq J} \overline{\xi}_j \langle \underline{b}, \underline{a}^{(j)} \rangle + \sum_{j,j' \leq J} \xi_j \overline{\xi}_{j'} \langle \underline{a}^{(j)}, \underline{a}^{(j')} \rangle \geq 0. \tag{3.1.12}$$

この二重和において $|\xi_j \xi_{j'}| \leq \frac{1}{2}(|\xi_j|^2 + |\xi_{j'}|^2)$ である故,

$$\|\underline{b}\|^2 - 2\mathrm{Re}\sum_{j \leq J} \overline{\xi}_j \langle \underline{b}, \underline{a}^{(j)} \rangle + \sum_{j \leq J} |\xi_j|^2 \sum_{j' \leq J} |\langle \underline{a}^{(j)}, \underline{a}^{(j')} \rangle| \geq 0. \tag{3.1.13}$$

ここで,

$$\xi_j = \frac{\langle \underline{b}, \underline{a}^{(j)} \rangle}{\sum_{j' \leq J} |\langle \underline{a}^{(j)}, \underline{a}^{(j')} \rangle|} \tag{3.1.14}$$

とおき, (3.1.8) を得る. 補題の証明を終わる.

補題 3.3 条件

$$\begin{gathered} \mathrm{Re}\, s_j \geq 0, \quad |\mathrm{Im}\, s_j| \leq T, \quad T \geq 2, \\ |\mathrm{Im}\, (s_j - s_k)| \geq 1, \quad j \neq k \leq J, \end{gathered} \tag{3.1.15}$$

のもとに, 任意の $c(n) \in \mathbb{C}$, $N \geq 2$ について

$$\sum_{j \leq J} \Big| \sum_{N \leq n < 2N} \frac{c(n)}{n^{s_j}} \Big|^2 \ll (T + N)(\log N) \sum_{N \leq n < 2N} |c(n)|^2, \tag{3.1.16}$$

$$\sum_{j \leq J} \Big| \sum_{N \leq n < 2N} \frac{c(n)}{n^{s_j}} \Big|^2 \ll (N + JT^{1/2} \log T) \sum_{N \leq n < 2N} |c(n)|^2. \tag{3.1.17}$$

[証明] 部分積分法により

$$\begin{aligned} \sum_{N \leq n < 2N} \frac{c(n)}{n^s} &= (2N)^{-\sigma} \sum_{N \leq n < 2N} c(n) n^{-it} \\ &\quad + \sigma \int_N^{2N} x^{-\sigma-1} \sum_{N \leq n < x} c(n) n^{-it} dx \end{aligned} \tag{3.1.18}$$

である故, $\mathrm{Re}\, s_j = 0$, $j \leq J$, と仮定してよい. 即ち, $s_j = it_j$, $t_j \in \mathbb{R}$, $j \leq J$, とする. 先ず, 任意の $f \in C^1[0,1]$, $0 \leq x \leq 1$ について,

$$f(x) = \int_0^1 f(y) dy + \int_0^x y f'(y) dy + \int_x^1 (y-1) f'(y) dy. \tag{3.1.19}$$

これより不等式

$$|f(\tfrac{1}{2})| \leq \int_0^1 \left(|f(x)| + \frac{1}{2}|f'(x)|\right)dx \tag{3.1.20}$$

を得る．そこで，

$$f(x) = F(x - \tfrac{1}{2} + t_j), \quad F(x) = \Big(\sum_{N \leq n < 2N} c(n) n^{-ix}\Big)^2 \tag{3.1.21}$$

とおくならば，(3.1.20) から

$$|F(t_j)| \leq \int_{t_j - \frac{1}{2}}^{t_j + \frac{1}{2}} \left(|F(t)| + \frac{1}{2}|F'(t)|\right)dt. \tag{3.1.22}$$

従って，

$$\sum_{j \leq J} |F(t_j)| \ll \int_{-T-\frac{1}{2}}^{T+\frac{1}{2}} (|F(t)| + |F'(t)|)\,dt. \tag{3.1.23}$$

この積分に (3.1.2) を応用し (3.1.16) を得る．

次に，$g(x)$ は区間 $[\tfrac{1}{2}N, \tfrac{5}{2}N]$ 内に台をもつ C^∞ 級の函数であり，区間 $[N, 2N]$ にて $g(x) = 1$ 且つ区間 $[\tfrac{1}{2}N, N]$, $[2N, \tfrac{5}{2}N]$ にて $g^{(k)}(x) \ll N^{-k}$, $k \geq 0$, とする．更に，$c(n) = 0$, $n \notin [N, 2N)$, とし $c(n)$ の定義を変更する．そして，(3.1.10) において，

$$\underline{b} = (g(n)^{1/2} c(n)), \qquad \underline{a}^{(j)} = (g(n)^{1/2} n^{-it_j}) \tag{3.1.24}$$

とし，通常の内積を用いるならば，

$$\sum_{j \leq J} |F(t_j)| \leq \max_{j \leq J} \sum_{j' \leq J} \Big|\sum_n g(n) n^{i(t_j - t_{j'})}\Big| \sum_{N \leq n < 2N} |c(n)|^2 \tag{3.1.25}$$

を得る．そこで和

$$h(u) = \sum_n g(n) n^{iu}, \quad u \geq 0, \tag{3.1.26}$$

の評価を行う．函数 g の Mellin 変換を $\tilde{g}$ とするならば，任意の固定された整数 $k \geq 0$ について

$$\tilde{g}(s) \ll N^\sigma (1 + |s|)^{-k}. \tag{3.1.27}$$

Mellin 逆変換により，

$$h(u) = \frac{1}{2\pi i}\int_{(2)} \zeta(s-iu)\tilde{g}(s)ds$$
$$= \frac{1}{2\pi}\int_{-\infty}^{\infty} \zeta(i(t-u))\tilde{g}(it)dt + O(N(1+u)^{-k}). \quad (3.1.28)$$

一方,函数等式 (1.2.2), Stirling 公式及び (2.1.15) から得られる評価 $\zeta(1+it) \ll \log t$, $t \geq 2$, を組み合わせ, $\zeta(it) \ll t^{1/2}\log t$, $t \geq 2$. 従って,

$$h(u) \ll N(1+u)^{-k} + (1+u)^{1/2}\log(2+u). \quad (3.1.29)$$

これを (3.1.25) に挿入し, (3.1.17) を得る. 補題の証明を終わる.

補題 3.4 仮定 (3.1.15) 及び

$$\Big|\sum_{N\leq n<2N}\frac{c(n)}{n^{s_j}}\Big| \geq V \geq cB^{1/2} \quad (3.1.30)$$

のもとに

$$J \ll V^{-2}NB + V^{-6}NT(\log T)^2 B^3. \quad (3.1.31)$$

但し, $c > 0$ は充分大なる常数であり, $B = \sum_{N\leq n<2N}|c(n)|^2$.

[証明] いま T_0 を

$$V^2 = cT_0^{1/2}(\log T_0)B, \quad T_0 \geq 2, \quad (3.1.32)$$

にて定める. このとき, 長さ T_0 の任意の区間に入る s_j の個数は (3.1.17) から $O(V^{-2}NB)$ である. 即ち,

$$J \ll V^{-2}NB(T/T_0 + 1). \quad (3.1.33)$$

これより (3.1.31) が従う.

3.2　Zeta-函数の冪乗平均値

以上は何れも極めて有用な不等式である. しかし, 零点密度理論の眞の基盤は函数 $\zeta(s)$ の「平均値理論」である. これは,

$$M_k(T) = \int_{-T}^{T} |\zeta(\tfrac{1}{2}+it)|^{2k} dt, \quad k=1,2,\ldots, \qquad (3.2.1)$$

の評価，或は漸近式を論じるものである．Riemann 予想から Lindelöf 予想 (1.6.17) が従う故，

$$M_k(T) \ll T^{1+\varepsilon}, \quad k \geq 1, \qquad (3.2.2)$$

と期待される訳である．逆に，(3.2.2) は (1.6.17) の「統計的な証左」であり，従って，遠隔ながら Riemann 予想を支持するものの一つと言える．零点密度理論はこの様な関係を量的につまり $N(\alpha,T)$ の評価に反映させる方法の体系である．

現在のところ，Euler 積表示 (1.1.2) を半平面 $\sigma < 1$ にて用いることは殆ど不可能である．何故ならば，それは対数微分 $(\zeta'/\zeta)(s)$ の全ての極が決定されている状態と同義であるからである．即ち，複素零点についての情報無くして用いることができるのは表示 (1.1.1) に限られる，としても過誤はない．そこで，Riemann 予想の帰結 (1.6.17) を支持する何らかの事実を (1.1.1) から導くことが求められる．積分 (3.2.1) は表示 (1.1.1) を通し議論可能である故，「統計的な証左」に限るならば，$M_k(T)$ を考察するのは当然なこととなる．だが，$M_k(T)$ を論じることはやはり新たな困難を呼び起こす．現在最良の結果は $M_2(T)$，つまり「4 乗平均」に対する完全スペクトル分解公式であり，$k \geq 3$ については下記の補題 3.9 以外には殆ど何も知られていないに等しい．

ここでは，$k=1,2,6$ なる 3 種の場合について，目指す零点密度理論への応用上必要となる最小限の結果を示そう．この限りにおいては，4 乗平均 $k=2$ の場合は次の如く比較的に扱いやすい．

補題 3.5 充分大なる T について

$$\int_{-T}^{T} |\zeta(\eta+it)|^4 dt \ll T(\log T)^6, \quad \left|\eta - \frac{1}{2}\right| \leq \frac{1}{\log T}. \qquad (3.2.3)$$

[証明] 等式 (1.1.13) から，

$$\frac{1}{2\pi i} \int_{(2)} \zeta^2(w+\xi) \Gamma(w) T^w dw = \sum_{n=1}^{\infty} \frac{d(n)}{n^\xi} e^{-n/T}, \quad \xi = \eta + it. \qquad (3.2.4)$$

積分路を $\operatorname{Re} w = -\frac{3}{4}$ に移し,

$$\zeta^2(\xi) = \sum_{n=1}^{\infty} \frac{d(n)}{n^\xi} e^{-n/T} - R(t,T) + \frac{1}{2\pi i} \int_{(-\frac{3}{4})} \zeta^2(w+\xi)\Gamma(w) T^w dw. \quad (3.2.5)$$

但し, $R(t,T)$ は極 $w = 1 - \xi$ における留数である. 函数等式 (1.2.3) を $\zeta(s) = \lambda(s)\zeta(1-s)$ と書くならば, この積分項は

$$\frac{1}{2\pi i} \int_{(-\frac{3}{4})} \lambda^2(w+\xi)\Gamma(w) T^w \Big(\sum_{n=1}^{\infty} \frac{d(n)}{n^{1-w-\xi}}\Big) dw \quad (3.2.6)$$

に等しい. 無限和を $n = [T]$ にて分割し, $n < T$ なる部分については積分路を $\operatorname{Re} w = a = -(\log T)^{-1}$ に, $n \geq T$ なる部分については $\operatorname{Re} w = b = -\frac{1}{2} - 2(\log T)^{-1}$ に移動する. 即ち, (3.2.5) の積分項は

$$\frac{1}{2\pi i} \int_{(a)} \lambda^2(w+\xi)\Gamma(w) T^w \Big(\sum_{n<T} \frac{d(n)}{n^{1-w-\xi}}\Big) dw$$

$$+ \frac{1}{2\pi i} \int_{(b)} \lambda^2(w+\xi)\Gamma(w) T^w \Big(\sum_{n\geq T} \frac{d(n)}{n^{1-w-\xi}}\Big) dw \quad (3.2.7)$$

と分解される. 前者にては $\lambda^2(w+\xi)\Gamma(w) T^w = O(e^{-|w|} \log T)$, 後者にては同じ因子は $O(e^{-|w|} T^{1/2})$ である. 従って, (3.2.5) より

$$|\zeta(\xi)|^2 \ll e^{-|\xi|} T^{1/2} \log T + \Big|\sum_{n=1}^{\infty} \frac{d(n)}{n^\xi} e^{-n/T}\Big|$$

$$+ \log T \int_{(a)} \Big|\sum_{n<T} \frac{d(n)}{n^{1-w-\xi}}\Big| e^{-|w|} |dw|$$

$$+ T^{1/2} \int_{(b)} \Big|\sum_{n\geq T} \frac{d(n)}{n^{1-w-\xi}}\Big| e^{-|w|} |dw| \quad (3.2.8)$$

を得る. これより, (3.2.3) の左辺は

$$\ll T \log^2 T + \int_{-T}^{T} \Big|\sum_{n=1}^{\infty} \frac{d(n)}{n^\xi} e^{-n/T}\Big|^2 dt$$

$$+ \log^2 T \int_{(a)} e^{-|w|} \int_{-T}^{T} \Big|\sum_{n<T} \frac{d(n)}{n^{1-w-\xi}}\Big|^2 dt |dw|$$

$$+ T \int_{(b)} e^{-|w|} \int_{-T}^{T} \Big|\sum_{n\geq T} \frac{d(n)}{n^{1-w-\xi}}\Big|^2 dt |dw|. \quad (3.2.9)$$

変数 t についてのこれらの積分に補題 3.1 を適用し，その結果を補題 1.2, $k, l = 2$, により評価し，(3.2.3) を得る．

補題 3.6 仮定
$$|\zeta(\tfrac{1}{2} + it_j)| \geq V > 0, \qquad (3.2.10)$$
$$|t_j| \leq T, \quad 1 \leq j \leq J; \quad |t_j - t_{j'}| \geq 1, \quad j \neq j',$$
のもとに
$$J \ll TV^{-4} \log^7 T. \qquad (3.2.11)$$

[証明] 不等式 (3.1.20) により
$$|\zeta(\tfrac{1}{2}+it_j)|^4 \ll \int_{t_j-\frac{1}{2}}^{t_j+\frac{1}{2}} \left(|\zeta(\tfrac{1}{2}+it)|^4 + |\zeta(\tfrac{1}{2}+it)|^3|\zeta'(\tfrac{1}{2}+it)|\right) dt. \qquad (3.2.12)$$
従って，$T' = T + 1$ とし
$$V^2 J \ll \int_{-T'}^{T'} |\zeta(\tfrac{1}{2}+it)|^4 dt$$
$$+ \left(\int_{-T'}^{T'} |\zeta(\tfrac{1}{2}+it)|^4 dt\right)^{3/4} \left(\int_{-T'}^{T'} |\zeta'(\tfrac{1}{2}+it)|^4 dt\right)^{1/4}. \qquad (3.2.13)$$
第3積分は ζ' を Cauchy 積分にて表示し (3.2.3) を用いるならば $O(T \log^{10} T)$. これより (3.2.11) を得る．

次に 2 乗平均の漸近評価を扱う．より正確には，重み付き 2 乗平均
$$\int_{-\infty}^{\infty} |\zeta(\tfrac{1}{2}+it)|^2 g(t) dt \qquad (3.2.14)$$
を考察する．但し，常数 E を充分大とし，
$$\text{函数 } g(z) \text{ は実直線上にて実数値であり,} \qquad (3.2.15)$$
$$\text{領域 } |\operatorname{Im} z| \leq E \text{ にて正則，且つ } O((|z|+1)^{-E}),$$
と仮定する．先ず，
$$\mathcal{I}(u,v;g) = \int_{-\infty}^{\infty} \zeta(u+it)\zeta(v-it)g(t)dt, \quad \operatorname{Re} u, \operatorname{Re} v > 1, \qquad (3.2.16)$$
とおく．積分路を $\operatorname{Im} t = \pm\tfrac{1}{2}E$ に移動し，函数 $\mathcal{I}(u,v;g)$ を領域

$$|u|, |v| < E_0 = cE \qquad (3.2.17)$$

に有理型函数として接続する．但し，$c > 0$ は充分小なるものの E_0 は充分大である，とする．特に $\operatorname{Re} u, \operatorname{Re} v < 1$ のとき，

$$\mathcal{I}(u,v;g) = \int_{-\infty}^{\infty} \zeta(u+it)\zeta(v-it)g(t)dt$$
$$+ 2\pi\zeta(u+v-1)\{g((u-1)i) + g((1-v)i)\}. \qquad (3.2.18)$$

これより任意の $0 < \alpha < 1$ について，

$$\int_{-\infty}^{\infty} |\zeta(\alpha+it)|^2 g(t) = \mathcal{I}(\alpha,\alpha;g) - 4\pi\zeta(2\alpha-1)\operatorname{Re}\{g((\alpha-1)i)\}. \qquad (3.2.19)$$

即ち，(1.4.2) に注意し，

$$\int_{-\infty}^{\infty} |\zeta(\tfrac{1}{2}+it)|^2 g(t)dt = \mathcal{I}(\tfrac{1}{2},\tfrac{1}{2};g) + 2\pi\operatorname{Re}\{g(\tfrac{1}{2}i)\}. \qquad (3.2.20)$$

一方，Atkinson 分解 (2.5.4) を定義 (3.2.16) に応用し，

$$\mathcal{I}(u,v;g) = \Big\{\sum_{m=n} + \sum_{m<n} + \sum_{m>n}\Big\} m^{-u} n^{-v} \hat{g}(\log(n/m))$$
$$= \zeta(u+v)\hat{g}(0) + \mathcal{I}_1(u,v;g) + \overline{\mathcal{I}_1(\overline{v},\overline{u};g)}. \qquad (3.2.21)$$

但し，

$$\hat{g}(\xi) = \int_{-\infty}^{\infty} g(t)e^{i\xi t}dt. \qquad (3.2.22)$$

函数 $\mathcal{I}_1(u,v;g)$ は領域 (3.2.17) に接続されることを示そう．

このために，Mellin 変換

$$\tilde{g}(s,\lambda) = \int_0^{\infty} y^{s-1}(1+y)^{-\lambda}\hat{g}(\log(1+y))dy \qquad (3.2.23)$$

を必要とする．函数 $\tilde{g}(s,\lambda)/\Gamma(s)$ は 2 変数正則函数として領域

$$|\operatorname{Re} s| \leq \tfrac{1}{3}E, \quad |\operatorname{Re}\lambda| \leq \tfrac{1}{3}E \qquad (3.2.24)$$

に接続されるが，仮に λ が有界に止まり s が無限遠点に向かうならば，

$$\tilde{g}(s,\lambda) \ll |s|^{-E/2} \qquad (3.2.25)$$

である．実際，定義 (3.2.22)–(3.2.23) より，

$$\tilde{g}(s,\lambda) = \int_0^\infty y^{s-1}(1+y)^{-\lambda} \int_{-\infty+Ei}^{\infty+Ei} g(t)(1+y)^{it}dtdy$$
$$= \Gamma(s) \int_{-\infty+Ei}^{\infty+Ei} \frac{\Gamma(\lambda-it-s)}{\Gamma(\lambda-it)} g(t)dt. \qquad (3.2.26)$$

領域 (3.2.24) における函数 $\tilde{g}(s,\lambda)/\Gamma(s)$ の正則性は明らかである．評価 (3.2.25) については，表示

$$\tilde{g}(s,\lambda) = \frac{1}{s(s+1)\cdots(s+\nu-1)} \int_0^\infty \frac{y^{s+\nu-1}}{(1+y)^{\lambda+\nu}}$$
$$\times \int_{-\infty+Ei}^{\infty+Ei} (\lambda-it)(\lambda-it+1)\cdots(\lambda-it+\nu-1)g(t)(1+y)^{it}dtdy$$
$$(3.2.27)$$

にて $\nu = [E/2] + 1$ とすればよい．

等式 (3.2.21) に戻るが，Mellin 逆変換

$$(1+y)^{-v}\hat{g}(\log(1+y)) = \frac{1}{2\pi i} \int_{(2)} \tilde{g}(s,v)y^{-s}ds, \quad y > 0, \qquad (3.2.28)$$

にて $y = n/m$ とし，m, n について加え，

$$\mathcal{I}_1(u,v;g) = \frac{1}{2\pi i} \int_{(2)} \zeta(s)\zeta(u+v-s)\tilde{g}(s,v)ds, \quad \mathrm{Re}(u+v) > 3. \qquad (3.2.29)$$

積分路を $\mathrm{Re}\, s = 3E_0$ に移し，

$$\mathcal{I}_1(u,v;g) = \zeta(u+v-1)\tilde{g}(u+v-1,v)$$
$$+ \frac{1}{2\pi i} \int_{(3E_0)} \zeta(s)\zeta(u+v-s)\tilde{g}(s,v)ds. \qquad (3.2.30)$$

つまり，対称な領域 (3.2.17) への $\mathcal{I}_1(u,v;g)$ の接続を得，分解 (3.2.21) が同所にて成立する．更に，函数等式 (1.2.2) を援用しその後 (1.1.12) を用い，

$$\mathcal{I}_1(u,v;g) = \zeta(u+v-1)\tilde{g}(u+v-1,v)$$
$$-2i(2\pi)^{u+v-2}\sum_{n=1}^{\infty}\sigma_{u+v-1}(n)\int_{(3E_0)}(2\pi n)^{-s}\sin\left(\tfrac{1}{2}(u+v-s)\pi\right)$$
$$\times\Gamma(s+1-u-v)\tilde{g}(s,v)ds. \quad (3.2.31)$$

ここで必要とされる絶対収束性は評価 (3.2.25) から明らかである.

等式 (3.2.19), (3.2.21), (3.2.31) を組み合わせ, 任意の $0 < \alpha < 1$ について

$$\int_{-\infty}^{\infty}|\zeta(\alpha+it)|^2 g(t)dt = \zeta(2\alpha)\hat{g}(0)$$
$$+2\zeta(2\alpha-1)\mathrm{Re}\{\tilde{g}(2\alpha-1,\alpha)\} - 4\pi\zeta(2\alpha-1)\mathrm{Re}\{g((\alpha-1)i)\}$$
$$+4(2\pi)^{2\alpha-2}\mathrm{Im}\Big[\sum_{n=1}^{\infty}\sigma_{2\alpha-1}(n)\int_{(2)}(2\pi n)^{-s}\sin(\tfrac{1}{2}(2\alpha-s)\pi)$$
$$\times \Gamma(s+1-2\alpha)\tilde{g}(s,\alpha)\Big]ds. \quad (3.2.32)$$

右辺を変形するために, 積分

$$P_{\pm}(\delta) = \frac{1}{2i}\int_{(2)}(2\pi n)^{-s}e^{\pm\pi i(2\alpha-s)/2}\Gamma(s+1-2\alpha)\widetilde{g_{\delta}}(s,\alpha)ds \quad (3.2.33)$$

を考察する. 但し, $g_{\delta}(t) = e^{-\delta t^2}g(t)$ $(\delta \geq 0)$ である. 勿論,

$$\lim_{\delta\to 0+}\bigl(P_+(\delta) - P_-(\delta)\bigr)$$
$$= \int_{(2)}(2\pi n)^{-s}\sin\left(\tfrac{1}{2}\pi(2\alpha-s)\right)\Gamma(s+1-2\alpha)\tilde{g}(s,\alpha)ds. \quad (3.2.34)$$

また, 仮定 $\delta > 0$ 及び $0 < \theta < \tfrac{1}{2}\pi$ のもとに,

$$P_+(\delta) = \frac{e^{\pi i\alpha}}{2i}\int_{(2)}(2\pi n)^{-s}e^{-\pi i s/2}\Gamma(s+1-2\alpha)$$
$$\times \int_0^{e^{i\theta}\infty}y^{s-1}(1+y)^{-\alpha}\widehat{g_{\delta}}(\log(1+y))dyds \quad (3.2.35)$$

となることも見易い. 二重積分の絶対収束により積分の順序を交換し s-積分を計算後, y-積分路を正の実軸に戻し, 更に $y \mapsto y^{-1}$ とするならば

$$P_+(\delta) = i\pi(2\pi n)^{1-2\alpha} \int_0^\infty (y(1+y))^{-\alpha} \widehat{g_\delta}(\log(1+1/y)) e(-ny) dy. \quad (3.2.36)$$

右辺は $\delta \geq 0$ にて一様に収束である．部分積分を行えばよい．同様の変形を $P_-(\delta)$ についても行い，結果を (3.2.34) に挿入し，(3.2.32) から任意の $0 < \alpha < 1$ につき

$$\int_{-\infty}^\infty |\zeta(\alpha+it)|^2 g(t) dt$$
$$= \zeta(2\alpha)\hat{g}(0) + 2\zeta(2\alpha-1)\mathrm{Re}\{\tilde{g}(2\alpha-1,\alpha)\} - 4\pi\zeta(2\alpha-1)\mathrm{Re}\{g((\alpha-1)i)\}$$
$$+ 4\sum_{n=1}^\infty \sigma_{1-2\alpha}(n) \int_0^\infty (y(y+1))^{-\alpha}\mathrm{Re}\{\hat{g}(\log(1+1/y))\}\cos(2\pi ny) dy.$$
$$(3.2.37)$$

特に，(1.2.1)，(1.4.2)，(1.4.8)，(3.2.26) を参照し $\alpha = \frac{1}{2}$ とし，次の基本的な展開式を得る．

補題 3.7 函数 g は条件 (3.2.15) を満たすものとする．このとき，

$$\int_{-\infty}^\infty |\zeta(\tfrac{1}{2}+it)|^2 g(t) dt$$
$$= \int_{-\infty}^\infty \left[\mathrm{Re}\left\{\frac{\Gamma'}{\Gamma}(\tfrac{1}{2}+it)\right\} + 2c_E - \log(2\pi)\right] g(t) dt + 2\pi\mathrm{Re}\{g(\tfrac{1}{2}i)\}$$
$$+ 4\sum_{n=1}^\infty d(n) \int_0^\infty (y(y+1))^{-1/2} g_c(\log(1+1/y)) \cos(2\pi ny) dy. \quad (3.2.38)$$

但し，

$$g_c(x) = \int_{-\infty}^\infty g(t)\cos(xt) dt. \quad (3.2.39)$$

次に，(3.2.38) を函数

$$g(z) = (\pi^{1/2}G)^{-1}\exp(-((z-T)/G)^2) \quad (3.2.40)$$

にて特殊化する．ここに変数 T，G は充分大．つまり，積分

$$I(T,G) = (\pi^{1/2}G)^{-1}\int_{-\infty}^\infty |\zeta(\tfrac{1}{2}+i(T+t))|^2 \exp(-(t/G)^2) dt \quad (3.2.41)$$

を考察する．勿論，

$$g_c(x) = \exp(-\tfrac{1}{4}(Gx)^2)\cos(Tx) \qquad (3.2.42)$$

である故，

$I(T, G)$
$$= (\pi^{1/2}G)^{-1}\int_{-\infty}^{\infty}\left[\operatorname{Re}\frac{\Gamma'}{\Gamma}(\tfrac{1}{2}+i(T+t))+2c_E-\log(2\pi)\right]\exp(-(t/G)^2)dt$$
$$+4\sum_{n=1}^{\infty}d(n)Q(n;T,G)+2\pi^{1/2}G^{-1}\cos(TG^{-2})\exp(-G^{-2}(T^2-\tfrac{1}{4})).$$
$$(3.2.43)$$

但し，
$$Q(n;T,G) = \int_0^{\infty}(y(y+1))^{-1/2}\cos(T\log(1+1/y))\cos(2\pi ny)$$
$$\times \exp(-\tfrac{1}{4}(G\log(1+1/y))^2)dy. \qquad (3.2.44)$$

以下，
$$T^{\varepsilon} < G < T(\log T)^{-1} \qquad (3.2.45)$$

なる条件のもとに $Q(n;T,G)$ を考察する．このために

$$Q_{\pm}(n;T,G) = \frac{1}{2}\operatorname{Re}\int_0^{\infty}(y(y+1))^{-1/2}\exp\left(2\pi iny \pm Ti\log(1+1/y)\right)$$
$$\times \exp\left(-\tfrac{1}{4}(G\log(1+1/y))^2\right)dy \qquad (3.2.46)$$

とおき，
$$Q(n;T,G) = Q_+(n;T,G) + Q_-(n;T,G) \qquad (3.2.47)$$

と分解する．先ず，任意の $A > 0$ について

$$Q_-(n;T,G) \ll (nT)^{-A}. \qquad (3.2.48)$$

実際，$\theta > 0$ を充分小とし積分路を $[0, e^{i\theta}\infty)$ に移動し被積分函数を評価すれば済む．一方，$Q_+(n;T,G)$ に対しては鞍点法を援用する．鞍点 $y = y_0$ は $y_0(y_0+1) = T/(2\pi n)$ を充たす故，

$$y_0 = -\frac{1}{2} + \left(T/(2\pi n) + \tfrac{1}{4}\right)^{1/2}. \tag{3.2.49}$$

そこで，積分路を折線 $L_1 \cup L_2 \cup L_3$ に移動する．但し，再び $\theta > 0$ は充分小とし，

$$\begin{aligned} L_1 &= [0, y_0(1 - e^{\pi i/4} r_+)], \\ L_2 &= [y_0(1 - e^{\pi i/4} r_+), y_0(1 + e^{\pi i/4} r_-)], \\ L_3 &= [y_0(1 + e^{\pi i/4} r_-), e^{\theta i} \infty], \quad r_\pm = 2^{1/2} \tan\theta/(1 \pm \tan\theta). \end{aligned} \tag{3.2.50}$$

線分 L_1 上にて $y = x(1 - e^{\pi i/4} r_+)$, $0 \le x \le y_0$, と変数変換し，

$$\begin{aligned} &\mathrm{Re}\Big\{ 2\pi i n y + T i \log(1 + 1/y) - \frac{1}{4}(G\log(1+1/y))^2 \Big\} \\ &= 2^{-1/2} r_+ \big(2\pi n x - T/(1+x)\big) - \frac{x + \frac{1}{2}}{(1+x)^2} r_+^2 T (1 + O(\theta)) \\ &\quad - \frac{1}{4}(G\log(1+1/x))^2 (1 + O(\theta)) \\ &< -\frac{y_0 + \frac{1}{2}}{2(1+y_0)^2} r_+^2 T - \frac{1}{8}(G\log(1+1/y_0))^2. \end{aligned} \tag{3.2.51}$$

従って，$Q_+(n; T, G)$ において

$$\int_{L_1} \ll (nT)^{-A}. \tag{3.2.52}$$

同様に

$$\int_{L_3} \ll (nT)^{-A}. \tag{3.2.53}$$

次に，線分 L_2 上にては $y = y_0(1 + e^{\pi i/4} r)$, $-r_+ \le r \le r_-$, と変数変換する．因子 $\exp(-\frac{1}{4}(G\log(1+1/y))^2)$ の効果により，$\log(1+1/y_0) \ll G^{-1} \log T$ となる場合のみを考察すればよい．さもなくば，L_2 上の積分は容易に (3.2.52)–(3.2.53) と同じく評価される．つまり，

$$n \ll TG^{-2}(\log T)^2, \quad y_0 \approx (T/n)^{1/2} \gg G/\log T \tag{3.2.54}$$

と仮定し考察を進めてよい．特に，(3.2.45) より限定的に

$$T^\varepsilon < G < T^{1/2+\varepsilon} \tag{3.2.55}$$

としてよい。このとき、L_2 上にては

$$2\pi iny + Ti\log(1+1/y) - \frac{1}{4}(G\log(1+1/y))^2$$
$$= 2\pi iny_0 + Ti\log(1+1/y_0) - \frac{1}{4}(G\log(1+1/y_0))^2$$
$$- \frac{y_0 + \frac{1}{2}}{(y_0+1)^2}Tr^2 + c_1 r + c_2 r^2 + c_3 r^3 + O((Tn)^{1/2}r^4). \quad (3.2.56)$$

ここに c_j は n, T の函数であり、$c_1, c_2 = O(\log^2 T)$, $c_3 = O((nT)^{1/2})$. 右辺の第 4 項にて $(y_0 + \frac{1}{2})(1+y_0)^{-2}T \approx (nT)^{1/2}$ であり、線分 L_2 の $|r| \geq (nT)^{-1/5}$ に対応する部分における積分は $O(\exp(-(nT)^{1/10}))$ と評価される。従って、更に $|r| < (nT)^{-1/5}$ と簡略できる。この仮定のもとに、

$$(y(y+1))^{-1/2}\exp\left(2\pi iny + Ti\log(1+1/y) - \frac{1}{4}(G\log(1+1/y))^2\right)$$
$$= (y_0(y_0+1))^{-1/2}\exp\left(2\pi iny_0 + Ti\log(1+1/y_0) - \frac{1}{4}(G\log(1+1/y_0))^2\right)$$
$$\times \exp\left(-(y_0+\tfrac{1}{2})(1+y_0)^{-2}Tr^2\right)$$
$$\times \{1 + c_1' r + c_2' r^2 + c_3' r^3 + O((nT)^{1/2}r^4)\}. \quad (3.2.57)$$

但し、$c_1' = O(\log^2 T)$, $c_2' = O(\log^4 T)$, $c_3' = O((nT)^{1/2}\log^2 T)$. 即ち、

$$\int_{L_2} = e^{\frac{1}{4}\pi i}\left(\frac{\pi y_0(1+y_0)}{T(y_0+\frac{1}{2})}\right)^{1/2}\exp\left(2\pi iny_0 + Ti\log(1+1/y_0)\right)$$
$$\times \exp\left(-\tfrac{1}{4}(G\log(1+1/y_0))^2\right)\left(1 + O((nT)^{-1/2}\log^4 T)\right). \quad (3.2.58)$$

勿論仮定 (3.2.54)–(3.2.55) を外すことができる。つまり、本来の仮定 (3.2.45) のみにて (3.2.58) は成り立つ、としてよい。

補題 3.8 条件 $T^\varepsilon \leq G \leq T(\log T)^{-1}$ のもとに

$$I(T,G) = \log(T/2\pi) + 2c_E + 2\pi^{1/2}\sum_{n=1}^{\infty}\frac{(-1)^{n-1}d(n)}{(2\pi nT + \pi^2 n^2)^{1/4}}\sin(F(T,n))$$
$$\times \exp(-(G\mathrm{arcsinh}((\pi n/(2T))^{1/2}))^2) + O(T^{-1}\log^6 T). \quad (3.2.59)$$

但し、

$$F(T,n) = 2T\mathrm{arcsinh}((\pi n/(2T))^{1/2}) + (2\pi nT + \pi^2 n^2)^{1/2} - \frac{1}{4}\pi. \quad (3.2.60)$$

[証明] 等式 (3.2.43) 以降の考察をまとめ,

$$I(T,G) = \log(T/2\pi) + 2c_E$$
$$+ 2\sum_{n=1}^{\infty} d(n)\left(\frac{\pi y_0(1+y_0)}{T(y_0+\frac{1}{2})}\right)^{1/2} \cos\left(2\pi n y_0 + T\log(1+1/y_0) + \frac{1}{4}\pi\right)$$
$$\times \exp\left(-\frac{1}{4}(G\log(1+1/y_0))^2\right) + O(T^{-1}\log^6 T). \quad (3.2.61)$$

ここに, (3.2.49) から,

$$\frac{y_0(1+y_0)}{T(y_0+\frac{1}{2})} = \frac{1}{(2\pi nT + \pi^2 n^2)^{1/2}},$$
$$1 + 1/y_0 = ((\pi n/2T)^{1/2} + (\pi n/2T + 1)^{1/2})^2. \quad (3.2.62)$$

証明を終わる.

2乗平均に関する展開式 (3.2.59) は次の結果をもたらす故に重要である.

補題 3.9

$$\int_{-T}^{T} |\zeta(\tfrac{1}{2}+it)|^{12} dt \ll T^2 \log^{21} T. \quad (3.2.63)$$

[証明] より詳しく次の結果を証明する. 点列 $\mathcal{Q} \subset [T, 2T]$ において

$$\xi \in \mathcal{Q} \Rightarrow |\zeta(\tfrac{1}{2}+i\xi)| \geq V > T^\varepsilon;$$
$$\xi, \xi' \in \mathcal{Q}, \xi \neq \xi' \Rightarrow |\xi - \xi'| \geq 1, \quad (3.2.64)$$

とする. このとき,

$$|\mathcal{Q}| \ll T^2 V^{-12} \log^{20} T. \quad (3.2.65)$$

これより評価 (3.2.63) が従うことは見易い.

先ず長さ H, $T^\varepsilon \leq H < T$, の任意の部分区間 $[U, U+H]$, $T \leq U < 2T$, に含まれる $\mathcal{Q}$ の部分列を $\mathcal{R}$ とする. 評価

$$|\mathcal{Q}| \ll TH^{-1}\max|\mathcal{R}| \quad (3.2.66)$$

は自明である. 更に, 区間 $[U, U+H]$ を長さ G, $T^\varepsilon \leq G < \frac{1}{2}H$, の小区間に分割する. ここに H, G は後に定めるべきものである. これら小区間の内で $\mathcal{R}$ の点を実際に含むもののみを採り出し, それらの中点の集合を $\mathcal{S}$ とする.

そして，$\tau \in \mathcal{S}$ に対応する小区間に入る $\mathcal{R}$ の部分列を $\mathcal{Q}(\tau)$ とする．勿論，

$$V^2|\mathcal{Q}(\tau)| \ll \sum_{\xi \in \mathcal{Q}(\tau)} |\zeta(\tfrac{1}{2}+i\xi)|^2. \tag{3.2.67}$$

この和を補題 3.8 と関係づけるために，次の有用な評価式を示す．固定された任意の整数 $k \geq 1$ 及び任意の $\frac{1}{2}T \leq t \leq T$, $T \geq 2$, について

$$\zeta^k(\tfrac{1}{2}+it) \ll \log T + \log T \int_{-\log^2 T}^{\log^2 T} |\zeta(\tfrac{1}{2}+i(t+u))|^k e^{-|u|} du. \tag{3.2.68}$$

証明であるが，頂点 $z = \pm\eta \pm i\log^2 T$, $\eta = (\log T)^{-1}$，なる長方形の周上に沿い函数 $\zeta^k(\frac{1}{2}+it+z)\Gamma(z)$ を積分する．上下の水平線分上の積分は Stirling の漸近式により無視でき，左側の垂直線分においては函数等式 (1.2.2) から $|\zeta(\frac{1}{2}+it+z)| \ll |\zeta(\frac{1}{2}+2\eta+it+z)|$ である故，

$$\zeta^k(\tfrac{1}{2}+it) \ll 1 + \int_{-\log^2 T}^{\log^2 T} |\zeta(\tfrac{1}{2}+\eta+i(t+\tau))|^k \frac{e^{-|\tau|}}{\eta+|\tau|} d\tau. \tag{3.2.69}$$

一方，$a = \frac{1}{2}+\eta+i(t+\tau)$ について (3.2.5) と同様に

$$\zeta^k(a) = \sum_{n=1}^{\infty} d_k(n) e^{-n} n^{-a} + \frac{1}{2\pi i} \int_{(-\eta)} \zeta^k(a+w)\Gamma(w) dw + o(1). \tag{3.2.70}$$

つまり，

$$\zeta^k(\tfrac{1}{2}+\eta+i(t+\tau)) \ll 1 + \int_{-\log^2 T}^{\log^2 T} |\zeta(\tfrac{1}{2}+i(t+\tau+\xi))|^k \frac{e^{-|\xi|}}{\eta+|\xi|} d\xi. \tag{3.2.71}$$

これを (3.2.69) に挿入し (3.2.68) を得る．

従って，(3.2.67) に戻り

$$V^2|\mathcal{Q}(\tau)| \ll \log T \int_{\tau-G}^{\tau+G} |\zeta(\tfrac{1}{2}+it)|^2 \sum_{\xi \in \mathcal{Q}(\tau)} e^{-|t-\xi|} dt$$

$$\ll \log T \int_{\tau-G}^{\tau+G} |\zeta(\tfrac{1}{2}+it)|^2 dt. \tag{3.2.72}$$

補題 3.8 を援用し，仮定

$$G \log^2 T \ll V^2 \tag{3.2.73}$$

のもとに

$$|\mathcal{Q}(\tau)|V^2(G\log T)^{-1}$$
$$\ll \sum_N \int_0^N \frac{\exp(-(G\mathrm{arcsinh}((\pi(N+x)/(2T))^{1/2}))^2)}{(2\pi(N+x)T+\pi^2(N+x)^2)^{1/4}}dS(x,\tau)$$
$$\ll \sum_N (NT)^{-1/4}\Big(|S(N,\tau)|+N^{-1}\int_0^N |S(x,\tau)|dx\Big)\exp(-G^2N/T). \tag{3.2.74}$$

但し,
$$S(x,\tau)=\sum_{N\le n<N+x}(-1)^n d(n)\exp(iF(\tau,n)), \tag{3.2.75}$$
$$T^\varepsilon \le N = 2^\nu \le T^{1-\varepsilon}, \quad \nu=0,1,2,\ldots$$

そこで, (1.1.31) と (3.1.9) により,

$$\sum_{\tau\in\mathcal{S}}|S(x,\tau)|\ll (N\log^3 N)^{1/2}$$
$$\times \Big(\sum_{\tau,\tau'\in\mathcal{S}}\Big|\sum_{N\le n<N+x}\exp(i(F(\tau,n)-F(\tau',n)))\Big|\Big)^{1/2}. \tag{3.2.76}$$

内部の和に van der Corput の方法を応用する. 注意であるが, $n<TG^{-2}\log T$ と制限でき, (3.2.60) により本質的に $F(\tau,n)=2(2\pi n\tau)^{1/2}$ としてよい. つまり,

$$\Big|\Big(\frac{\partial}{\partial\xi}\Big)^\nu(F(\tau,\xi)-F(\tau',\xi))\Big|\asymp |\tau-\tau'|T^{-1/2}N^{1/2-\nu}, \tag{3.2.77}$$
$$\tau\ne\tau'; \xi\approx N.$$

これより, 定理 2.1 の証明, 特に (2.1.21)–(2.1.30) とほぼ同様に議論し

$$\sum_{N\le n<N+x}\exp(i(F(\tau,n)-F(\tau',n)))$$
$$\ll \frac{(TN)^{1/2}}{|\tau-\tau'|}+|\tau-\tau'|^{1/2}T^{-1/4}N^{1/4}, \quad \tau\ne\tau'. \tag{3.2.78}$$

従って, (3.2.74) から

$$\frac{V^2}{G\log T}\sum_{\tau\in\mathcal{S}}|\mathcal{Q}(\tau)| \ll |\mathcal{S}|^{1/2}T^{1/2}G^{-3/2}\log^2 T$$
$$+ |\mathcal{S}|H^{1/4}G^{-3/4}\log^{3/2}T. \tag{3.2.79}$$

左辺は仮定
$$H \ll G^3(\log T)^{-6} \tag{3.2.80}$$
のもとに右辺第 2 項よりも大である. つまり, (3.2.80) が成立するならば,
$$|\mathcal{R}| = \sum_{\tau\in\mathcal{S}}|\mathcal{Q}(\tau)| \ll |\mathcal{S}|^{1/2}T^{1/2}V^{-2}G^{-1/2}\log^3 T. \tag{3.2.81}$$
即ち
$$|\mathcal{R}| \ll TV^{-4}G^{-1}\log^6 T. \tag{3.2.82}$$
よって, $G \approx V^2(\log T)^{-2}$ とし, (3.2.66) 及び (3.2.80) から, $H \ll V^6(\log T)^{-12}$ なる仮定のもとに
$$|\mathcal{Q}| \ll T^2 V^{-6}H^{-1}\log^8 T. \tag{3.2.83}$$
定理 2.1 を参照し $H \approx V^6(\log T)^{-12}$ なる設定は可能である故, 補題 3.9 の証明を終わる.

3.3 素数定理 III

以上の準備のもとに零点密度理論に戻る. この理論は「存在せずと予想される集合」の元, 即ち, Riemann 予想を否定する複素零点の個数を評価することを目的とする. そこで, 複素零点を検出する手段が望まれるが, 当然それは「統計的には小」である効果を伴うものでなければならない.

このために,
$$M_X(s) = \sum_{n<X}\frac{\mu(n)}{n^s}, \quad X \geq 2, \tag{3.3.1}$$
とおく. Möbius 函数の基本性質から

$$M_X(s)\zeta(s) = 1 + \sum_{n \geq X} \frac{a(n)}{n^s}, \quad \sigma > 1,$$
$$a(n) = \sum_{\substack{d|n \\ d < X}} \mu(d). \tag{3.3.2}$$

これより,任意の複素零点 $\rho = \beta + i\gamma$, $\beta \geq \frac{1}{2}$, と任意の $Y \geq 2$ について

$$e^{-1/Y} = -\sum_{n \geq X} \frac{a(n)}{n^\rho} e^{-n/Y}$$
$$+ \frac{1}{2\pi i} \int_{(2)} M_X(s+\rho)\zeta(s+\rho)\Gamma(s)Y^s ds. \tag{3.3.3}$$

被積分函数は原点にて正則である故,積分路を垂直線 $\sigma = \frac{1}{2} - \beta$ に移し

$$e^{-1/Y} = W_1(\rho) + W_2(\rho). \tag{3.3.4}$$

但し,

$$W_1(\rho) = -\sum_{n \geq X} \frac{a(n)}{n^\rho} e^{-n/Y},$$
$$W_2(\rho) = \frac{1}{2\pi} \int_{-\infty}^{\infty} M(\tfrac{1}{2} + i(\gamma+t))\zeta(\tfrac{1}{2} + i(\gamma+t))$$
$$\times \Gamma(\tfrac{1}{2} - \beta + it)Y^{1/2-\beta+it} dt. \tag{3.3.5}$$

等式 (3.3.4) により $|W_1(\rho)| \geq \frac{1}{4}$ か或は $|W_2(\rho)| \geq \frac{1}{4}$ である.以下にて,W_j は共に「統計的には小」であることを確かめ,その結果として次の零点密度評価を得る.

定理 3.1 条件 $0 \leq \alpha \leq 1$ のもとに

$$N(\alpha, T) \ll T^{(12/5+\varepsilon)(1-\alpha)}. \tag{3.3.6}$$

より詳しくは,

$$N(\alpha,T) \ll T^{(D(\alpha)+\varepsilon)(1-\alpha)},$$

$$D(\alpha) = \begin{cases} \dfrac{3}{2-\alpha} & \dfrac{1}{2} \leq \alpha \leq \dfrac{3}{4}, \\ \dfrac{3}{3\alpha-1} & \dfrac{3}{4} \leq \alpha \leq 1. \end{cases} \quad (3.3.7)$$

[注意] 定理 2.4 により，評価 $N(\alpha,T) \ll T^{a(1-\alpha)}(\log T)^c$ にて対数因子は不要なものとみなし得る．上記にて対数因子を記さないのはこの理由に因る．但し，第 9 章における L-函数の零点に関する議論にては，この点は極めて興味深い課題となる．

[証明] 先ず，(1.3.12) により $\alpha \geq \frac{1}{2} + (\log T)^{-1}$ としてよい．また，充分大なる常数 A をもって $T^{\varepsilon} \leq X \leq Y \leq T^A$ と仮定する．勿論，T は充分大．このとき，W_1, W_2 の表示を短縮し

$$|U_1(\rho)| + |U_2(\rho)| \geq \frac{1}{2}, \quad (3.3.8)$$

$$U_1(\rho) = -\sum_{X \leq n < Y \log^2 T} \frac{a(n)}{n^\rho} e^{-n/Y}, \quad (3.3.9)$$

$$U_2(\rho) = \frac{1}{2\pi} \int_{-\log^2 T}^{\log^2 T} M_X(\tfrac{1}{2}+i(\gamma+t))\zeta(\tfrac{1}{2}+i(\gamma+t))$$
$$\times \Gamma(\tfrac{1}{2}-\beta+it)Y^{1/2-\beta+it}dt. \quad (3.3.10)$$

次に，$\mathcal{R}$ は領域 $\{\alpha \leq \sigma \leq 1, T \leq t \leq 2T\}$ 内の複素零点の代表元集合であり，$\rho \neq \rho'$ ならば $|\rho - \rho'| \geq \log^3 T$ となるものとする．評価 (1.4.23) により

$$N(\alpha,2T) - N(\alpha,T) \ll |\mathcal{R}|\log^4 T. \quad (3.3.11)$$

更に，条件 $|U_\nu(\rho)| \geq \frac{1}{4}$, $\nu = 1,2$, を満たす $\mathcal{R}$ の部分集合を $\mathcal{R}_\nu$ とする．定義式 (3.3.9) により，(3.1.16) を用い，

$$|\mathcal{R}_1| \ll \sum_{\rho \in \mathcal{R}_1} |U_1(\rho)|^2$$

$$\ll \log^3 T \max_{X \leq N < Y \log^2 T} (N+T) e^{-N/Y} \sum_{N \leq n < 2N} \frac{d^2(n)}{n^{2\alpha}}$$

$$\ll (Y^{2(1-\alpha)} + TX^{1-2\alpha}) \log^7 T. \qquad (3.3.12)$$

一方,

$$|\mathcal{R}_2| \ll (Y^{\frac{1}{2}-\alpha} \log T)^{4/3}$$

$$\times \sum_{\rho \in \mathcal{R}_2} \Big(\int_{-\log^2 T}^{\log^2 T} |\zeta(\tfrac{1}{2} + i(\gamma+t)) M_X(\tfrac{1}{2} + i(\gamma+t))| dt \Big)^{4/3}$$

$$\ll Y^{2(1-2\alpha)/3} \log^2 T \int_T^{2T} |\zeta(\tfrac{1}{2}+it) M_X(\tfrac{1}{2}+it)|^{4/3} dt \qquad (3.3.13)$$

より,

$$|\mathcal{R}_2| \ll Y^{2(1-2\alpha)/3} \log^2 T \Big(\int_T^{2T} |\zeta(\tfrac{1}{2}+it)|^4 dt \Big)^{1/3}$$

$$\times \Big(\int_T^{2T} |M_X(\tfrac{1}{2}+it)|^2 dt \Big)^{2/3}. \qquad (3.3.14)$$

補題 3.1 及び補題 3.5 を援用し

$$|\mathcal{R}_2| \ll T^{1/3}(X+T)^{2/3} Y^{2(1-2\alpha)/3} \log^5 T. \qquad (3.3.15)$$

評価 (3.3.11)–(3.3.15) をまとめ, $X = T$, $Y = T^{3/(4-2\alpha)}$ とおき,

$$N(\alpha, T) \ll T^{3(1-\alpha)/(2-\alpha)} \log^c T \qquad (3.3.16)$$

を得る.

次に, 補題 3.4 及び 3.9 を用い $|\mathcal{R}_\nu|$ の評価を行う. ここでは, $X = T^\varepsilon$ とするが, Y は別途定めるべきものである. 先ず, 補題 3.9 を援用し

$$|\mathcal{R}_2| \ll Y^{6-12\alpha} T^\varepsilon \int_T^{2T} |\zeta(\tfrac{1}{2}+it)|^{12} dt$$

$$\ll Y^{6-12\alpha} T^{2+\varepsilon}. \qquad (3.3.17)$$

一方, 任意の $N \in [X, Y \log^2 T)$ について

と定義し，
$$\mathcal{R}_1(N) = \left\{ \rho \in \mathcal{R}_1 : \sum_{N \leq n < 2N} \frac{a(n)}{n^\rho} e^{-n/Y} \gg \frac{1}{\log T} \right\} \tag{3.3.18}$$

$$|\mathcal{R}_1| \ll (\log T) \max_N |\mathcal{R}_1(N)|. \tag{3.3.19}$$

整数 k を
$$N^k \leq Y^2 (\log T)^4 < N^{k+1}, \quad 2 \leq k \ll 1, \tag{3.3.20}$$

を充たすべく定める．勿論
$$(Y^2 (\log T)^4)^{2/3} \leq (Y^2 (\log T)^4)^{k/(k+1)} < N^k \leq Y^2 (\log T)^4. \tag{3.3.21}$$

条件 $\mathcal{R}_1(N) \ni \rho$ のもとに
$$(\log T)^{-k} \ll \sum_{N^k \leq n < (2N)^k} \frac{b(n)}{n^\rho}, \quad b(n) \ll d_{2k}(n), \tag{3.3.22}$$

である故，補題 3.4 及び (3.3.21) により，$\alpha > \frac{2}{3}$ につき
$$|\mathcal{R}_1| \ll N^{2k(1-\alpha)} T^\varepsilon + N^{2k(2-3\alpha)} T^{1+\varepsilon}$$
$$\ll Y^{4(1-\alpha)} T^\varepsilon + Y^{(16-24\alpha)/3} T^{1+\varepsilon}. \tag{3.3.23}$$

評価 (3.3.17) 及び (3.3.23) にて $Y = T^{3/(12\alpha-4)}$ とし，定理の証明を終わる．

定理 1.5 及び 3.1 の帰結として「Huxley の素数定理」を得る．

定理 3.2 （素数定理 III）
$$\pi(x+y) - \pi(x) = (1+o(1))\frac{y}{\log x}, \quad x^{7/12+\varepsilon} < y < x. \tag{3.3.24}$$

[証明] 定理 1.5, 2.4 を経由し，零点密度評価 (3.3.6) により証明を終わる．

ここで，Lindelöf 予想 (1.6.17) の帰結である零点密度評価 (1.6.18) 或はより詳しく次の評価の証明を与えておく．仮定
$$\zeta(\tfrac{1}{2}+it) \ll (|t|+1)^\vartheta, \quad t \in \mathbb{R}, \tag{3.3.25}$$

のもとに，

$$N(\alpha, T) \ll T^{2(1+2\vartheta)(1-\alpha)} \log^A T. \tag{3.3.26}$$

評価 (3.3.12) は流用され，一方 (3.3.13) に代わり

$$|\mathcal{R}_2| \ll (Y^{\frac{1}{2}-\alpha} \log T)^2 \sum_{\rho \in \mathcal{R}_2} \left(\int_{-\log^2 T}^{\log^2 T} |\zeta(\tfrac{1}{2}+i(\gamma+t)) M_X(\tfrac{1}{2}+i(\gamma+t))| dt \right)^2$$

$$\ll T^{2\vartheta} Y^{1-2\alpha} \log^4 T \int_T^{2T} |M_X(\tfrac{1}{2}+it)|^2 dt$$

$$\ll T^{2\vartheta} Y^{1-2\alpha} (X+T) \log^5 T. \tag{3.3.27}$$

最適化として，$X = T$, $Y = T^{1+2\vartheta}$ とおき，証明を終わる．つまり，Lindelöf 予想のもと，(3.3.24) における冪 $\frac{7}{12}+\varepsilon$ は $\frac{1}{2}+\varepsilon$ に置き換えられる訳である．

更に，本章の議論に関連する結果として，後に必要となる「重み付き零点密度評価」を示しておく．定理 3.1 の帰結である．

補題 3.10 数列 $\{r_n\}$ は $|r_n| \ll 1$ なるものとし，

$$R(s) = \sum_{K \leq n < 2K} r_n n^{-s} \tag{3.3.28}$$

とおく．このとき，$0 \leq \alpha \leq 1$ について，仮定 $K \geq T^{4/5}$ のもとに，

$$\sum_{\substack{\rho \\ \beta \geq \alpha, |\gamma| < T}} |R(\rho)| \ll (T^{11/5+\varepsilon}(K/T + T/K))^{1-\alpha}. \tag{3.3.29}$$

[証明] 各小領域 $\alpha \leq \sigma < 1$, $2k+\nu \leq t < 2k+\nu+1$, $\nu = 0, 1$, に含まれる複素零点における $|R(s)|$ の値の内 $|R(\rho)|$ が最大であるとする．この様な ρ の内 $|\gamma| < T$ なるものの集合を $\mathcal{R}'_\nu$ とするならば，(1.4.23) により，(3.3.29) の和は

$$\ll (\log T) \Big\{ \sum_{\rho \in \mathcal{R}'_1} + \sum_{\rho \in \mathcal{R}'_2} \Big\} |R(\rho)|. \tag{3.3.30}$$

勿論，

$$\sum_{\rho \in \mathcal{R}'_\nu} |R(\rho)| \leq N(\alpha, T)^{1/2} \Big\{ \sum_{\rho \in \mathcal{R}'_\nu} |R(\rho)|^2 \Big\}^{1/2}. \tag{3.3.31}$$

先ず，$T \leq K$ なる場合，不等式 (3.1.16) 及び評価 (3.3.6) により容易に (3.3.29)

を得る．次に $T^{4/5} \leq K < T$ なる場合は，$\alpha \leq \frac{3}{4}$ のとき (3.3.31) の右辺は

$$\ll \{N(\alpha,T)TK^{3-4\alpha}\log T\}^{1/2}K^{\alpha-1}$$
$$\ll \{N(\alpha,T)T^{4(1-\alpha)}\log T\}^{1/2}K^{\alpha-1}. \tag{3.3.32}$$

再び (3.3.6) を用いればよい．また，$\frac{3}{4} \leq \alpha \leq \frac{5}{6}$ のとき，(3.3.32) の第 1 行は

$$\ll \{N(\alpha,T)T \cdot T^{4(3-4\alpha)/5}\log T\}^{1/2}K^{\alpha-1}$$
$$\ll \{T^{2/(3\alpha-1)+4(3-4\alpha)/5+\varepsilon}\}^{1/2}K^{\alpha-1}. \tag{3.3.33}$$

定理 3.1, (3.3.7), の第 2 評価を用いた．不等式

$$\frac{2}{3\alpha-1} + \frac{4}{5}(3-4\alpha) \leq \frac{32}{5}(1-\alpha), \quad \frac{3}{4} \leq \alpha \leq \frac{5}{6}, \tag{3.3.34}$$

を確かめこの場合を済ませる．更に，$\frac{5}{6} \leq \alpha \leq 1$ のとき，不等式 (3.1.17) により，(3.3.31) の右辺は，

$$\ll \{(N(\alpha,T)(K+N(\alpha,T)T^{1/2})K^{1-2\alpha}\log T\}^{1/2}$$
$$\ll (T^{6/5+\varepsilon}K)^{1-\alpha} + N(\alpha,T)T^{1/4+\varepsilon}T^{2(3-4\alpha)/5}K^{\alpha-1}$$
$$\ll (T^{16/5+\varepsilon}/K)^{1-\alpha} + T^{(3/(3\alpha-1)-3/(20(1-\alpha))+8/5+\varepsilon)(1-\alpha)}K^{\alpha-1}. \tag{3.3.35}$$

ここで，

$$\frac{3}{3\alpha-1} - \frac{3}{20(1-\alpha)} \leq \frac{11}{10}, \quad \frac{5}{6} \leq \alpha \leq 1. \tag{3.3.36}$$

証明を終わる．

3.4　付　　　記

本章以降 Hoheisel [53] の着想が素数分布論の進展において如何に重要であったかが次第に明らかとなろう．とりわけ，算術級数中の素数分布論に拡張されるとき彼の着想は更に輝きを強める．

Bohr–Landau ([18, Sec. 9.15]) は (3.1.1) より以前に評価 $O(T)$ を得ていた．しかし，Euler 積表示を欠く Epstein zeta-函数等の一群の擬 zeta 類についても同じ事実が成立するのであり，それは $\zeta(s)$ の特性を表すものではない．つまり，

Euler 積 (1.1.2) の積極的応用をなす技法にて改良が望まれていた．それが成されたのは論文 [26] にてであった．彼らは，緩衝因子 $P_X(s) = \prod_{p<X}(1-p^{-s})$ を用い

$$\int_{-T}^{T} |\zeta(\sigma+it)P_X(\sigma+it) - 1|^2 dt = o(T), \quad \frac{1}{2} < \sigma < 1, \qquad (3.4.1)$$

を示し，Littlewood の補題 ([18, Sec. 9.9][19, Sec. 3.8]) を経由し (3.1.1) を得たのである．なお，X は T の函数として適宜選択されるべきものである．実は，Bohr ([18, Chap. XI]) により，如何なる $\xi \neq 0$ についても函数 $\zeta(s) - \xi$ に対しては (3.1.1) と同様な事実は成立せぬことが知られているのである．なお，(3.3.1) にて定義された緩衝因子 $M_X(s)$ の採用は Carleson [34]([18, Sec. 9.16]) に始まるが，その後の Hoheisel 理論の発展にとり重要であった．更に，第 7.3 節を参照せよ．

零点密度理論の歴史は K. Pracher [17]（1950 年代半ばまで），Montgomery [12]（1970 年頃まで）及び Ivić [5]（1980 年代半ばまで）をみよ．しかし [12] 以後，理論的発展は現在に至るまで無い，といえる．その根本理由は $\zeta(s)$ の平均値理論における困難である．Motohashi [16] の「4 乗平均値理論」の指し示すところは，保型形式のスペクトル理論或は保型表現論の更なる活用である．しかし，困難は極めて深いと言わざるを得ない．或はむしろ，ここにこそ挑むべき最大の問題がある，とするべきであろう．なお，Montgomery の学位論文 [12] は今読むに当時の素数分布論の沸き立つ様を頻りに懐古させるものである．

文献一般との整合性を重視するのであれば，第 3.1 節の題名は「Large sieve 不等式」とすべきであろう．しかし，第 7.1 節にて著者の観点を更に述べるが，Linnik [68] に始まる large sieve の手法は最早伝統的な篩の範疇を遥かに離れ，一種の解析的或は統計的原理ともいえるものに変貌を遂げている．その状況は，本書第 7 〜 9 章にて明瞭となろう．従って，「Large sieve 思潮」のよって立つところである Hilbert 空間内の不等式つまり L^2-不等式の役割を鮮明にすることがより実態に相応しい．

有用な補題 3.1 の証明方針，特に (3.1.7) は Gallagher [45] による．Titchmarsh [18, (10.7.1)] を参照せよ．「Hilbert 不等式」

$$\left|\sum_{m\neq n}\frac{a_m\overline{a_n}}{m-n}\right|\leq \pi\sum_n|a_n|^2 \tag{3.4.2}$$

を援用するならば，(3.1.2) を漸近式に置き換え可能である．Montgomery [12] 或は Ivić [5, Sec. 5.2] をみよ．

「Selberg の不等式」(3.1.8) は明らかに「Bessel の不等式」の拡張である．Linnik [68] に始まり，(3.1.8) に集約されるまで（1970 年代始め）の large sieve の様々な展開は興味深いものである．とりわけ，Bombieri [27] による飛躍を特記せねばなるまい．それ以前の歴史は Barban [25] をみよ．文献 [27] から不等式 (3.1.8) に至る間には Halász [49] の着想がある．それは不等式 (3.1.9) の活用であった．Zeta-函数への最初期の応用としては，Halász と Turán [50] による次の結果がある．

$$\text{Lindelöf 予想のもとに } N(\tfrac{3}{4}+\varepsilon^2,T)\ll T^\varepsilon. \tag{3.4.3}$$

Zeta-函数や L-函数へのその後の活用は主に Montgomery [12] による．その基礎の上に立つ補題 3.4 は Huxley [54] による．

補題 3.5 の証明方針は Ramachandra [84] による．「4 乗平均値」については，Ingham の結果 [18, (7.6.2)] が永く知られていたが，それは Hardy–Littlewood の近似函数等式 [18, Sec. 4.18] をもとにするものであり，後者の証明は複雑である．分割 (3.2.7) の背後には鞍点の存在がある．この様な函数等式の有効利用は貴重な簡易化をもたらし，広く活用されている．例えば Jutila–Motohashi [64] にても基本手段の一つである．

補題 3.7 は著者による．また，重要な補題 3.8 は Atkinson [24] による $M_1(T)$ に対する漸近展開公式の「局所版」と言える．上記の証明は著者による．注意であるが，(3.2.59) は実質的に定理 2.1 を含むものである．実際，$G<T^{1/2}$ とするとき，

$$I(T,G)\ll \log T+\sum_{n<TG^{-2}\log^2 T}d(n)(nT)^{-1/4}\exp(-G^2n/T)$$
$$\ll \log T+T^{1/2}G^{-3/2}\log T. \tag{3.4.4}$$

従って,(3.2.68) より $\zeta(\frac{1}{2}+it) \ll t^{1/6}\log t$, $t \geq 2$, を得る. つまり, (3.2.83) に続く定理 2.1 の採用を省くことができる.

補題 3.9 は Heath-Brown [51] による. 但し, 彼は Atkinson 漸近公式 [24] を用いた. なお, $\zeta(s)$ の平均値理論については Titchmarsh [18] 及び Ivić [6] に詳しい. 補題 3.7 及び 3.8 の 4 乗平均への拡張については Motohashi [16] をみよ.

定理 3.1 は Huxley [54] による. 但し, 彼の本来の結果は因子 $T^{\varepsilon(1-\alpha)}$ を含まない. 勿論, 定理 3.2 を導くにあたり意味ある差異ではない. Huxley は Haneke (1962) による困難な評価

$$\zeta(\tfrac{1}{2}+it) \ll t^{6/37}(\log t)^c, \quad t \geq 2, \tag{3.4.5}$$

を用いた. 上記の比較的簡易な証明は Ivić [5, Chap. 11] から借用した. なお, 評価 (3.3.16) は Ingham ([18, Theorem 9.19 (B)]) による.

定理 3.2 における指数 $\frac{7}{12}$ は, $\pi(x+y) - \pi(x)$ の「漸近式」を要求する限りにおいては, 未だ最良である. 更なる短区間にての素数検出については第 10 章にて述べる. その議論にて, Jutila [62] による補題 3.10 は重要な役割を果たす.

第4章　算術級数中の素数

4.1　Dirichlet 指標

これまでは特段の条件を課すことなく自然数全体の中における素数分布を観察してきたが，以後一般に算術級数中の素数列を扱う．つまりは函数

$$\pi(x;q,l) = \sum_{\substack{p<x \\ p\equiv l \bmod q}} 1 \tag{4.1.1}$$

について，前章までの議論を拡張し或は新たに篩法を援用し，更なる素数分布の精妙さを捉えることに視点をおくのである．

　後に詳述するが，大未解決問題である「双子素数予想」や「Goldbach 予想」等の考察にては，算術級数中の素数の分布が重要となる．大略次の理由による．素数は整除のみをもって定義されるが，これらの予想にては加法と素数間の関係が問われており，算法の乖離自体が困難をもたらす．それに対する現今唯一の手法は，篩法により加法的制約を算術級数に分解し考察する道をとることである．斯くして，変動する法 q について一様な $\pi(x;q,l)$ の解析という興味尽きない課題が浮上するのである．現代的な素数分布論はこの一様性の実現を求め深化させられて来た，として過言ではない．本章にては法 q が変数 x に比較し小，即ち任意の常数 A をもって $q \leq (\log x)^A$ となるごく控えめな場合を扱うが，それでもなお未解決の困難に遭遇する．一方，法 q が比較的に大，つまり $q > (\log x)^A$ なる場合は次章以降にて主に篩法を用いて考察される．

　加法をその定義に含む算術級数一般を乗法の範疇にて議論することを可能としたのは，Dirichlet の着想である．彼は，彼の名の冠された素数定理

$$(q,l) = 1 \text{ のもとに} \lim_{x \to \infty} \pi(x;q,l) = \infty \tag{4.1.2}$$

を証明するにあたり，今日周知の Dirichlet 指標，或は単に指標，を導入した．これは，次の三条件を充たす完全乗法的な数論的函数 χ と同義である．

$$\chi(a) = \begin{cases} 1 & a = 1, \\ \chi(b) & a \equiv b \bmod q, \\ 0 & (a,q) \neq 1. \end{cases} \tag{4.1.3}$$

このとき一般に $\chi \bmod q$ と記すこととするが，より一般的には法を略す．実数値のみをとる場合に実指標，その他を複素指標という．各法 q についてそれらは乗法にて可換群をなす．その単位元を χ_q と記し，単位指標と称する．指標 χ の逆元は $\overline{\chi}$ である．つまり，$|\chi|^2 = \chi_q$．一方，$\chi_j \bmod q_j$, $j = 1, 2$, から函数値の乗法により指標 $\chi_1 \chi_2 \bmod q_1 q_2$ が生成される．更に，指標 $\chi \bmod q$ を既約剰余類 $\bmod q$ 上の函数とみて，その最小周期 q^* を χ の導手という．このとき，$q^* = q$ であるならば，χ は原始的であると定義する．

指標の基本的性質をまとめておく．

補題 4.1 各法 q について $\varphi(q)$ 個の相異なる指標が存在し，それらは次の 2 式を充たす．

$$\frac{1}{\varphi(q)} \sum_{\chi \bmod q} \overline{\chi}(a_1) \chi(a_2) = \begin{cases} 0 & a_1 \not\equiv a_2 \bmod q, \\ \chi_q(a_1) & a_1 \equiv a_2 \bmod q, \end{cases} \tag{4.1.4}$$

$$\frac{1}{\varphi(q)} \sum_{a \bmod q} \overline{\chi_1}(a) \chi_2(a) = \begin{cases} 0 & \chi_1 \neq \chi_2, \\ 1 & \chi_1 = \chi_2. \end{cases} \tag{4.1.5}$$

ここに，$\varphi(q)$ は Euler 函数である．また，指標 $\chi \bmod q$ の導手が q^* であるならば，原始指標 $\chi^* \bmod q^*$ が存在し，

$$\chi = \chi_{q/q^*} \chi^*. \tag{4.1.6}$$

[証明] 任意の指標 $\chi \bmod q$ を採り，$q = q_1 q_2$, $(q_1, q_2) = 1$ とする．整数 n に対し，$n_1 \equiv n \bmod q_1$, $n_1 \equiv 1 \bmod q_2$, $n_2 \equiv 1 \bmod q_1$, $n_2 \equiv n \bmod q_2$ と定める．このとき，$n \equiv n_1 n_2 \bmod q$ である故，$\chi(n) = \chi(n_1) \chi(n_2)$. 然るに，$\tau_j(n) = \chi(n_j)$ は法 q_j についての指標である．実際，$m \equiv n \bmod q_j$

であるならば，$m_j \equiv n_j \bmod q$．また，τ_j の乗法性は明らかである．つまり，分解 $\chi = \tau_1 \tau_2$ を得た．従って，法は素数冪 p^a であると仮定してよい．そこで，$p \geq 3$ とし $\chi \bmod p^a$ を考察する．原始根 $r \bmod p^a$ を定めると，$\chi(r)^{\varphi(p^a)} = \chi(r^{\varphi(p^a)}) = 1$．即ち，$\chi(r) = e(h/\varphi(p^a))$，$0 \leq h < \varphi(p^a)$．よって $\varphi(p^a)$ 個の相異なる指標が存在する．一方，法 2^a，$a \geq 3$，の場合は，既約類の生成元として -1 と 5 を採ることができ，$\chi(-1) = e(h_1 \nu/2)$，$\chi(5) = e(h_2 \eta/2^{a-2})$，$h_1 = 0, 1$，$h_2 = 0, 1, \ldots, 2^{a-2} - 1$．つまり，$\varphi(2^a)$ 個の相異なる指標が存在する．更に，法 4 の場合は，-1 が生成元であり．相異なる指標は 2 個である．以上から，補題の最初の主張が証明された．

次に，$a_1 \not\equiv a_2 \bmod q$ であるならば，$\overline{\xi}(a_1)\xi(a_2) \neq 1$ となる指標 $\xi \bmod q$ が上記により存在する．そこで，χ を $\chi\xi$ に置き換え，(4.1.4) を得る．また，$\chi_1 \neq \chi_2$ であるならば，$\overline{\chi_1}(b)\chi_2(b) \neq 1, 0$ となる b が存在する．よって，a を ab と置き換え，(4.1.5) を得る．

指標 $\chi \bmod q$ の導手を q^* とし，$q_1 = q/(q, (q^*)^\infty)$ とおく．任意の n，$(n, q^*) = 1$，について，$\chi^*(n) = \chi(m)$ と定める．但し，$m \equiv n \bmod q^*$，$m \equiv 1 \bmod q_1$．このとき，$(m, q) = 1$ である．従って，導手の定義から，値 $\chi(m)$ は一意的に定まる．乗法性は明らかである故，χ^* は法 q^* についての指標である．ここで，$(n, q) = 1$ なる場合，$\chi^*(n) = \chi(m) = \chi(n)$．この等式は (4.1.6) と同値である．また，これより χ^* は原始的であると知れる．補題の証明を終わる．

指標 $\chi \bmod q$ に付随する Dirichle の L-函数 $L(s, \chi)$ は既に (1.1.15) にて導入されているが，$\chi \neq \chi_q$ であるならば $L(s, \chi)$ は例えば $\sigma > 0$ にて正則である．部分和法の簡単な応用である．また，

$$L(s, \chi_q) = \zeta(s) \prod_{p \mid q} \left(1 - \frac{1}{p^s}\right) \tag{4.1.7}$$

及び (4.1.6) は

$$L(s, \chi) = L(s, \chi^*) \prod_{p \mid q} \left(1 - \frac{\chi^*(p)}{p^s}\right) \tag{4.1.8}$$

とも記されることを追記しておく．勿論，前者は後者の特別の場合，$q^* = 1$，

である．

等式 (1.3.1) の拡張として，
$$-\frac{L'}{L}(s,\chi) = \sum_{n=1}^{\infty} \chi(n)\frac{\Lambda(n)}{n^s}, \quad \sigma > 1, \tag{4.1.9}$$
を得るが，(4.1.4) により，条件 $(q,l) = 1$，$\sigma > 1$ のもとに，
$$\begin{aligned}
&-\frac{1}{\varphi(q)}\sum_{\chi \bmod q}\overline{\chi}(l)\frac{L'}{L}(s,\chi) \\
&= \sum_{n \equiv l \bmod q}\frac{\Lambda(n)}{n^s} \\
&= \sum_{p \equiv l \bmod q}\frac{\log p}{p^s} + \sum_{m=2}^{\infty}\sum_{p^m \equiv l \bmod q}\frac{\log p}{p^{ms}}.
\end{aligned} \tag{4.1.10}$$
この二重和は領域 $\sigma > \frac{1}{2}$ にて正則である．定義 (1.3.3) にならい，函数
$$\psi(x;q,l) = \sum_{\substack{n < x \\ n \equiv l \bmod q}} \Lambda(n) \tag{4.1.11}$$
を導入するならば，q, l について一様に，
$$\pi(x;q,l) = \int_2^x \frac{d\psi(u;q,l)}{\log u} + O(x^{1/2}\log x). \tag{4.1.12}$$
従って，(4.1.9)–(4.1.10) の左辺の解析的性質を考察せねばならない．特に，点 $s = 1$ の近傍にて (1.3.5) の何らかの拡張を得ることが望ましい．Dirichlet は，χ が非単位指標であるならば $L(1,\chi)$ は有界且つ 0 とは異なり，従って，(4.1.7) から
$$-\frac{1}{\varphi(q)}\sum_{\chi \bmod q}\overline{\chi}(l)\frac{L'}{L}(s,\chi) \sim \frac{1}{\varphi(q)(s-1)}, \quad s \to 1+0, \tag{4.1.13}$$
を示し，(4.1.2) の証明を得たのである．この基本的事実 $L(1,\chi) \neq 0$ を実指標の場合に示すにあたり，Dirichlet が自身による「2 次体の類数公式」を援用したことはよく知られた史実である．

現在では，次にみられる様にごく簡易な方法が知られている．

定理 4.1 任意の指標について，

$$L(1,\chi) \neq 0. \tag{4.1.14}$$

従って，(4.1.2) が成立する．

[証明] 乗法的函数

$$a(n,\chi) = \sum_{d|n} \chi(d) \tag{4.1.15}$$

を用いる．領域 $\sigma > 1$ にて，

$$\sum_{n=1}^{\infty} \frac{|a(n,\chi)|^2}{n^s} = \frac{\zeta(s)L(s,\chi_q)L(s,\chi)L(s,\overline{\chi})}{L(2s,\chi_q)} \tag{4.1.16}$$

である．Ramanujan の等式 (1.1.16) と同様に示される．仮に $L(1,\chi) = 0$ であるならば，(4.1.16) の右辺は全ての $s > 0$ について正則である．従って，正係数 Dirichlet 級数の収束座標についての周知の定理から，左辺は少なくとも各 $s > 0$ にて収束せねばならない．そこで，$s = \frac{1}{2}$ とするならば右辺は 0, 左辺は 1 以上となり，矛盾を生じる．つまり，実際は左辺の収束座標は 1 であり，点 $s = 1$ は位数 2 の極である．証明を終わる．

4.2 *L*-函数の函数等式

以上を念頭に Dirichlet *L*-函数の解析的性質をより詳細に考察しよう．勿論，函数 $\zeta(s)$ の場合が雛形である．以後当分は法 $q \geq 3$ についての指標 $\chi \neq \chi_q$ のみを扱う．先ず，領域 $\sigma > 1$ にて，

$$L(s,\chi) = \frac{1}{q^s} \sum_{1 \leq a < q} \chi(a)\zeta(s,a/q). \tag{4.2.1}$$

但し，

$$\zeta(s,\eta) = \sum_{n=0}^{\infty} \frac{1}{(n+\eta)^s}, \quad \eta > 0, \quad \sigma > 1. \tag{4.2.2}$$

積分表示 (1.2.8) と同様に $\zeta(s,\eta)$ を表し，

$$L(s,\chi) = -\frac{\Gamma(1-s)}{2\pi i q^s} \sum_{1 \leq a < q} \chi(a) \int_C \frac{(-x)^{s-1} e^{-ax/q}}{1-e^{-x}} dx. \qquad (4.2.3)$$

この右辺は全複素平面へ接続する．特に，$s=1$ のとき，積分の値はいずれも $2\pi i$ であり，a についての和は 0 である．つまり，$L(s,\chi)$ は点 $s=1$ にて正則である．従って，(4.2.3) の右辺は領域 $\sigma \leq 1$ において正則である．つまり，$L(s,\chi)$ は整函数である．勿論，これはより簡便に部分和法にても証明できる事実である．

次に，$\sigma < 0$ と仮定し，積分路 C の円周部分を無限遠点に向けて拡大する．留数計算の後，

$$L(s,\chi) = \frac{1}{iq^s}\Gamma(1-s)\left(\exp(\tfrac{1}{2}\pi i s) - \chi(-1)\exp(-\tfrac{1}{2}\pi i s)\right)$$
$$\times \sum_{n=1}^{\infty} G_\chi(n)(2\pi n)^{s-1}. \qquad (4.2.4)$$

但し，

$$G_\chi(n) = \sum_{a \bmod q} \chi(a) e(an/q). \qquad (4.2.5)$$

ここに，指標 χ に付随する Gauss 和 $G_\chi = G_\chi(1)$ が現れる．

補題 4.2 指標 $\chi \bmod q$ が原始的であるならば，任意の整数 n に対し

$$G_\chi(n) = \overline{\chi}(n) G_\chi, \qquad (4.2.6)$$

且つ

$$|G_\chi| = q^{1/2}. \qquad (4.2.7)$$

[証明] 明らかに $(q,n) = d > 1$ なる場合だけを考察すれば済む．このとき，

$$G_\chi(n) = \sum_{a_1 \bmod q_1} e(a_1 n_1/q_1) \sum_{\substack{a \bmod q \\ a \equiv a_1 \bmod q_1}} \chi(a). \qquad (4.2.8)$$

但し，$q_1 = q/d,\ n_1 = n/d$．原始指標の定義から，χ は q_1 を周期とはせぬ故，何れかの $u \equiv v \bmod q_1,\ (uv,q) = 1$，について $\chi(u) \neq \chi(v)$ となる．従って，$b \equiv 1 \bmod q_1$ 且つ $\chi(b) \neq 1, 0$ なる b が存在する．この $\chi(b)$ を (4.2.8) の内

部の和に乗じると,和は変化しない. つまり,これらの和は全て 0 である. 等式 (4.2.6) は証明された. 次に, (4.2.6) を用い,

$$\varphi(q)|G_\chi|^2 = \sum_{n \bmod q} |G_\chi(n)|^2$$
$$= \sum_{a,b \bmod q} \chi(a)\overline{\chi}(b) \sum_{n \bmod q} e(n(a-b)/q)$$
$$= q \sum_{a \bmod q} |\chi(a)|^2 = q\varphi(q). \quad (4.2.9)$$

即ち, (4.2.7) を得た.

定理 4.2 指標 $\chi \bmod q$, $q > 1$, が原始的であるならば, 函数 $L(s, \chi)$ は全複素平面にて正則であり, 且つ

$$L(1-s, \overline{\chi}) = \frac{2i^{-\epsilon_\chi}}{G_\chi} \left(\frac{q}{2\pi}\right)^s \cos(\tfrac{1}{2}\pi(s+\epsilon_\chi))\Gamma(s)L(s, \chi) \quad (4.2.10)$$

$$= \frac{i^{\epsilon_\chi}\pi^{1/2}}{G_\chi} \left(\frac{q}{\pi}\right)^s \frac{\Gamma(\tfrac{1}{2}(s+\epsilon_\chi))}{\Gamma(\tfrac{1}{2}(1-s+\epsilon_\chi))} L(s, \chi). \quad (4.2.11)$$

但し, $\epsilon_\chi = \tfrac{1}{2}(1-\chi(-1))$.

[証明] 等式 (4.2.4) に戻り, (4.2.6) を用い (4.2.10) を得る. 次に, Gamma-函数の倍角公式を援用し (4.2.11) を得る. 勿論, 各々は (1.2.2), (1.2.3) の拡張である. また, 補題 4.2 を用い (1.2.10) を拡張し, (4.2.11) を導くことも可能であるが省略する. 証明を終わる.

4.3 L-函数の零点

函数 $L(s, \chi)$ の零点分布を考察せねばならない. 以下当面は $\chi \bmod q$, $q \geq 3$, は原始的と仮定する. 今後常に注意すべきことであるが, 一般に $\operatorname{Im} s$ は任意であり値 0 をとり得る. 従って, 第 1.4 節にて展開した函数 $\zeta(s)$ に対する議論がそのままに拡張される訳ではない. 法 q についての一様性を堅持せねばならない, という要請から大小の困難が生じる.

先ず, $L(s, \chi)$ の評価を求める. 表示 (2.1.12) と同様に, 領域 $\sigma > -1$ にて,

任意の整数 $N \geq 1$ について

$$\zeta(s,\eta) = \sum_{n=0}^{N} \frac{1}{(n+\eta)^s} + \frac{(N+\eta)^{1-s}}{s-1} - \frac{1}{2}(N+\eta)^{-s}$$
$$+ s \int_{N}^{\infty} \frac{\rho(x)}{(x+\eta)^{s+1}} dx. \qquad (4.3.1)$$

この積分は (2.1.13)–(2.1.14) と同じく評価される．つまり，条件 $\sigma > -1$, $N \geq |t|+1$ のもとに，一様に

$$\zeta(s,\eta) = \sum_{n=0}^{N} \frac{1}{(n+\eta)^s} + \frac{(N+\eta)^{1-s}}{s-1} + O(N^{-\sigma}). \qquad (4.3.2)$$

式 (4.2.1) に挿入し

$$L(s,\chi) = \sum_{n<q(N+1)} \frac{\chi(n)}{n^s} + \frac{q^{-s}}{s-1} \sum_{1 \leq a < q} \chi(a)((N+a/q)^{1-s} - 1)$$
$$+ O(q^{1-\sigma} N^{-\sigma}). \qquad (4.3.3)$$

従って，領域 $\sigma > -1$ にて一様に

$$L(s,\chi) \ll (q(|t|+1))^{1-\sigma} \log(q(|t|+1)). \qquad (4.3.4)$$

加えて，凸性評価

$$L(s,\chi) \ll (q(|t|+1))^{(1-\sigma)/2+\varepsilon}, \quad 0 \leq \sigma \leq 1, \qquad (4.3.5)$$

も記しておくが，今後の議論にて必要とはしない．

次に，定義 (1.3.6) にならい，

$$\xi(s,\chi) = (q/\pi)^{(s+\epsilon_\chi)/2} \Gamma(\tfrac{1}{2}(s+\epsilon_\chi)) L(s,\chi) \qquad (4.3.6)$$

とおくならば，(4.2.11) より

$$\xi(1-s,\overline{\chi}) = \frac{i^{\epsilon_\chi} q^{1/2}}{G_\chi} \xi(s,\chi). \qquad (4.3.7)$$

従って，函数 $\xi(s)$ と同様に，函数 $\xi(s,\chi)$ は臨界帯の外部にて正則であり且つ零点を有しない．臨界帯にても勿論正則である．即ち，$\xi(s,\chi)$ は整函数であり，零点を有するとするならば，それは臨界帯内に限られ，しかもそれら全て

は $L(s,\chi)$ の零点でもある．逆に，臨界帯から原点を除いた領域に入る $L(s,\chi)$ の零点は全て $\xi(s,\chi)$ の零点である．また，

$$L(-2m - \epsilon_\chi, \chi) = 0, \qquad m = 0, 1, 2, \ldots \tag{4.3.8}$$

これらは，$L(s,\chi)$ の「自明な零点」と呼ばれ，全て単根である．この他の零点を「非自明な零点」と定義し，(1.3.9) を流用して記すこととする．なお，$\chi(-1) = 1$ の場合，$s = 0$ は $L(s,\chi)$ の自明な零点であるが，それが単根であることは函数等式より $L(1,\chi) \neq 0$ と同値であり，定理 4.1 に帰着する．

Hadamard の因数分解定理により，非自明な零点 ρ は無限に存在し，

$$\xi(s,\chi) = e^{a_\chi + b_\chi s} \prod_\rho \left(1 - \frac{s}{\rho}\right) e^{s/\rho}. \tag{4.3.9}$$

従って，(4.3.6) 及び (4.3.9) の右辺の対数微分をとり，

$$-\frac{L'}{L}(s,\chi) = \frac{1}{2}\log\frac{q}{\pi} - b_\chi + \frac{1}{2}\frac{\Gamma'}{\Gamma}\left(\tfrac{1}{2}(s + \epsilon_\chi)\right) - \sum_\rho \left(\frac{1}{s-\rho} + \frac{1}{\rho}\right). \tag{4.3.10}$$

ここで，常数 b_χ を定める必要は無い．何故ならば，実際には (4.3.10) の両辺から $s = 2$ の場合を引き，

$$-\frac{L'}{L}(s,\chi) = O(1) + \frac{1}{2}\frac{\Gamma'}{\Gamma}\left(\tfrac{1}{2}(s+\epsilon_\chi)\right) - \sum_\rho \left(\frac{1}{s-\rho} - \frac{1}{2-\rho}\right) \tag{4.3.11}$$

なる表現を用いるからである．この誤差項は絶対常数にて評価されるものである．

不等式 (1.4.9) に対応し，$\sigma > 1$ のとき

$$-\mathrm{Re}\,\frac{L'}{L}(s,\chi) < c\log(|t|+2) - \mathrm{Re}\sum_\rho \left(\frac{1}{s-\rho} - \frac{1}{2-\rho}\right). \tag{4.3.12}$$

ここで，

$$\sum_\rho \mathrm{Re}\left(\frac{1}{2-\rho}\right) \ll \log q \tag{4.3.13}$$

であることを示そう．円盤 $|s-2| \le r$ に含まれる $\xi(s,\chi)$ の零点の個数を $z(r)$ とするならば，

$$\sum_\rho \mathrm{Re}\left(\frac{1}{2-\rho}\right) \ll \int_1^\infty z(r) r^{-3} dr. \tag{4.3.14}$$

一方，(4.3.4) から，円周 $|s-2|=r$ 上にて $\sigma \geq \frac{1}{2}$ となるとき，
$$\log\left|\frac{\xi(s,\chi)}{\xi(2,\chi)}\right| \ll r\log qr. \tag{4.3.15}$$
函数等式 (4.3.7) により $\sigma \leq \frac{1}{2}$ となるときも同じ評価が成り立つ．従って，Jensen の定理により，
$$\int_1^r z(u)\frac{du}{u} \ll r\log qr. \tag{4.3.16}$$
これより $z(r) \ll r\log qr$ を得，(4.3.14) に挿入し，(4.3.13) の証明を終わる．

即ち，領域 $\sigma > 1$ にて，
$$-\mathrm{Re}\,\frac{L'}{L}(s,\chi) < c\log q(|t|+1) - \sum_\rho \mathrm{Re}\left(\frac{1}{s-\rho}\right). \tag{4.3.17}$$

なお，注意であるが，分解 (4.1.8) を考慮するならば，不等式 (4.3.17) は明らかに指標の原始性を仮定せずとも成立する．勿論，右辺の零点 ρ は $L(s,\chi^*)$ のそれらであると読み替えるのである．この無限和の各項は正であることが以下にて用いられる．

4.4 　L-函数の非消滅領域

函数 $L(s,\chi)$ の非消滅領域を求める．増大する法に関する一様性が緊要である．このため，実指標 χ については点 $s=1$ のごく近傍に実根が出現する可能性を排除できず，この例外的な零点の扱いは第 9 章末にいたるまで議論に陰影を与えるのである．ここでは前節の結果を用いるが，後に篩法による数論的な議論を展開する．それは定理 4.1 の証明の深化でもある．また，補題 1.4 の援用のみにて済ますことも勿論可能である．

先ず，複素指標について考察する．補題 1.3 の自然な拡張を得る．

補題 4.3 絶対常数 $c > 0$ が存在し，任意の複素指標 $\chi \bmod q$ について，
$$L(s,\chi) \neq 0, \quad \sigma > 1 - \frac{c}{\log q(|t|+1)}, \; t \in \mathbb{R}. \tag{4.4.1}$$

[証明] 領域 $\sigma > 1$ にて，複素指標に限らず任意の指標 $\chi \bmod q$ について，

$$-3\mathrm{Re}\,\frac{L'}{L}(\sigma,\chi_q) - 4\mathrm{Re}\,\frac{L'}{L}(\sigma+it,\chi) - \mathrm{Re}\,\frac{L'}{L}(\sigma+2it,\chi^2) \geq 0. \quad (4.4.2)$$

これは不等式 (1.4.12) にならい証明される．特に，χ を複素指標とするならば，右辺の第3項は前節の結果 (4.3.17) 及びそれに続く注意により $c\log q(|t|+1)$) にて上から評価される．つまり，(4.3.17) にて χ を $\chi^2 \neq \chi_q$ に置き換え，ρ についての和を無視するのである．一方，第1項については (1.3.5) を用いる．即ち，(1.4.14) と同様に，$L(\beta+i\gamma,\chi) = 0$ のとき，

$$\frac{4}{\sigma-\beta} < \frac{3}{\sigma-1} + c\log(q(|\gamma|+1)), \quad \sigma > 1. \quad (4.4.3)$$

これより，(4.4.1) が従う．

次に，実指標 χ について $L(\beta+i\gamma,\chi) = 0$，$\gamma \neq 0$，と仮定する．この場合，複素共役を考慮し $L(\beta \pm i\gamma, \chi) = 0$ である．一方，条件

$$|\sigma+2it-1| \geq \frac{c}{\log q(|t|+1)} \quad (4.4.4)$$

のもとにては，(1.3.5) により (4.4.2) の左辺の第3項は無視できるとしてよい．つまり，複素指標の場合の議論がそのまま適用できる．従って，次の補題の前半部分を得る．

補題 4.4 絶対常数 $c > 0$ が存在し，任意の実指標 $\chi \bmod q$ について，領域

$$\left\{\sigma > 1 - \frac{c}{\log q(|t|+1)},\ t \in \mathbb{R}\right\} \setminus \left\{|s-1| \leq \frac{c}{\log q}\right\} \quad (4.4.5)$$

において，

$$L(s,\chi) \neq 0. \quad (4.4.6)$$

領域 $|s-1| \leq c(\log q)^{-1}$ に $L(s,\chi)$ の零点があるとするならば，それは唯一個であり且つ実単根である．

[証明] 後半を証明すれば済む．常数 $\alpha > 0$ を充分小とする．領域 $|s-1| \leq \alpha^2(\log q)^{-1}$ に根 $\beta+i\gamma$，$\gamma \neq 0$，が存在したとする．このとき，(4.3.17) と (4.4.2) から

$$2\frac{\sigma-\beta}{(\sigma-\beta)^2+\gamma^2} < \frac{1}{\sigma-1} + c\log q, \quad \sigma > 1, \quad (4.4.7)$$

を得る．ここで $\sigma = 1 + \alpha(\log q)^{-1}$ とするならば，右辺は $(\alpha^{-1} + O(1))\log q$，左辺は $(2\alpha^{-1} + O(1))\log q$ である故，矛盾を得る．従って，実根のみを考慮すればよい．そこで，2実根 $\beta_1, \beta_2 > 1 - \alpha^2(\log q)^{-1}$ が存在するならば，

$$\frac{1}{\sigma - \beta_1} + \frac{1}{\sigma - \beta_2} < \frac{1}{\sigma - 1} + c\log q. \tag{4.4.8}$$

同様に矛盾が生じる．よって，証明を終わる．

補題 1.3, 4.3, 4.4 をまとめ，更に，

定理 4.3 絶対常数 $c > 0$ が存在し，任意の指標 $\chi \bmod q$, $q \leq Q$, $Q \geq 2$，につき，高々 1 個の零点を除き，

$$L(s, \chi) \neq 0, \quad \sigma > 1 - \frac{c}{\log Q(|t| + 1)}, \quad t \in \mathbb{R}. \tag{4.4.9}$$

この例外零点は，存在するならば，導手が Q 以下の唯一の原始実指標に付随する L-函数の実単根 β であり，

$$1 - \frac{c}{\log Q} < \beta < 1. \tag{4.4.10}$$

[証明] 勿論，後半の主張の内，例外的な実指標が唯一である，という部分を証明すれば済む．そこで，仮に $\chi_j \bmod q_j$, $j = 1, 2$ は共に例外的な原始実指標で $q_j \leq Q$ である，とする．補題 4.4 により，$q_1 \neq q_2$ としてよい．また，各々の例外零点を $\beta_j > 1 - c(\log q_j)^{-1}$ とする．このとき，

$$-\frac{\zeta'}{\zeta}(\sigma) - \frac{L'}{L}(\sigma, \chi_1) - \frac{L'}{L}(\sigma, \chi_2) - \frac{L'}{L}(\sigma, \chi_1\chi_2)$$
$$= \sum_{n=2}^{\infty} \frac{\Lambda(n)}{n^\sigma}(1 + \chi_1(n))(1 + \chi_2(n)) \geq 0, \quad \sigma > 1. \tag{4.4.11}$$

指標 $\chi_1\chi_2 \bmod q_1q_2$ は単位指標ではない．仮に $\chi_1\chi_2 = \chi_{q_1q_2}$ であるならば，$\chi_1(n) = \chi_2(n)$, $(n, q_1q_2) = 1$. 両辺の周期を比較し，$q_1 = q_2$ となり，仮定に反する．従って，(4.3.17) により左辺の第 4 項は上から $c \log q_1q_2$ にて評価される．つまり，

$$\frac{1}{\sigma - \beta_1} + \frac{1}{\sigma - \beta_2} < \frac{1}{\sigma - 1} + c\log q_1q_2, \quad \sigma > 1. \tag{4.4.12}$$

これより
$$\min\{\beta_1, \beta_2\} < 1 - \frac{c}{\log q_1 q_2}. \tag{4.4.13}$$
定理の証明を終わる．

ここで次の観察を行う．原始実指標 $\kappa_j \bmod h_j$, $h_j < h_{j+1}$, につき,
$$L(\nu_j, \kappa_j) = 0, \quad 1 - \frac{\xi}{\log h_j} < \nu_j < 1 \tag{4.4.14}$$
なる例外的な実根 ν_j が存在するものと仮定する．但し，$\xi > 0$ は (4.4.13) における絶対常数 $c > 0$ よりも充分小とする．このとき，(4.4.13) から，
$$h_j^{c/\xi - 1} < h_{j+1}. \tag{4.4.15}$$
つまり，例外的な原始実指標は仮に存在するとしても極めて離散的に分布しているのである．

第 1.4 節における函数 $N(T)$ に関する議論を Dirichlet L-函数に拡張しよう．臨界帯の $|t| \leq T$ なる部分に入る $L(s, \chi)$ の零点の個数を $N(T, \chi)$ とする．Riemann の函数 $N(T)$ は上半平面における $\zeta(s)$ の複素零点を数え上げるものであったが，ここでは上下両平面を考慮せねばならない．複素指標 χ の場合，$L(\rho, \chi) = 0$ は必ずしも $L(\overline{\rho}, \chi) = 0$ を意味せぬからである．

補題 4.5 任意の原始指標 $\chi \bmod q$ について,
$$N(T, \chi) = \frac{T}{\pi} \log \frac{qT}{2\pi} - \frac{T}{\pi} + O(\log qT), \quad T \geq 2. \tag{4.4.16}$$
[証明] 仮定
$$L(\sigma \pm iT, \chi) \neq 0, \quad -\frac{1}{2} < \sigma < \frac{3}{2}, T \geq 2 \tag{4.4.17}$$
のもとに,
$$N(T, \chi) = \frac{1}{2\pi} \Delta \arg \xi(s, \chi) + O(1). \tag{4.4.18}$$
但し，Δ は変数 s が，頂点 $\frac{3}{2} + iT$, $-\frac{1}{2} + iT$, $-\frac{1}{2} - iT$, $\frac{3}{2} - iT$ なる長方形の周上を正方向に一周するときの「連続的」変化を示す．誤差項は $\chi(-1) = 1$ なる場合の自明な零点 $s = 0$ に対応する．点 $\frac{1}{2} - iT$ から点 $\frac{1}{2} + iT$ までの変

化は，点 $\frac{1}{2} + iT$ から点 $\frac{1}{2} - iT$ までのそれに等しい．何故ならば，函数等式 (4.3.7) により $\arg \xi(s,\chi) = \arg \overline{\xi(1-\overline{s},\chi)} + h$ が成立するからである．ここで h は s とは無関係である．よって，

$$N(T,\chi) = \frac{T}{\pi} \log \frac{qT}{2\pi} - \frac{T}{\pi} + S(T,\chi) + O(1) \tag{4.4.19}$$

を得る．但し，

$$S(T,\chi) = \frac{1}{2\pi} \left(\arg L(\tfrac{1}{2} + iT, \chi) - \arg L(\tfrac{1}{2} - iT, \chi) \right). \tag{4.4.20}$$

ここで，$\arg L(s,\chi)$ は (1.4.22) と同様に定める．これを評価するために，(1.4.23) を拡張し，

$$N(T+1,\chi) - N(T,\chi) \ll \log qT. \tag{4.4.21}$$

実際，(4.3.17) にて $s = 2 \pm iT$ とするならば，(1.4.25) に対応する不等式を得る．更に，(1.4.24) に対応し，仮定 (4.4.17) のもとに，

$$\frac{L'}{L}(s,\chi) = \sum_\rho \frac{1}{s-\rho} + O(\log qT), \quad -1 < \sigma < 2, \tag{4.4.22}$$

を得る．但し，和は $|T - \mathrm{Im}\, \rho| \leq 1$ に制限されている．これより，

$$S(T,\chi) \ll \log qT. \tag{4.4.23}$$

補題の証明を終わる．

　ここで，後の目的を考慮し，補題 1.4 の応用である次の 2 補題を示しておく．

補題 4.6　ある絶対常数 $c > 0$ が存在し，任意の原始指標 $\chi \bmod q$, $q \geq 3$, について，

$$\begin{aligned}\frac{L'}{L}(s,\chi) &= \frac{1}{s - \beta_1} + O(\log q(|t|+1)), \\ \sigma &> 1 - \frac{c}{\log q(|t|+1))}, \ t \in \mathbb{R}.\end{aligned} \tag{4.4.24}$$

但し，例外零点 β_1, $1 - c(\log q)^{-1} < \beta_1 < 1$, が存在せぬ場合には右辺の第 1 項は現れない．

　[証明]　これは (1.4.37) の拡張である．定理 4.3 を念頭におき，β_1 が存在す

るならば函数 $L(s,\chi)(s-\beta_1)^{-1}$ に，存在せぬならば函数 $L(s,\chi)$ に補題 1.4 (C) を適用すれば済む．

補題 4.7 点 $1+it$ を中心とし半径 τ の円盤に含まれる $L(s,\chi)$, $\chi \bmod q$, の零点の個数は $O(\tau \log q(|t|+1))$ である．但し $(\log q(|t|+1))^{-1} \leq \tau \leq \frac{1}{2}$, 且つ $t \in \mathbb{R}$ は任意である．

[証明] 単位指標つまり $\zeta(s)$ の場合は省略する．補題 1.4 (A) により，$w = 1 + \tau + it$ について

$$\frac{L'}{L}(s,\chi) = \sum_{|w-\rho|\leq 1} \frac{1}{s-\rho} + O(\log q(|t|+1)), \quad |s-w| \leq \frac{1}{2}. \qquad (4.4.25)$$

そこで，$s = w$ とし，$(L'/L)(w,\chi) \ll \tau^{-1}$ に注意し

$$\operatorname{Re} \sum_{|w-\rho|\leq 1} \frac{1}{w-\rho} \ll \log(q(|t|+1)). \qquad (4.4.26)$$

和を $|w-\rho| \leq 3\tau$ に制限し証明を終わる．

4.5 素数定理 IV

定理 1.3 を算術級数に拡張する．その後に，例外零点について考察を深め，定理 1.4 の拡張を行う．

函数 $\psi(x)$ にならい，

$$\psi(x,\chi) = \sum_{n<x} \chi(n)\Lambda(n) \qquad (4.5.1)$$

を導入する．明示式 (1.5.7) を $\psi(x,\chi)$ へ拡張することを考察するが，その際 $\chi \bmod q$ は原始的と仮定してよい．何故ならば，分解 (4.1.6) により

$$|\psi(x,\chi) - \psi(x,\chi^*)| \leq \nu(q) \log x. \qquad (4.5.2)$$

但し，$\nu(q)$ は q の相異なる素因数の個数である．自明な評価 $\nu(q) \leq \log q / \log 2$ に注意しておく．

定理 4.4 条件 $2 \leq T \leq x$, $(q,l) = 1$, のもとに一様に

$$\psi(x;q,l) = \frac{x}{\varphi(q)} - \chi_1(l)\frac{x^{\beta_1}}{\varphi(q)\beta_1} - \frac{1}{\varphi(q)}\sum_{\chi \bmod q}\overline{\chi}(l)\sum_{\substack{\rho \neq \beta_1, 1-\beta_1 \\ |\gamma|<T}}\frac{x^\rho}{\rho}$$

$$+ O\Big(\frac{x^{1-\beta_1}}{\varphi(q)}\log x + \frac{x}{T}(\log qxT)^2\Big). \tag{4.5.3}$$

但し，χ_1 は法 q に関する例外実指標であり $L(\beta_1, \chi_1) = 0$, $1 - c(\log q)^{-1} < \beta_1 < 1$. もしも χ_1 が存在せぬならば，β_1 を含む項は現れない．

[証明] 次を示せば済む．原始指標 $\chi \bmod q$, $q \geq 3$, 及び $2 \leq T \leq x$ に対し一様に

$$\psi(x,\chi) = -\frac{x^{\beta_1}}{\beta_1} - \sum_{\substack{\rho \neq \beta_1, 1-\beta_1 \\ |\gamma|<T}}\frac{x^\rho}{\rho} + O\Big(x^{1-\beta_1}\log x + \frac{x}{T}(\log qxT)^2\Big). \tag{4.5.4}$$

勿論，β_1 を含む項は $\chi = \chi_1$ なる場合にのみ現れる．定理 1.3 の証明とほぼ同様ではあるが，例外零点に関する部分の議論を慎重にせねばならない．先ず，(1.5.3)–(1.5.5) にならい，$x = [x] + \frac{1}{2}$ とし，

$$\psi(x,\chi) = -\frac{1}{2\pi i}\int_{a-iT}^{a+iT}\frac{L'}{L}(s,\chi)x^s\frac{ds}{s} + O\Big(\frac{x}{T}(\log x)^2\Big). \tag{4.5.5}$$

但し，$a = 1 + (\log x)^{-1}$ 且つ T は

$$\frac{L'}{L}(\sigma \pm iT, \chi) \ll (\log qT)^2, \quad -1 < \sigma < a, \tag{4.5.6}$$

を充たすものとしてよい．これは，(4.4.21)–(4.4.22) により保証される．また，(1.5.4) の拡張として，自明な零点の近傍を除けば

$$\frac{L'}{L}(s,\chi) \ll \log q|s|, \quad \sigma \leq -1. \tag{4.5.7}$$

そこで，表示 (4.5.5) にて積分路を $-\infty$ に向けて平行移動し，

$$\psi(x,\chi) = -\sum_{\substack{\rho \\ |\gamma|<T}}\frac{x^\rho}{\rho} - (1-\epsilon_\chi)\log x - \eta(\chi)$$

$$+ \sum_{m=1}^{\infty}\frac{x^{\epsilon_\chi - 2m}}{2m - \epsilon_\chi} + O\Big(\frac{x}{T}(\log qxT)^2\Big) \tag{4.5.8}$$

を得る．ここに，ϵ_χ は定理 4.2 におけると同様であり，

$$\frac{L'}{L}(s,\chi) = \frac{1-\epsilon_\chi}{s} + \eta(\chi) + O(|s|), \quad s \to 0. \tag{4.5.9}$$

従って, 条件 $x = [x] + \frac{1}{2}$ のもとに,

$$\psi(x,\chi) = -\lim_{T\to\infty} \sum_{\substack{\rho \\ |\gamma|<T}} \frac{x^\rho}{\rho} - (1-\epsilon_\chi)\log x - \eta(\chi)$$
$$- \frac{1}{2}\log(1-x^{-2}) + \epsilon_\chi \log(1+x^{-1}). \tag{4.5.10}$$

勿論, これは (1.5.8) の拡張である. 一方, 式 (4.3.11) より,

$$\eta(\chi) = -2\sum_\rho \frac{1}{\rho(2-\rho)} + O(1)$$
$$= -\sum_{|\gamma|<1} \frac{1}{\rho} + O(\log q). \tag{4.5.11}$$

下行は (4.4.21) による. つまり, 上記の x, T に対する条件を取り払い, 単に $2 \leq T \leq x$ のもとに一様に

$$\psi(x,\chi) = -\sum_{\substack{\rho \\ |\gamma|<T}} \frac{x^\rho}{\rho} + \sum_{|\gamma|<1} \frac{1}{\rho} + O\Big(\frac{x}{T}(\log qxT)^2\Big). \tag{4.5.12}$$

ここで, χ が例外実指標であるならば,

$$-\frac{x^{1-\beta_1}}{1-\beta_1} + \frac{1}{1-\beta_1} \ll x^{1-\beta_1}\log x \tag{4.5.13}$$

及び (4.4.21) に注意し, 証明を終わる.

明示式 (4.5.3) にて $T = \exp((\log x)^{1/2})$ とし, 表示 (4.1.12) を経由し, 「Landau–Page の素数定理」を得る. 即ち, 絶対常数 $c > 0$ が存在し, 条件 $q \leq \exp((\log x)^{1/2})$, $(q,l) = 1$ のもとに, 一様に

$$\pi(x;q,l) = \frac{1}{\varphi(q)}\int_2^x \frac{du}{\log u} - \frac{\chi_1(l)}{\varphi(q)}\int_2^x \frac{\xi^{\beta_1-1}}{\log \xi}d\xi$$
$$+ O(x\exp(-c(\log x)^{1/2})). \tag{4.5.14}$$

但し, 指標 χ_1 及び零点 β_1 は, $L(\beta_1,\chi_1) = 0$, $1 - (\log x)^{-1/2} < \beta_1 < 1$ なる意味にて例外とされる. これは定理 1.4 の算術級数への拡張である. しかし,

その価値は理論的な面に限られ，実際的な応用価値は低いものと言わざるを得ない．勿論これは例外零点の位置についての知見を欠く故である．次の「Siegel の定理」はこの欠落を相当に補うものである．

定理 4.5 任意に与えられた $\varepsilon > 0$ に対し常数 $c(\varepsilon) > 0$ が存在し，全ての実指標 $\chi \bmod q$ につき一様に

$$L(s,\chi) \neq 0, \quad s < 1 - \frac{c(\varepsilon)}{q^\varepsilon}. \tag{4.5.15}$$

[証明] ある実指標 $\psi \bmod q_0$ について，$L(\beta_0,\psi) = 0$, $1 - \frac{1}{10}\varepsilon < \beta_0 < 1$, と仮定する．もしもその様な指標が存在せぬならば，勿論議論の必要は無い．任意の原始実指標 $\chi \bmod q$, $q > q_0$, を採り，定義 (4.1.15) のもとに函数

$$\begin{aligned} H(s) &= \sum_{n=1}^{\infty} \frac{a(n,\chi)a(n,\psi)}{n^s} \\ &= \frac{\zeta(s)L(s,\chi)L(s,\psi)L(s,\chi\psi)}{L(2s,\chi\psi)} \end{aligned} \tag{4.5.16}$$

を考察する．以後，q は充分大とし，q_0, β_0 は共に定数とみなす．点 $s = 2$ の近傍にて

$$\begin{aligned} H(s) &= \sum_{j=0}^{\infty} b_j (2-s)^j, \\ b_j &= \frac{1}{j!}\sum_{n=1}^{\infty} \frac{a(n,\chi)a(n,\psi)}{n^2}(\log n)^j. \end{aligned} \tag{4.5.17}$$

更に，$|s - 2| < 3/2$ のとき

$$\begin{aligned} H(s) - \frac{\tau}{s-1} &= \sum_{j=0}^{\infty}(b_j - \tau)(2-s)^j, \\ \tau &= \frac{L(1,\chi)L(1,\psi)L(1,\chi\psi)}{L(2,\chi\psi)}. \end{aligned} \tag{4.5.18}$$

何故ならば，示された領域にて左辺は正則である．そこで，(4.3.4) に注意のうえ，左辺と円周 $|s-2| = \frac{4}{3}$ に Cauchy の積分表示式を応用し，$|b_j - \tau| \ll \left(\frac{3}{4}\right)^j q$, $j \geq 1$. 整数 M は後に定めるものとし，領域 $|s-2| \leq \frac{10}{9}$ にて

$$H(s) - \frac{\tau}{s-1} = \sum_{j=0}^{M-1} (b_j - \tau)(2-s)^j + O((5/6)^M q). \tag{4.5.19}$$

ここで, $b_0 = H(2) \geq 1$, $b_j \geq 0$ に注意し, 区間 $\frac{8}{9} < s < 1$ にて

$$\begin{aligned} H(s) &\geq 1 - \frac{\tau}{1-s}(2-s)^M + O((5/6)^M q) \\ &\geq \frac{1}{2} - \frac{\tau}{1-s} q^{6(1-s)}, \quad M = 6\log q. \end{aligned} \tag{4.5.20}$$

一方, 同区間にて $H(\beta_0) = 0$. つまり, $\tau > \frac{1}{2}(1-\beta_0)q^{-6(1-\beta_0)}$. これより, $L(1, \chi\psi) \ll \log q$ に注意し,

$$L(1, \chi) \gg q^{-4\varepsilon/5}. \tag{4.5.21}$$

然るに, 函数 $L(s, \chi)$ が零点 $\beta > 1 - (\log q)^{-1}$ を有するならば, 再び (4.3.4) に注意し,

$$\begin{aligned} L(1, \chi) &= \frac{1}{2\pi i} \int_{\beta}^{1} \int_{|w-1|=2/\log q} \frac{L(w, \chi)}{(w-\eta)^2} dw d\eta \\ &\ll (1-\beta)(\log q)^2. \end{aligned} \tag{4.5.22}$$

定理の証明を終わる.

定理 4.5 から次の「Siegel–Walfisz の素数定理」が直ちに従う.

定理 4.6 （素数定理 IV） 任意に与えられた $A > 0$ に対し定数 $c(A) > 0$ が存在し, 条件

$$q \leq (\log x)^A, \quad (q, l) = 1, \tag{4.5.23}$$

のもとに一様に

$$\psi(x; q, l) = \frac{x}{\varphi(q)} + O(x \exp(-c(A)(\log x)^{1/2})), \tag{4.5.24}$$

$$\pi(x; q, l) = \frac{1}{\varphi(q)} \mathrm{li}(x) + O(x \exp(-c(A)(\log x)^{1/2})). \tag{4.5.25}$$

[証明] 定理 4.4 にて $T = \exp((\log x)^{1/2})$, 定理 4.5 にて $\varepsilon = (2A)^{-1}$ とおき, (4.4.21) を用いれば済む.

定理 4.5 における $c(\varepsilon)$ は存在のみが証明された常数である．つまり，上記の議論は個々の ε に対し $c(\varepsilon)$ の値を定める手段を与えるものではない．また，個々の A に対し定理 4.6 における $c(A)$ の値を与えるものではない．この状況を根本的に改善する「例外零点非存在」，即ち，具体的な数値 $c > 0$ をもって

$$\text{全ての原始指標 } \chi \bmod q, \ q \geq 3, \text{ につき}$$
$$L(s, \chi) \neq 0, \quad 1 - \frac{c}{\log q} < s < 1, \tag{4.5.26}$$

なる主張の証明は数論にて焦眉の問題である．勿論，原始実指標 χ について $L(1, \chi)$ の下からの鋭い評価を求めることと同義である．しかし，素数分布論から観るとき，次の事実を実質的に凌ぐ結果は未だ得られていない．

補題 4.8 絶対常数 $c_0 > 0$ が存在し，任意の原始実指標 $\chi \bmod q$, $q \geq 3$, について，

$$L(1, \chi) \geq \frac{c_0}{q^{1/2}}. \tag{4.5.27}$$

[注意] 従って，(4.4.10) は

$$1 - \frac{c}{\log Q} < \beta < 1 - \frac{c_0}{Q^{1/2}(\log Q)^2} \tag{4.5.28}$$

と多少精密化される．実際，$L(1, \chi) \ll (1 - \beta) L'(\sigma_1, \chi_1)$, $\beta < \sigma_1 < 1$, であり，$L'(\sigma_1, \chi)$ の評価は (4.3.4) に Cauchy の積分表示式を応用すればよい．

[証明] 充分大なる X をもって積分

$$\frac{1}{2\pi i} \int_{(2)} \zeta(s) L(s, \chi)((2X)^s - X^s) \Gamma(s) ds \tag{4.5.29}$$

を考察する．評価 (4.3.4) に再度注意のうえ積分路を $(-\frac{1}{2})$ に移動し，

$$\sum_{n=1}^{\infty} a(n, \chi)(e^{-n/(2X)} - e^{-n/X})$$
$$= L(1, \chi) X + \frac{1}{2\pi i} \int_{(-\frac{1}{2})} \zeta(s) L(s, \chi)((2X)^s - X^s) \Gamma(s) ds. \tag{4.5.30}$$

ここに，$a(n, \chi)$ は (4.1.15) の通り．左辺にては，$a(n, \chi) \geq 0$ 且つ $a(n^2, \chi) \geq 1$. 右辺にては，(4.3.7) により，$L(-\frac{1}{2} + it, \chi) \ll q(|t| + 1)$ である．つまり，

$$X^{1/2} \ll L(1,\chi)X + qX^{-1/2}. \tag{4.5.31}$$

よって，充分大なる常数 b をもって $X = bq$ とするならば，(4.5.27) が従う．証明を終わる．

ここで,「拡張された Riemann 予想」について述べておくべきであろう．これは，(4.5.26) よりも遥かに強い次の主張である．

$$\text{全ての指標について} \quad L(s,\chi) \neq 0, \quad \sigma > \frac{1}{2}. \tag{4.5.32}$$

この予想のもとに，(4.5.3) から，$q \leq x$, $(q,l) = 1$, について一様に

$$\psi(z;q,l) = \frac{x}{\varphi(q)} + O(x^{1/2}(\log x)^2), \tag{4.5.33}$$

$$\pi(z;q,l) = \frac{1}{\varphi(q)}\mathrm{li}(x) + O(x^{1/2}\log x), \tag{4.5.34}$$

が従うことは見易い．特に，q を充分大とするならば，(1.6.5) に対応し，

$$\text{公差 } q \text{ の算術級数中の最小素数は } q^{2+\varepsilon} \text{ 以下である} \tag{4.5.35}$$

と予想される．

然るに，零点密度理論を Dirichlet L-函数に拡張するならば，予想 (4.5.32) を「統計的」には回避でき，算術級数中の素数分布につき目覚ましい帰結が得られるのである．それは第 8 章の主たる目的とするところである．定理 4.6 が重要な手段の一つとなる．

4.6　付　　　記

Dirichlet は解析的整数論の始祖とされる．彼自身による素数定理 (4.1.2) の証明 [41] は，それ自体極めて解析的な類数公式（下記 (4.6.1)）を経由するものであり，確かに見事な解析学的手段の活用である．

定理 4.1 の証明は Ingham ([18, Sec. 3.4]) に範を採ったものである．正係数 Dirichlet 級数の収束座標に関する事実は，簡明且つ直裁な「Landau の補

題」であるが,例えば [19, Sec. 9.2] をみよ. 類数公式を (4.1.2) の礎と喧伝する必要は無い.

任意の原始実指標 χ の法は何らかの 2 次体の判別式 D をもってその絶対値に等しい. この 2 次体の類数を $h(D)$ とするならば,Dirichlet の類数公式により

$$|D|^{1/2}L(1,\chi) = \begin{cases} (2\pi/w_D)h(D) & D<0, \\ (\log \epsilon_D)h(D) & D>0. \end{cases} \quad (4.6.1)$$

但し,w_D, ϵ_D は各々の体に含まれる 1 の冪根の個数及び基本単数である. 従って,原始実指標 $\chi \bmod q$, $q \geq 3$, について

$$L(1,\chi) > \frac{1}{2q^{1/2}}. \quad (4.6.2)$$

しかし,(4.5.27) をもって本書の目的には充分である. 類数公式 (4.6.1) については,Landau [8, Teil 4] に秀逸な記述がある. 補題 4.8 の証明の初出は不明である. 注目すべきは,原始実指標と 2 次体との関係をも必要とせぬことである. 評価 (4.5.28) は第 9.3 節にて援用される.

Goldfeld の着想 [46] に端を発する「Gauss の類数問題」の解決は感銘深いものである. それは,(4.5.27) 或は (4.6.2) の改良を与える. しかし,上記の文脈にては素数分布論への影響は無い.

第 4.3 節の内容は $\zeta(s)$ についての同様の議論の反復であるが,一点 (4.3.13) においてのみ新たに「Jensen の公式」[19, Sec. 3.61] を必要としている. 補題 4.7 を,ときに「零点密度補題」とする. 実は (4.3.13) や (4.4.21) は容易いわけである. 補題 4.7 は定理 9.3 の証明にて必要となる.

L-函数の非消滅領域については,例外指標存在の可能性から生じる煩瑣な状況を除けば,函数 $\zeta(s)$ の場合と大差は無い. このことは素数定理 (4.5.14) についても同様である. しかし,問題 (4.5.26) への手がかりは全くの未知である. 第 9.4 節に多少の考察を述べてある.

Siegel [99] による定理 4.5 は理論的応用には極めて有用であるが,存在性定理であり不完全なものとせざるを得ない. 上記の証明は Estermann [42] によるものである. なお,Linnik 現象 (9.3.1) は定理 4.5 を含む.

第5章 篩法 I

5.1 Brun の着想

「篩と素数分布」なる主題を念頭に以下巻末にいたるまで論述する．篩法は遠く古代シュメールの「因数表」に源を持つ．この類い稀に伝統的な手法は，前世紀初頭に至り Brun の根源的な着想を得て飛躍をなし，その後まことに目覚ましい発展を遂げたのである．

本章にては大略 Brun の考察に沿い議論を進めるが，それ故先ずは前3世紀 Eratosthenes によりまとめられた因数表作成術をとり上げる．任意に $z > 2$ を定め，z より小なる全ての素数を予め手許に置く．これらを順次取り出し，それにて割り切れる自然数全てに印しを付けるものとする．操作の後，z^2 より小なる全ての自然数の相異なる素因数が確定し，印し無きものは1であるか区間 $[z, z^2)$ に入る素数である．それら整数は2個以上の素因数を有し得ないからである．これを周知の素数表作成術としてみるならば，篩操作の後に表の大きさは z から z^2 まで一挙に拡大する．従って，手法として強力かと映るであろう．しかしながら，「量」つまり篩い残された整数の個数を知ることを考慮するならば，実際は後に示す理由によりその価値を失う．

Brun はこの欠点を除去することに挑み篩理論の開祖となったのである．彼の着想の興りをみるために，

$$P(z) = \prod_{p<z} p \tag{5.1.1}$$

とする．整数 n が z より小なる素因数を含まぬことは $(n, P(z)) = 1$ と勿論同義である．従って，その様な事象の特性函数は，

$$\sum_{d|(n,P(z))} \mu(d) \tag{5.1.2}$$

と表現できる．ここに，μ は Möbius 函数である．これは，上記の印しを付ける作業と符合する．実際，整数 n に付けられた印しの個数を r とするならば，(5.1.2) の値は $(1-1)^r$ となる．故に，(5.1.2) を「Eratosthenes の篩」と同格な数論的函数と解釈することができる．そこで，$\mathcal{A}$ を有限な整数列とし

$$\mathcal{S}(\mathcal{A}, z) = \{n \in \mathcal{A} : (n, P(z)) = 1\} \tag{5.1.3}$$

とおくならば，

$$|\mathcal{S}(\mathcal{A}, z)| = \sum_{d|P(z)} \mu(d)|\mathcal{A}_d|,$$
$$\mathcal{A}_d = \{n \in \mathcal{A} : n \equiv 0 \bmod d\}. \tag{5.1.4}$$

よって，$|\mathcal{S}(\mathcal{A}, z)|$ を知るには各 $|\mathcal{A}_d|$ を知らねばならぬが，次の定式化が一般に採られる．任意の整数 $d \geq 1$ について

$$|\mathcal{A}_d| = \frac{\omega(d)}{d} X + R_d, \quad \omega(d) \geq 0. \tag{5.1.5}$$

但し，ω は乗法的函数である．項 $(\omega(d)/d)X$ を「近似値」，R_d を「残余」とみる．特に，$d = 1$ とするならば，X は $|\mathcal{A}|$ への近似である．項 R_d は個別に或は何らかの平均的な意味にて小なる量と仮定されるべきものである．式 (5.1.4) に (5.1.5) を挿入し，

$$|\mathcal{S}(\mathcal{A}, z)| = V(z, \omega) X + R(\mathcal{A}, z). \tag{5.1.6}$$

ここに，

$$V(z, \omega) = \prod_{p<z}\left(1 - \frac{\omega(p)}{p}\right), \quad R(\mathcal{A}, z) = \sum_{d|P(z)} \mu(d) R_d. \tag{5.1.7}$$

しかし，等式 (5.1.6) は実際上の意味を殆ど有しない．

例として，与えられた区間内の素数の個数を求める場合を観察する．変数 x, y を充分大とし，

$$\mathcal{A} = \{n : x - y \leq n < x\}, \quad y \leq \frac{1}{2}x, \tag{5.1.8}$$

とする．このとき，

$$\omega \equiv 1, \quad X = y, \quad R_d = \left[-\frac{x-y}{d}\right] - \left[-\frac{x}{d}\right] - \frac{y}{d}. \tag{5.1.9}$$

等式 (5.1.6) から

$$\pi(x) - \pi(x-y) = V(x^{1/2}, 1)y + R(\mathcal{A}, x^{1/2}) + O(1). \tag{5.1.10}$$

漸近式 (1.5.13) 或は (1.5.24) に注意し，

$$\pi(x) - \pi(x-y) = 2e^{-c_E}(1 + o(1))\frac{y}{\log x} + R(\mathcal{A}, x^{1/2}). \tag{5.1.11}$$

然るに，素数定理 (1.5.9) の示唆するところは，

$$\pi(x) - \pi(x-y) = (1 + o(1))\frac{y}{\log x}. \tag{5.1.12}$$

つまり一般に

$$R(\mathcal{A}, x^{1/2}) \sim (1 - 2e^{-c_E})\frac{y}{\log x} \tag{5.1.13}$$

と推測される．ここに，$1 - 2e^{-c_E} = -0.12\ldots$ 従って，(5.1.11) の右辺の 2 項は共に主項とも残余項とも言えない．この事実を $R(\mathcal{A}, x^{1/2})$ の定義そのものから直接に示すことは困難である．

別の例として，x より小なる双子素数の個数

$$\pi_2(x) = \sum_{\substack{p<x \\ p+2: 素数}} 1 \tag{5.1.14}$$

を求めることを考える．この場合は，数列

$$\mathcal{A} = \{n(n+2) : 3 \leq n < x - 2\} \tag{5.1.15}$$

を考察すればよい．実際，$(n(n+2), P(x^{1/2})) = 1$ であるならば，$n, n+2$ は共に素数である．つまり，

$$|\mathcal{S}(\mathcal{A}, x^{1/2})| = \pi_2(x) + O(x^{1/2}). \tag{5.1.16}$$

ここでは，$\omega(2) = 1$, $\omega(p) = 2$, $p \geq 3$, である故，

$$V(z,\omega) = \frac{1}{2}\prod_{3\leq p<z}\left(1-\frac{2}{p}\right)$$
$$= 2\prod_{p<z}\left(1-\frac{1}{p}\right)^2\prod_{3\leq p<z}\left(1-\frac{1}{(p-1)^2}\right). \qquad (5.1.17)$$

即ち,
$$\pi_2(x) = 8e^{-2c_E}(1+o(1))\frac{x}{(\log x)^2}\prod_{p\geq 3}\left(1-\frac{1}{(p-1)^2}\right)$$
$$+ R(\mathcal{A}, x^{1/2}). \qquad (5.1.18)$$

一方,「Hardy–Littlewood 予想」によれば,
$$\pi_2(x) \sim \frac{2x}{(\log x)^2}\prod_{p\geq 3}\left(1-\frac{1}{(p-1)^2}\right). \qquad (5.1.19)$$

ここで, $8e^{-2c_E} = 2.52\ldots$. つまり, (5.1.11) と同様に (5.1.18) の右辺の 2 項は共に主項とも残余項とも恐らくは言えない. 双子素数について (5.1.18) は有意味ではない, とせざるを得ない. この $R(\mathcal{A}, x^{1/2})$ を効果的に扱うことは (5.1.11) におけるよりも遥かに困難である.

上記 2 例における $R(\mathcal{A}, z)$ に関する困難は, これらの和の「長さ」つまり項数の過剰さに原因がある. 変数 z の増加と共に, 積 $P(z)$ の因数は巨大と成り得るが, 更にその個数は $2^{\pi(z)}$ と莫大である. 果してこれらの項の間に劇的な打ち消し合いのあることを検出できるのか. 問題の尋常ならざる困難さは明白である. ここに「Eratosthenes の篩」の限界がある. Brun はしかし極めて簡明な着想によりこの膠着を解いた. その核心は,「明示式 (5.1.2) を放棄し上下からの挟撃にて置き換え約数 d の制御を手中にする」にあった. つまり, 互いに素か否かという事象を正確に捉えることを止め, 篩の議論を不等式の世界に移行させたのである. 具体的には, 彼はつぎの事実を活用した. 任意の整数 $\ell \geq 0$ について

$$\sum_{\substack{d|(n,P(z))\\ \nu(d)\leq 2\ell+1}}\mu(d) \leq \sum_{d|(n,P(z))}\mu(d) \leq \sum_{\substack{d|(n,P(z))\\ \nu(d)\leq 2\ell}}\mu(d). \qquad (5.1.20)$$

但し, $\nu(d)$ は d の相異なる素因数の個数である. 実際, 自明な場合を除き,

$$\sum_{\substack{d|m \\ \nu(d)=\ell}} \mu(d) = (-1)^\ell \binom{\nu(m)}{\ell}$$

$$= (-1)^\ell \binom{\nu(m)-1}{\ell} - (-1)^{\ell-1}\binom{\nu(m)-1}{\ell-1} \quad (5.1.21)$$

より

$$\sum_{\substack{d|m \\ \nu(d)\leq\ell}} \mu(d) = (-1)^\ell \binom{\nu(m)-1}{\ell}. \quad (5.1.22)$$

これの絶対値は時として 1 よりも相当に大となる．一方，約数 d の大きさは高々 z^ℓ であり，$|\mathcal{A}|$ への近似 X と比較し小となし得る．不等式 (5.1.20) を「Brun の純正篩」という．

具体例にて効力をみるのがよい．そこで，双子素数予想の場合に純正篩を適用し，函数 $\pi_2(x)$ の上からの評価を考える．いま，$z \leq x^{1/2}$ 及び ℓ は後に定めるものとし，数列 (5.1.15) を用いるならば，

$$\pi_2(x) \leq |\mathcal{S}(\mathcal{A}, z)| + z$$
$$\leq x \sum_{\substack{d|P(z) \\ \nu(d)\leq 2\ell}} \frac{\mu(d)\omega(d)}{d} + \sum_{d\leq z^{2\ell}} \omega(d) + z. \quad (5.1.23)$$

ここで，$|R_d| \leq \omega(d)$ を用いた．約数の和，つまり (1.1.27) にて $k=2, l=1$ の場合と比較し，第 2 和は $O(\ell z^{2\ell} \log z)$．第 1 和と $V(z, \omega)$ の差は

$$-\sum_{\substack{d|P(z) \\ \nu(d)\geq 2\ell+1}} \frac{\mu(d)\omega(d)}{d} \ll 2^{-2\ell} \sum_{d|P(z)} \frac{2^{2\nu(d)}}{d}$$

$$\ll 2^{-2\ell} V(z, 1)^{-4}. \quad (5.1.24)$$

これらをまとめ，$z = \exp(\log x/(100 \log\log x))$, $\ell = [\log x/(4\log z)]$ と定めるならば

$$\pi_2(x) \ll x \left(\frac{\log\log x}{\log x}\right)^2. \quad (5.1.25)$$

つまり

$$\frac{\pi_2(x)}{\pi(x)} \ll \frac{(\log\log x)^2}{\log x} \tag{5.1.26}$$

を得る．双子素数は存在するとしても素数よりも遥かに出現の度合いが低い．この事実を (5.1.18) から導くことは絶望的である．「不正確な」(5.1.20) が，「正確な」(5.1.2) をもってしては到底叶わぬ結果をもたらすのである．刮目の事実であろう．

なお，Brun は後に (5.1.20) における約数 d の選択を組み合わせ論的な構成にて置き換え，評価

$$\pi_2(x) \ll \frac{x}{(\log x)^2} \tag{5.1.27}$$

を達成している．上記予想 (5.1.19) によれば最良評価である．この構成は「Brun の篩」と呼ばれるが，詳細は省略する．本章後記の「Rosser の篩」によることが賢明と思われる故である．

5.2 篩 問 題

ここで今後の議論にて目的とするところを示唆しておく．そのために Brun の構想を今日一般の流儀にて整理しておく必要がある．先ず，基本設定 (5.1.5) における函数 ω についてその平均的な値の存在を次の如く仮定する．常数 $\kappa > 0$ が存在し，任意の $2 < u < v$ について

$$\begin{aligned}\frac{V(u,\omega)}{V(v,\omega)} &= \prod_{u \leq p < v}\left(1 - \frac{\omega(p)}{p}\right)^{-1} \\ &= \left(\frac{\log v}{\log u}\right)^{\kappa}\left(1 + O((\log u)^{-1})\right).\end{aligned} \tag{5.2.1}$$

この κ を目下の篩問題の「次元」という．漸近式 (1.5.13) 乃至は (1.5.24) と較べるとよい．例えば，上記の双子素数についての議論では次元は 2 となる．次に，不等式 (5.1.20) は，何らかの「篩係数」$\{\rho_r(d)\}$，$\rho_r(1) = 1$，について不等式

$$\sum_{d|(n,P(z))}\mu(d)\rho_0(d) \leq \sum_{d|(n,P(z))}\mu(d) \leq \sum_{d|(n,P(z))}\mu(d)\rho_1(d) \tag{5.2.2}$$

を実現する一つの方法である，と解釈する．但し，

$$\rho_{r_1} \equiv \rho_{r_2}, \quad r_1 \equiv r_2 \bmod 2 \tag{5.2.3}$$

とする．設定 (5.1.5) により

$$V(z,\omega\,;\rho_0)X + R(\mathcal{A},z\,;\rho_0)$$
$$\leq |\mathcal{S}(\mathcal{A},z)| \leq V(z,\omega\,;\rho_1)X + R(\mathcal{A},z\,;\rho_1). \tag{5.2.4}$$

ここに，

$$\begin{aligned} V(z,\omega\,;\rho_r) &= \sum_{d|P(z)} \mu(d)\rho_r(d)\frac{\omega(d)}{d}, \\ R(\mathcal{A},z\,;\rho_r) &= \sum_{d|P(z)} \mu(d)\rho_r(d)R_d. \end{aligned} \tag{5.2.5}$$

なお，$r \equiv 0, 1 \bmod 2$ に従って，$|\mathcal{S}(\mathcal{A},z)|$ の「下からの評価」「上からの評価」を扱うと表現する．一方のみを考察することも当然あり得る．勿論，$V(z,\omega\,;\rho_r)X$ を「主項」，$R(\mathcal{A},z\,;\rho_r)$ を「残余項」と見立てる．残余項の制御に希望を持つためには，前節の経験から約数 d の大きさに制限を加えるべきである．そこで，

$$\rho_r(d) = 0, \quad d \geq D, \quad d|P(z), \tag{5.2.6}$$

とする．この D を篩係数の「水準」という．斯くして，

篩問題：　条件 (5.2.1) 及び (5.2.6) のもとに
優れた主項を与える篩係数を求める (5.2.7)

と定義する．「優れた」とはできる限り最適評価に近接すべし，との要求である．後に詳細を示すが，「一次元篩問題」つまり $\kappa = 1$ の場合には，上下共に最適評価を達成可能である．なお，

$$\text{残余項の評価は独立した問題とする.} \tag{5.2.8}$$

つまり，先ずは主項を定め，その後に残余項の評価に向かう．後者の状況により水準 D が定まる．勿論，D を大にとる程により多くの $P(z)$ の約数が篩操作に参加し，主項の精度は改善されることが期待される．これを目的として様々な解析的手法が応用されるのである．その内の主たるものが第 8.1 節にて扱わ

れる．一方，残余項の構造そのものの解析も目覚ましい貢献をする．この議論は第 10 章にて展開される．

「Brun の篩」における主定理を簡略して示す．証明は次節にて与えられるが，それは Brun 自身によるものに比較し簡易である．

定理 5.1 上記の条件の下に，$D = z^\tau$ とする．特性函数である篩係数 ρ_r が存在し，$z \to \infty$ のとき

$$V(z, \omega; \rho_r) = (1 + O(e^{-(\tau \log \tau)/2}))V(z, \omega). \qquad (5.2.9)$$

篩係数が $P(z)$ の約数の何らかの集合の特性函数に合致する，つまり $\rho_r(d)$ の値が 1, 0 である場合に，「組み合わせ論的篩」と呼ぶことがあるが，本章にてはその様な篩を扱う．但し，この呼称を用いる事は単に慣例である．一方，第 7 章にては，組み合わせ論的な篩係数の選択とは異なる篩法について議論する．

双子素数予想の場合に戻るが，定理 5.1 を援用するにあたり，例えば $z^\tau = x^{1/2}$ と z を定めることにより残余項は容易に無視できる．そこで，τ を充分大として

$$\left|\{n < x : p | n(n+2) \Rightarrow p \geq x^{1/2\tau}\}\right| \approx \frac{x}{(\log x)^2} \qquad (5.2.10)$$

と結論できる．これは，(5.1.27) をもたらすばかりではなく，素因数の個数が共に 2τ 以下となる自然数の組み $\{n, n+2\}$ が無限に存在することをも示している．斯く Brun は双子素数予想への最初の確実な接近を果たしたのである．「Brun の純正篩」にては上記 (5.1.24) にて $\ell = [25 \log \log x]$ つまり $\tau \approx \log \log x$ とせねばならないことに注意し，「Brun の篩」は格段に強力であると知る．同様の結論は「Goldbach 予想」についてももたらされる．与えられた偶数 N につき，数列 $\{n(N - n) : 3 \leq n \leq N - 3\}$ に定理 5.1 を適用すればよい．この場合，

$$V(z, \omega) = \prod_{\substack{p | N \\ p < z}} \left(1 - \frac{1}{p}\right) \prod_{\substack{p \nmid N \\ p < z}} \left(1 - \frac{2}{p}\right). \qquad (5.2.11)$$

従って，

$$\left|\{n \leq N-3 : p|n(N-n) \Rightarrow p \geq N^{1/2\tau}\}\right|$$
$$\approx \frac{N}{(\log N)^2} \prod_{\substack{p|N \\ p \geq 3}} \left(\frac{p-1}{p-2}\right). \tag{5.2.12}$$

つまり，充分大なる偶数は素因数の個数が共に 2τ 以下となる 2 個の自然数の和として表すことができる．

双子素数予想を一次元篩問題として考察することもできる．先ず，
$$E(x; q, l) = \pi(x; q, l) - \frac{1}{\varphi(q)}\mathrm{li}(x) \tag{5.2.13}$$
とおく．これを「算術級数素数定理の残余項」という．但し，実際に主項 $\mathrm{li}(x)/\varphi(q)$ より小となるか否かはここでは問わない．数列 $\mathcal{A} = \{p+2 : 3 \leq p < x\}$ に定理 5.1 を適用する．つまり，$X = \mathrm{li}(x); \omega(2) = 0; \omega(d) = d/\varphi(d)$, $2 \nmid d$, であり
$$V(z, \omega) = \prod_{3 \leq p < z} \left(1 - \frac{1}{p-1}\right)$$
$$= 2 \prod_{p < z}\left(1 - \frac{1}{p}\right) \prod_{3 \leq p < z}\left(1 - \frac{1}{(p-1)^2}\right). \tag{5.2.14}$$

従って $\kappa = 1$, 且つ $R_d = E(x; d, -2)$. 前記と同様に τ は充分大とし
$$|\mathcal{S}(\mathcal{A}, z)| = (1 + O(e^{-(\tau \log \tau)/2}))V(z, \omega) \cdot \mathrm{li}(x)$$
$$+ O\Big(\sum_{2 \nmid d \leq z^\tau} |E(x; d, -2)|\Big). \tag{5.2.15}$$

つまり状況が変わり，右辺の第 2 項の扱いが問題となる．そこで，仮に，
$$\sum_{q < Q} \max_{\substack{a \bmod q \\ (a,q)=1}} |E(x; q, a)| \ll \frac{x}{(\log x)^A}, \quad A \geq 3, \tag{5.2.16}$$
とする．このとき，p' もまた一般に素数を示すとし，
$$\left|\{p < x : p'|(p+2) \Rightarrow p' \geq Q^{1/\tau}\}\right| \approx \frac{x}{(\log Q)(\log x)}. \tag{5.2.17}$$

拡張された Riemann 予想 (4.5.32) を仮定するならば，$Q = x^{1/2}/(\log x)^{A+1}$ と採れ，$p+2$ の素因数の個数が高々 $2\tau + 1$ 個となる素数 p は無限に存在する，

という結論を得る．勿論，Goldbach 予想についても同様に議論できる．上記の Brun の結果と比較し，拡張された Riemann 予想の強力さを知る．

定理 5.1 は，これらの著明な問題ばかりではなく，素数分布論の内最も基本的な設問についてもつぎの通り目覚ましい結果を与える．

$$\pi(x) - \pi(x-y) \ll \frac{y}{\log y}, \quad 2 \leq y \leq x-2, \tag{5.2.18}$$

$$\pi(x;q,l) \ll \frac{x}{\varphi(q)\log(x/q)}, \quad 2 \leq q \leq x/2. \tag{5.2.19}$$

前者は容易である．後者については，勿論 $(q,l) = 1$ と仮定してよい．このとき数列

$$\mathcal{A} = \{n < x : n \equiv l \bmod q\} \tag{5.2.20}$$

について (5.1.5) は，$X = x/q, |R_d| \leq 1 ; \omega(p) = 0, \ p|q ; \omega(p) = 1, \ p \nmid q$, と読みとれる．特に，

$$V(z,\omega) = \prod_{\substack{p<z \\ p\nmid q}} \left(1 - \frac{1}{p}\right) \leq \frac{q}{\varphi(q)} V(z,1) \tag{5.2.21}$$

である．残余項の評価は，例えば $z^\tau = (x/q)^{1/2}$ とおけばよい．伝統的に，(5.2.19) を「Brun–Titchmarsh 定理」という．

実は，(5.2.18)–(5.2.19) の如く y, q につき極めて一様な評価を要求するならば，zeta-函数や L-函数等の解析的な手段は殆ど無力である．「拡張された Riemann 予想」等をもってしてもどの様に攻略すべきか現状では全くの不明である．Brun の斯くも初等的な方法がこの様な実りをもたらすとは真に驚くべきである．

5.3 Rosser の篩

Brun の着想，つまり篩問題を (5.2.7) の如く把握することが一般に共有されるに至るには Rosser による改良を待たねばならなかった．それは何よりも「一次元篩問題」解決への道を拓いたのである．つまり彼の篩係数は一般条件

$\kappa = 1$ のもとに「下から」「上から」共に最良評価を与える．しかもその構成は比較的に簡明である．以下,「Rosser の篩」特に「一次元篩」への帰結に至る流れを論述し, 合わせて定理 5.1 の証明を与える．既に導入された諸定義を流用する．但し, 数列 $\mathcal{A}$ の代わりに $\mathcal{S}(\mathcal{A}, z_0)$, $2 \leq z_0 < z$, を用いる．この様に先ずある z_0 まで篩を掛けておく理由は後に明らかになる．

有限集合内の与えられた部分集合の大きさを下から評価するには, その補集合の大きさを上から評価すればよい．つまり,「下からの評価」を得るには「上からの評価」を用いる．この基本原理の応用は Buchstab に始まる．集合 $\mathcal{S}(\mathcal{A}, z_0) \setminus \mathcal{S}(\mathcal{A}, z)$ の各元をその最小素因数にて分類し,

$$\mathcal{S}(\mathcal{A}, z_0) \setminus \mathcal{S}(\mathcal{A}, z) = \bigsqcup_{z_0 \leq p < z} \{a \in \mathcal{A}_p : p'|a \Rightarrow p \leq p'\}$$
$$= \bigsqcup_{z_0 \leq p < z} \mathcal{S}(\mathcal{A}_p, p). \tag{5.3.1}$$

従って,

$$|\mathcal{S}(\mathcal{A}, z)| = |\mathcal{S}(\mathcal{A}, z_0)| - \sum_{z_0 \leq p < z} |\mathcal{S}(\mathcal{A}_p, p)| \tag{5.3.2}$$

を得る．勿論, これは論理式の一種であるが, 篩理論にては「Buchstab の等式」という．特に $z_0 = 2$ とし,

$$|\mathcal{S}(\mathcal{A}, z)| = |\mathcal{A}| - \sum_{p < z} |\mathcal{S}(\mathcal{A}_p, p)|. \tag{5.3.3}$$

これを無限反復し (5.1.4) を得る．しかし, それは一般的には効力に欠ける．そこで, Brun は $P(z)$ の約数に制限を加える方式を考察した訳である．

さて, 制限を加えることはそれら約数に 0 または 1 なる重みを付加するに等しい．この観点から (5.1.4) を再構成する．先ず, η を $\eta(1) = 1$ なる任意の函数とし, (5.3.2) を

$$|\mathcal{S}(\mathcal{A}, z)| = |\mathcal{S}(\mathcal{A}, z_0)| - \sum_{z_0 \leq p < z} \eta(p)|\mathcal{S}(\mathcal{A}_p, p)|$$
$$- \sum_{z_0 \leq p < z} (1 - \eta(p))|\mathcal{S}(\mathcal{A}_p, p)| \tag{5.3.4}$$

と書く．これは次の等式にて $\ell = 1$ の場合である．

$$|\mathcal{S}(\mathcal{A},z)| = \sum_{\substack{d|P(z_0,z) \\ \nu(d)<\ell}} \mu(d)\rho(d)|\mathcal{S}(\mathcal{A}_d,z_0)| + (-1)^\ell \sum_{\substack{d|P(z_0,z) \\ \nu(d)=\ell}} \rho(d)|\mathcal{S}(\mathcal{A}_d,p(d))|$$
$$+ \sum_{\substack{d|P(z_0,z) \\ \nu(d)\leq\ell}} \mu(d)\sigma(d)|\mathcal{S}(\mathcal{A}_d,p(d))|. \tag{5.3.5}$$

但し，
$$P(z_0,z) = P(z)/P(z_0); \quad \rho(1)=1; \quad \sigma(1)=0. \tag{5.3.6}$$

且つ，素因数分解 $d = p_1 p_2 \cdots p_l$, $p_1 > p_2 > \cdots > p_l$, に対し $p(d) = p_l$ とし，

$$\begin{aligned}\rho(d) &= \eta(p_1)\eta(p_1 p_2)\cdots\eta(p_1 p_2 \cdots p_l), \\ \sigma(d) &= \rho(d/p(d)) - \rho(d) = \rho(d/p(d))(1-\eta(d)).\end{aligned} \tag{5.3.7}$$

等式 (5.3.5) を示すには，(5.3.4) にて $\mathcal{A} \mapsto \mathcal{A}_d$, $z \mapsto p(d)$, $\eta(p) \mapsto \eta(dp)$ と置き換え，その結果を (5.3.5) に挿入の上 $\ell \mapsto \ell+1$ となることをみれば済む．従って，$\ell > \pi(z)$ とし，(5.1.4) の拡張

$$|\mathcal{S}(\mathcal{A},z)| = \sum_{d|P(z_0,z)} \mu(d)\rho(d)|\mathcal{S}(\mathcal{A}_d,z_0)|$$
$$+ \sum_{d|P(z_0,z)} \mu(d)\sigma(d)|\mathcal{S}(\mathcal{A}_d,p(d))| \tag{5.3.8}$$

を得る．

次に，簡明のために条件
$$0 \leq \eta(d) \leq 1 \tag{5.3.9}$$

を課す．従って，$0 \leq \rho(d) \leq 1$, $0 \leq \sigma(d) \leq 1$ である．そして，$|\mathcal{S}(\mathcal{A},z)|$ の上下からのできる限り優れた評価を (5.3.8) より導くことを目的とする．先ず，右辺の第 2 和にて $(-1)^r \mu(d) = -1$ なる部分を棄て，$\nu(d)$ は (5.1.20) と同様とし，

$$(-1)^r \left\{ |\mathcal{S}(\mathcal{A}, z)| - \sum_{d | P(z_0, z)} \mu(d)\rho(d)|\mathcal{S}(\mathcal{A}_d, z_0)| \right\}$$
$$\leq \sum_{\substack{d | P(z_0, z) \\ \nu(d) \equiv r \bmod 2}} \sigma(d)|\mathcal{S}(\mathcal{A}_d, p(d))|. \tag{5.3.10}$$

然るに,ここで等号を保つ方法がある.つまり,$\sigma(d) = 0$, $\nu(d) \equiv r+1 \bmod 2$, とすればよい.それ故,

$$\eta(d) = 1, \quad \nu(d) \equiv r + 1 \bmod 2, \tag{5.3.11}$$

と設定する.この条件を充たす η を η_r とし,対応して ρ_r, σ_r を定義する.このとき

$$|\mathcal{S}(\mathcal{A}, z)| = \sum_{d | P(z_0, z)} \mu(d)\rho_r(d)|\mathcal{S}(\mathcal{A}_d, z_0)|$$
$$+ (-1)^r \sum_{d | P(z_0, z)} \sigma_r(d)|\mathcal{S}(\mathcal{A}_d, p(d))|. \tag{5.3.12}$$

約数函数 σ_α との混同はなかろう.右辺の第 2 和を棄てるならば,

$$(-1)^r \left\{ |\mathcal{S}(\mathcal{A}, z)| - \sum_{d | P(z_0, z)} \mu(d)\rho_r(d)|\mathcal{S}(\mathcal{A}_d, z_0)| \right\} \geq 0. \tag{5.3.13}$$

一方,(5.3.2) に対応し

$$V(z, \omega) = V(z_0, \omega) + \sum_{z_0 \leq p < z} \sum_{p'|d \Rightarrow p' < p} \mu(pd)\frac{\omega(pd)}{pd}$$
$$= V(z_0, \omega) - \sum_{z_0 \leq p < z} \frac{\omega(p)}{p} V(p, \omega). \tag{5.3.14}$$

従って,(5.3.4) に対応し

$$V(z, \omega) = V(z_0, \omega) - \sum_{z_0 \leq p < z} \eta(p)\frac{\omega(p)}{p} V(p, \omega)$$
$$- \sum_{z_0 \leq p < z} (1 - \eta(p))\frac{\omega(p)}{p} V(p, \omega). \tag{5.3.15}$$

これより (5.3.5) と同様に

$$V(z,\omega) = V(z_0,\omega) \sum_{\substack{d|P(z_0,z)\\ \nu(d)<\ell}} \mu(d)\rho(d)\frac{\omega(d)}{d}$$

$$+ (-1)^\ell \sum_{\substack{d|P(z_0,z)\\ \nu(d)=\ell}} \rho(d)\frac{\omega(d)}{d}V(p(d),\omega)$$

$$+ \sum_{\substack{d|P(z_0,z)\\ \nu(d)\leq\ell}} \mu(d)\sigma(d)\frac{\omega(d)}{d}V(p(d),\omega). \tag{5.3.16}$$

つまり，(5.3.12) に対応し

$$V(z,\omega) = V(z_0,\omega)V_0(z,\omega;\rho_r)$$

$$+ (-1)^r \sum_{d|P(z_0,z)} \sigma_r(d)\frac{\omega(d)}{d}V(p(d),\omega) \tag{5.3.17}$$

を得る．但し，

$$V_0(z,\omega;\rho_r) = \sum_{d|P(z_0,z)} \mu(d)\rho_r(d)\frac{\omega(d)}{d}. \tag{5.3.18}$$

以上にて，Brun の着想が援用されるのは不等式 (5.3.10) 及び (5.3.13) においてである．その他は論理等式の扱いにすぎない．そこで，何よりも，不等式 (5.3.13) を導くがために生じる損失をできる限り避けねばならない．このために，$|\mathcal{S}(\mathcal{A},z)|$ は z につき減少函数であることに注目する．即ち，(5.3.12) から (5.3.13) に進むにあたり，「$p(d)$ は数列 $\mathcal{A}_d$ に対し小」なる $|\mathcal{S}(\mathcal{A}_d,p(d))|$ を無為に棄てるならば，相対的に大きな損失を招く可能性大である．これを避けるには，その様な d につき $\sigma_r(d) = 0$ とすればよい．では如何にして斯く判定を為すのか．ここでは，$p(d) < (D/d)^{1/\beta}$ つまり $p(d)^\beta d < D$ のとき $p(d)$ は $\mathcal{A}_d$ に対し小である，とする．つまり，(5.3.11) に加えて

$$\eta_r(d) = \begin{cases} 1 & p(d)^\beta d < D, \\ 0 & p(d)^\beta d \geq D, \end{cases} \quad \nu(d) \equiv r \bmod 2, \tag{5.3.19}$$

と設定する．函数 ρ_r, σ_r, $r = 0, 1$, は各々次の集合の特性函数となる．

$$\mathcal{D}(\rho_r) = \{1\} \cup \left\{ d : p_1 p_2 \cdots p_{2k+r-1} p_{2k+r}^{\beta+1} < D,\ 1 \leq 2k+r \leq l \right\}, \tag{5.3.20}$$

$$\mathcal{D}(\sigma_r) = \left\{ d : \rho_r(d/p(d)) = 1,\ p_1 p_2 \cdots p_{l-1} p_l^{\beta+1} \geq D,\ l \equiv r \bmod 2 \right\}. \tag{5.3.21}$$

但し，d の素因数分解は (5.3.7) におけると同じであるとする．

値が大となる可能性のある項を (5.3.12) の第2和から排除すべく篩係数を選択する，という方針は自然である．しかし，その判定条件を記述するにあたり助変数 $D,\ \beta$ を導入することは唐突な印象を免れ得ない．実は，この設定の背後には「篩限界」なる概念が控えており，解説を後に与える．

以上の議論にて D 及び β は任意であるが，次の補題をもって「Rosser の篩」が導入される．

補題 5.1 条件
$$D \geq z, \quad \beta \geq 1 \tag{5.3.22}$$
のもとに，係数 $\{\rho_r(d)\}$ にて篩不等式 (5.2.2) 及び水準条件 (5.2.6) が成立する．

[証明] 不等式 (5.2.2) の成立は明白である．一方，$d|P(z)$ 且つ $d \geq D$ であるとき，$p_1 p_2 \cdots p_h < D \leq p_1 p_2 \cdots p_{h+1}$ となる $h < l$ が存在する．但し，l は (5.3.7) におけると同様．勿論，$D < p_1 p_2 \cdots p_{h+1}^{\beta+1}$．仮に，$h = 0$ とすると，$D \leq p_1 < z$ となり条件 (5.3.22) に反する．よって，$h > 0$．従って，$\beta \geq 1$ により，$D < p_1 p_2 \cdots p_h^2 \leq p_1 p_2 \cdots p_h^{\beta+1}$．つまり，(5.3.20) から $d \notin \mathcal{D}(\rho_r)$．証明を終わる．

注意すべきことであるが，D をより大，β をより小に取る程に集合 $\mathcal{D}(\sigma_r)$ は縮小して行く．つまり (5.3.12) から (5.3.13) に移行する際の損失は減少すると期待される．

Rosser の篩の応用として，定理 5.1 の証明を与える．そのために
$$z_0 = 2, \quad D \geq z^2 \tag{5.3.23}$$
とし，不等式

$$\frac{1}{2}\Big(\frac{\beta-1}{\beta+1}\Big)^{\nu(d)/2} \log D < \log \frac{D}{d}, \quad d \in \mathcal{D}(\rho_r), \tag{5.3.24}$$

を示す. 再び d の素因数分解は (5.3.7) と同様とする. 先ず, $r=1$, $\rho_1(d)=1$ なる場合, $\nu(d)=2\ell$ であるならば,

$$p_{2j+2} < p_{2j+1} < \Big(\frac{D}{p_1 p_2 \cdots p_{2j}}\Big)^{1/(\beta+1)}, \quad 0 \le j \le \ell-1. \tag{5.3.25}$$

これより

$$\Big(1-\frac{2}{\beta+1}\Big) \log \frac{D}{p_1 p_2 \cdots p_{2j}} < \log \frac{D}{p_1 p_2 \cdots p_{2j+2}} \tag{5.3.26}$$

となり (5.3.24) の成立を知る. また, $\nu(d)=2\ell+1$ であるならば, (5.3.26) に加えて

$$\Big(1-\frac{1}{\beta+1}\Big) \log \frac{D}{p_1 p_2 \cdots p_{2\ell}} < \log \frac{D}{p_1 p_2 \cdots p_{2\ell+1}} \tag{5.3.27}$$

を用い,

$$\Big(1-\frac{1}{\beta+1}\Big)\Big(\frac{\beta+1}{\beta-1}\Big)^{1/2}\Big(\frac{\beta-1}{\beta+1}\Big)^{\nu(d)/2} \log D < \log \frac{D}{d}. \tag{5.3.28}$$

従って, 再び (5.3.24) を得る. 次に, $r=0$, $\rho_0(d)=1$ なる場合, $\nu(d)=2\ell+1$ であるならば,

$$p_{2j+3} < p_{2(j+1)} < \Big(\frac{D}{p_1 p_2 \cdots p_{2j+1}}\Big)^{1/(\beta+1)}, \quad 0 \le j \le \ell-1. \tag{5.3.29}$$

これより, (5.3.26) と同様に

$$\Big(\frac{\beta-1}{\beta+1}\Big)^{\ell} \log \frac{D}{p_1} < \log \frac{D}{d}. \tag{5.3.30}$$

条件 (5.3.23) により, $\log D/p_1 > \frac{1}{2} \log D$. 従って,

$$\frac{1}{2}\Big(\frac{\beta+1}{\beta-1}\Big)^{1/2}\Big(\frac{\beta-1}{\beta+1}\Big)^{\nu(d)/2} \log D < \log \frac{D}{d}. \tag{5.3.31}$$

つまり, (5.3.24) を得る. 更に, 残る $\nu(d)=2(\ell+1)$ の場合 (5.3.29) に加え

$$\Big(1-\frac{1}{\beta+1}\Big) \log \frac{D}{p_1 p_2 \cdots p_{2\ell+1}} < \log \frac{D}{p_1 p_2 \cdots p_{2(\ell+1)}}. \tag{5.3.32}$$

従って, (5.3.31) に代わり

$$\frac{1}{2}\Bigl(1-\frac{1}{\beta+1}\Bigr)\Bigl(\frac{\beta+1}{\beta-1}\Bigr)\Bigl(\frac{\beta-1}{\beta+1}\Bigr)^{\nu(d)/2}\log D < \log\frac{D}{d}. \tag{5.3.33}$$

以上により, (5.3.24) が示された.

さて, (5.3.17) の右辺第 2 項は, d を $\nu(d)$ の値にて分類し且つ (5.2.1) を想起し,

$$\ll V(z,\omega)\sum_{l=\ell}^{\infty}\frac{1}{l!}\Bigl(\frac{\log z}{\log q}\Bigr)^{\kappa}\Bigl(\sum_{q\le p<z}\frac{\omega(p)}{p}\Bigr)^{l}. \tag{5.3.34}$$

ここに, $q = \min_{\nu(d)=l} p(d)$, $\ell = \min \nu(d)$. 但し, $d|P(z)$ 且つ $\sigma_r(d) = 1$. 定義 (5.3.21) から $p(d)^{\beta}d \ge D = z^{\tau}$ となり

$$\tau - \beta \le \ell. \tag{5.3.35}$$

一方, $\rho_r(d/p(d)) = 1$ でもある. そこで, (5.3.24) を $d/p(d)$ に援用し,

$$\frac{1}{2}\Bigl(\frac{\beta-1}{\beta+1}\Bigr)^{(\nu(d)-1)/2}\log D < \log(D/d) + \log p(d)$$

$$\le (\beta+1)\log p(d). \tag{5.3.36}$$

つまり,

$$\frac{\log z}{\log q} < \frac{2\beta}{\tau}\Bigl(\frac{\beta+1}{\beta-1}\Bigr)^{l/2}. \tag{5.3.37}$$

また, (5.2.1) から,

$$\sum_{q\le p<z}\frac{\omega(p)}{p} \le \kappa\log\frac{\log z}{\log q} + O((\log q)^{-1}). \tag{5.3.38}$$

上記にては β は任意であるが, ここで

$$\beta = \frac{1}{3}\tau \tag{5.3.39}$$

とする. 勿論, τ は充分大. このとき, (5.3.35), (5.3.37), (5.3.38) から

$$\sum_{q\le p<z}\frac{\omega(p)}{p} \le 4\frac{\kappa l}{\tau}. \tag{5.3.40}$$

従って, (5.3.34) の和は

$$\ll \sum_{l=\ell}^{\infty} \frac{1}{l!}\left(5\frac{\kappa l}{\tau}\right)^l \ll \sum_{l=\ell}^{\infty}\left(5e\frac{\kappa}{\tau}\right)^l$$

$$\ll \exp(-\ell \log(\tau/5e\kappa)). \tag{5.3.41}$$

定理 5.1 の証明を終わる.

ここで,Rosser による篩係数の構成 (5.3.19) に関して「篩限界」の簡略な説明を試みる.先ず,

$$\sum_{\substack{d<D \\ d|P(z)}} |R_d| = o(XV(z,\omega)) \tag{5.3.42}$$

なる $D>0$ の存在,という条件を課すことは一般的には自然である.水準条件 (5.2.6) の由来の一つである.不等式 (5.3.13), $r=0$, $z_0=2$, から

$$|\mathcal{S}(\mathcal{A},z)| \geq XV(z,\omega)\{U_\omega(D,z;\rho_0) - o(1)\}. \tag{5.3.43}$$

但し,$V(z,\omega)U_\omega(D,z;\rho_0) = V_0(z,\omega;\rho_0)$ であり,ρ_r は (5.3.18) までに課せられた条件を充たす以外には未だ任意とする.勿論,$|\mathcal{S}(\mathcal{A},z)| \geq 0$ である故,

$$T_\omega(D,z;\rho_0) = \max\{0, U_\omega(D,z;\rho_0)\} \tag{5.3.44}$$

とし,より正確には

$$|\mathcal{S}(\mathcal{A},z)| \geq XV(z,\omega)\{T_\omega(D,z;\rho_0) - o(1)\}. \tag{5.3.45}$$

等式 (5.3.17), $r=0$, $z_0=2$, から,

$$1 \geq T_\omega(D,z;\rho_0) \geq 0. \tag{5.3.46}$$

そこで,

$$\varphi_\kappa(D,z) = \inf_\omega \sup_\eta T_\omega(D,z;\rho_0) \tag{5.3.47}$$

とおく.ここに,ω は (5.2.1) を充たし,η は (5.3.9), (5.3.11), $r=0$, に加えて (5.2.6) を念頭に

$$\eta(d) = 0, \quad d \geq D, \quad d|P(z), \tag{5.3.48}$$

を充たすものとする. 明らかに,

$$|\mathcal{S}(\mathcal{A}, z)| \geq XV(z, \omega)\{\varphi_\kappa(D, z) - o(1)\}. \tag{5.3.49}$$

勿論, $\varphi_\kappa(D, z) > 0$ となる D, z にのみ意味がある故,

$$\alpha_\kappa(D) = \inf\left\{s : \varphi_\kappa(D, D^{1/s}) > 0\right\} \tag{5.3.50}$$

を考察する. 定理 5.1 により, $D \to \infty$ なるとき $\alpha_\kappa(D)$ は有界である. これは但し同語反覆ではない. 定理 5.1 の上記証明にては Rosser の篩が用いられているが, 既に注意した様に漸近式 (5.2.9) は「Brun の篩」により独立に証明されるからである. そこで更に,

$$\beta_\kappa = \limsup_{D \to \infty} \alpha_\kappa(D) \tag{5.3.51}$$

を考察する. 仮に $s > \beta_\kappa$ であるならば, 充分大なる D につき $|\mathcal{S}(\mathcal{A}, D^{1/s})| > 0$ となる可能性を排除できない.

さて, (5.3.12) から (5.3.13) に進む段階に戻り, $|\mathcal{S}(\mathcal{A}_d, p(d))| > 0$ となる $\mathcal{A}$ が存在する可能性のある d については一般的には $\sigma_r(d) = 0$ とすべきである. 仮に $\mathcal{A}$ が条件

$$\sum_{\substack{h < D/d \\ d|P(z)}} |R_{hd}| = o\left(\omega(d)d^{-1}XV(p(d), \omega)\right) \tag{5.3.52}$$

を充たすものであるならば, $p(d) < (D/d)^{1/\beta_\kappa}$ となるとき, $|\mathcal{S}(\mathcal{A}_d, p(d))| > 0$. 斯くして, (5.3.19) に導かれる.

勿論, 以上は一般論の要求するところであり, 個々の篩問題により状況は異なり得る. 実際, 次元が 1 より大なる篩問題に対しては, Rosser の篩は最良評価を与えるものではない, と知られている.

5.4　付　　　記

「篩の方法」は, 名称は措き, 古代メソポタミアに源を発すると考えるのが自然であろう.「割り切れぬ数」への苛立とそれ故の慈しみは文明の原初からこの

かた決して失せることはなかった.

「篩問題」には素数「検出」と「個数」の 2 面がある. 本書にては専ら後者を考察している. Eratosthenes の篩は, 応用すべき問題によっては強力な手段と成り得る. 典型的な場合が Vinogradov, I.M., [22] による「三素数定理」の証明である. しかし, Vaughan [103] による簡易化を参照せよ. 定式化 (5.1.2) は Legendre (1808) による. Möbius 函数 (1832) による記法は後の慣行である.

不等式 (5.1.20) について. Brun [29] 以前に Merlin (1911) による未完の試みがあったが, 彼はこの事実に公正な言及をしている. Brun は素数検出に不等式を持ち込み古典論の厳格な枠組みを解きほぐした, と言えよう. 結果として, 量的には素数全体よりも遥かに狭い集合に双子素数全体を包みなお且つ具体的な評価をもたらした訳である. 尋常な着想で済む筈はない.

「等式」への執着を絶つことに二千年余を要した, とするのは極端であろうか. 完全無欠な存在であるべき素数の世界に不完全さを持ち込むという大胆さは当時は奇想であり, 広く受け入れられるまでに曲折があった. 古典的な見方からすればそれも頷ける. 時代の思潮と数学の流れは実は密接に関係している. あの頃, 神殿の崩壊が社会の様々な分野にて起きていたのであった. 対象とする個々のものや現象について輪郭の明晰さを諦めそれらを含む系全体の有様の記述を優先する「統計」思想の浸透である. 素数分布論がそれに浴した結果は本書の第 3, 7–10 章にあるとおりであり, 極めて大ではある. しかし, 古典的な峻厳さだけでは何故いけないのであろうか. 敬愛する友人がふと漏らした. 「等式には雑音も多量に含まれている」.

定義 (5.2.1) は唐突であろう. どの様な「平均」を考えるかは議論となる. これを省いた. 例えば Greaves [2, pp. 27–37] をみよ. 等式を不等式に置き換え可能である. しかし, 応用上は, (5.2.1) にて充分に一般的である. 篩を適用すべき各々の問題に対し固有の次元が存在する訳ではない. いかなる数列の中にてその問題を取り扱うかにより定まるのである. 双子素数予想の (5.2.13) 以下における扱いはその典型例である.

前提 (5.2.8) は, 残余項については当面触れず, という意味である. 勿論, 採

用された篩係数が残余項の評価を著しく困難とするものであれば元来無意味である．Brun は残余項についても触れた形式にて結果を述べている．しかし，現今にては，先ず主項を定めその後に残余項の扱いに向かう，という論法をとる．この様に問題を分ける理由は第 10 章に至り明らかとなろう．

「篩問題」と「整数列の算術級数中における分布」との関係の典型例を (5.2.13)–(5.2.17) にみる．つまり，篩を適用すべき各問題は「多くの」算術級数内における分布問題に分解される訳である．分解を余り微細に行うと，参加する法が巨大に成り得るため残余項の処理はより困難となる．また，比較的小なる法が主要な貢献をする．状況は加法的数論における基本手段である Hardy–Littlewood による「円の方法」に酷似する．「篩問題」と「Farey 級数」との関係である．これは第 7 章にてより篩法に直結した構造の中に現れる．「円の方法」とは「Circle Method」の訳である．例えば，Pracher [17, Kap. VI], Vaughan [21] をみよ．

論理式つまり自明な (5.3.2) を積極的に活用し，Brun の篩の改良に先鞭を付けたのは Buchstab [32] である．それ故，彼の名を冠している．

Rosser の篩に関する経緯はいささか奇怪である．実は，Rosser が如何にして補題 5.1 に達したかは知る由も無いのである．第 5.3 節は Motohashi [14] の一種独自な考察である．Rosser の「未発表草稿」をみた極めて少数の例外者を除き，著者を含めた一般はその概略を Selberg [95] にて知るのみである．それ故，現在までに公開された「Rosser の篩」乃至は本章の隠れた主題「下からの評価」についての議論は各々独自の貢献である．「Rosser の篩」の一般的展開は Iwaniec [57] にて与えられたのであるが，Greaves [2, Chap. 4] に整理詳説されている．

Rosser の篩による定理 5.1 の証明は Friedlander–Iwaniec [44] による．Brun の原証明 [30][31] については [2, Sec. 3.4] を参照せよ．

「篩限界」は 'Sieving/sifting limit' の訳である．詳しくは Selberg [95], Greaves [2] をみよ．しかし，本書の目的にては，詳細は必要なかろう．次元 $\kappa > 1$ なる場合の Rosser の篩の位置については Greaves [2, p. 167 及び pp. 292–293] をみよ．

第6章 一次元篩 I

6.1 篩と微分方程式

前章の議論を特殊化し継続する. 本章にては任意の $2 < u < v$ について
$$\frac{V(u)}{V(v)} = \frac{\log v}{\log u} + O\Big(\frac{\log v}{(\log u)^2}\Big), \quad V(z,\omega) = V(z), \qquad (6.1.1)$$
となるものと仮定する. つまり, (5.2.1), $\kappa = 1$, である. この条件下にて Rosser の篩は上下共に最良な篩評価をもたらすことを示す.「一次元篩問題」は様々な古典的な難問を含む故, 極めて重要な事実である.

先ず結論を示す. Rosser の篩係数 $\{\rho_r(d)\}$ を (5.3.20) において
$$\beta = 2 \qquad (6.1.2)$$
として定める. また, 函数 $\phi_r(s)$ は次の差分微分方程式を充たすものとする.
$$\frac{d}{ds}(s\phi_r(s)) = \phi_{r+1}(s-1), \quad 2 \leq s, \qquad (6.1.3)$$
$$s\phi_1(s) = 2e^{c_E}, \ \phi_0(s) = 0, \quad 0 < s \leq 2. \qquad (6.1.4)$$
但し, $\phi_{r_1} \equiv \phi_{r_2}$, $r_1 \equiv r_2 \bmod 2$. これら設定のもとに
$$z_0 < z = D^{1/s}, \quad z_0 = \exp\Big(\frac{\log D}{(\log \log D)^2}\Big), \qquad (6.1.5)$$
とする. 変数 D は定義 (5.3.19)–(5.3.21) に含まれるものと同一である. このとき, 充分大なる D について
$$\sum_{d|P(z_0,z)} \mu(d)\rho_r(d)\frac{\omega(d)}{d} = (1+o(1))\phi_r(s)\frac{V(z)}{V(z_0)}. \qquad (6.1.6)$$

Brun の定理 5.1 を (5.3.13) に含まれる $|\mathcal{S}(\mathcal{A}_d, z_0)|$ の評価に応用するならば (6.1.6) は次の Rosser による「一次元篩」をもたらす.

定理 6.1　変数 D のみにて定まる特性函数 δ_r, $r = 0, 1$, が存在し, $z = D^{1/s}$ 且つ $D \to \infty$ なるとき

$$(-1)^{r-1} \{|\mathcal{S}(\mathcal{A}, z)| - (1 + o(1))\phi_r(s)V(z)X\}$$
$$\leq (-1)^{r-1} \sum_{\substack{d < D \\ d | P(z)}} \mu(d)\delta_r(d)R_d. \qquad (6.1.7)$$

定理 6.2　主項 $\phi_r(s)V(z)X$ を改良することは不可能である.

漸近式 (6.1.6) をもって篩不等式 (6.1.7) を導くことは容易である. 一方, 定理 6.2 は, 或る数列 $\mathcal{A}^{(r)}$ が存在し, 任意の $s > 0$ に対し (6.1.7) に代わり

$$|\mathcal{S}(\mathcal{A}^{(r)}, z)| = (1 + o(1))\phi_r(s)V(z)X, \qquad (6.1.8)$$

という主張である. つまり, $\kappa = 1$, $\beta = 2$ のもとにて Rosser の篩係数を用いるならば, (5.3.12) から (5.3.13) へ向かう際に本質的な損失が生じない場合が存在する訳である.

これら定理の証明に入る. 以下常に条件 (6.1.5) を念頭におき, 不等式 (5.3.13) 及び等式 (5.3.17) を Rosser の篩係数 (5.3.19)–(5.3.21) をもって考察する. 即ち,

$$\text{暫し } \beta \text{ は (5.3.22) のみを充たすものとする.} \qquad (6.1.9)$$

当面の目的は, 一次元篩問題に対する「最良の β」は (6.1.2) により与えられる, と示すことにある. 議論はやや複雑である. 勿論, (6.1.2)–(6.1.4) を先験的におくならば議論は短縮される. しかし, それでは唐突に過ぎるであろう.

先ずは, 次の有用な和公式から始める.

補題 6.1　函数 $f(t) \geq 0$ は $t \geq \alpha > 0$ にて単調且つ有界であるとする. このとき, 条件 (6.1.1) のもとに

$$\sum_{u \leq p < v} \frac{\omega(p)}{p} V(p) f\left(\frac{\log x/p}{\log p}\right)$$
$$= V(v) \frac{\log v}{\log x} \int_{\log x/\log v}^{\log x/\log u} f(t-1) dt + O\left(MV(v) \frac{\log v}{(\log u)^2}\right). \quad (6.1.10)$$

但し,

$$2 \leq u < v \leq x^{1/(1+\alpha)}, \quad M = \max_{u \leq \xi \leq v} f\left(\frac{\log x/\xi}{\log \xi}\right). \quad (6.1.11)$$

[証明] 左辺は Stieltjes 積分にて

$$-\int_u^v f\left(\frac{\log x/\xi}{\log \xi}\right) d\left(\sum_{\xi \leq p < v} \frac{\omega(p)}{p} V(p)\right)$$
$$= -V(v) \int_u^v f\left(\frac{\log x/\xi}{\log \xi}\right) d\frac{V(\xi)}{V(v)} \quad (6.1.12)$$

と表現される. 但し, (5.3.14) を援用した. この右辺に (6.1.1) を用い, 残余項部分に部分積分法を応用し証明を終わる.

次に, (5.3.13) に現れる各 $|\mathcal{S}(\mathcal{A}_d, z_0)|$ に定理 5.1 を応用し

$$(-1)^{r-1}\left\{|\mathcal{S}(\mathcal{A}_d, z_0)| - XV(z_0)\frac{\omega(d)}{d}(1 + O(\exp(-\tfrac{1}{2} h \log h)))\right\}$$
$$\leq \sum_{\substack{q | P(z_0) \\ q < z_0^h}} |R_{dq}|. \quad (6.1.13)$$

但し, h は後に定めるべきものであるが, 充分大とする. 不等式 (5.3.13) に挿入し,

$$(-1)^{r-1}\{|\mathcal{S}(\mathcal{A}, z) - XV(z)K_r(D, z; \omega)\}$$
$$\leq \sum_{\substack{d | P(z) \\ d < Dz_0^h}} |R_d| + O\left\{\exp(-\tfrac{1}{2} h \log h) XV(z_0) \sum_{d | P(z_0, z)} \rho_r(d) \frac{\omega(d)}{d}\right\}. \quad (6.1.14)$$

ここに,

$$V(z) K_r(D, z; \omega) = V(z_0) \sum_{d | P(z_0, z)} \mu(d) \rho_r(d) \frac{\omega(d)}{d}. \quad (6.1.15)$$

等式 (5.3.17) を書き換え,

$$K_r(D, z; \omega) = 1 + (-1)^{r-1} \sum_{d|P(z_0,z)} \sigma_r(d) \frac{\omega(d)}{d} \frac{V(p(d))}{V(z)} \qquad (6.1.16)$$

であることを注意する．一方

$$\sum_{d|P(z_0,z)} \rho_r(d) \frac{\omega(d)}{d} \leq \frac{V(z_0)}{V(z)} \qquad (6.1.17)$$

である故，(6.1.14) の右辺第 2 項は

$$\ll \exp(-\tfrac{1}{2}h \log h) XV(z)(\log z)^2. \qquad (6.1.18)$$

以上にて，

$$h = \log \log D \qquad (6.1.19)$$

と設定し，

$$(-1)^{r-1}\{|\mathcal{S}(\mathcal{A}, z) - XV(z)K_r(D, z; \omega)\} \\ \leq \sum_{\substack{d|P(z) \\ d<D_0}} |R_d| + s^{-2}XV(z)(\log D)^{-10}. \qquad (6.1.20)$$

但し，$D_0 = D \exp(\log D / \log \log D)$．定義 (5.3.44) と同様に，

$$H_r(D, z; \omega) = \max\{0, K_r(D, z; \omega)\} \qquad (6.1.21)$$

とおく．等式 (6.1.16) から

$$0 \leq H_0(D, z; \omega) \leq 1 \leq H_1(D, z; \omega) = K_1(D, z; \omega). \qquad (6.1.22)$$

目的とするところは，(6.1.2) のもとに

$$\lim_{D \to \infty} H_r(D, D^{1/s}; \omega) = \phi_r(s) \qquad (6.1.23)$$

を証明することにある．つまり，条件 (6.1.1)–(6.1.2) のもとに，任意の ω について (6.1.23) が成立するのである．しかし，既に述べた様にこの事実を (6.1.2) のもとに証明することは説得力に欠ける．迂遠ではあるが，(6.1.9) のもとに，

$$極限値 \lim_{D \to \infty} H_r(D, D^{1/s}; \omega) = \psi_r(s) \text{ の存在を仮定し,} \qquad (6.1.24)$$

函数 $\psi_r(s)$ の性質を定め，その上にて (6.1.23) の証明に向かうこととする．つ

まり，この過程の中にて，(6.1.2) なる設定の妥当性が確認されるのである．但し，それは次節にて行われる．

先ず
$$0 \leq \psi_0(s) \leq 1 \leq \psi_1(s), \tag{6.1.25}$$
且つ
$$\psi_0(s) \text{ は非減少}, \quad \psi_1(s) \text{ は非増大}. \tag{6.1.26}$$

前者は (6.1.22) から従う．後者は (6.1.16) にて D を一定とし z を増大，つまり s を減少させてみればよい．また，前章末の篩限界に関する観察から，Rosser の篩が一次元篩問題に対し最良の結果を与えるとするならば，勿論

$$\beta = \inf\{s : \psi_0(s) > 0\} \tag{6.1.27}$$

と期待される．故に仮定としてこれを導入する．

ここで，定義 (5.3.20) に戻り，

$$\rho_r(pd) = \rho_r(p)\rho_{r+1}^*(d), \quad d|P(p), \tag{6.1.28}$$

であることに注意する．但し，ρ_r^* は $D \mapsto D/p$ として (5.3.20) にて定義されたものである．従って，等式 (6.1.15) における d をその最大素因数により分類し，

$$V(z)K_r(D,z;\omega)$$
$$= V(z_0) - \sum_{z_0 \leq p < z} \frac{\omega(p)}{p}\rho_r(p)V(p)K_{r+1}(D/p,p;\omega). \tag{6.1.29}$$

特に $r=1$ とし，$\rho_1(p) = 1$ は $p < D^{1/(\beta+1)}$ を意味する故，

$$V(D^{1/s})K_1(D,D^{1/s};\omega)$$
$$= V(D^{1/(\beta+1)})K_1(D,D^{1/(\beta+1)};\omega), \quad s \leq \beta+1. \tag{6.1.30}$$

即ち，
$$\psi_1(s) = \frac{E}{s}, \quad s \leq \beta+1, \tag{6.1.31}$$

を得る．但し，$E = (\beta+1)\psi_1(\beta+1)$．一方，$\beta+1+\varepsilon \leq s$ とするならば，

(6.1.29) にて $(\log D/p)/\log p \geq \beta + \varepsilon$．つまり，仮定 (6.1.27) により，充分大なる D につき
$$K_0(D/p, p; \omega) = H_0(D/p, p; \omega). \tag{6.1.32}$$
そこで，(6.1.29) にて再び $r = 1$ とし，$\beta + 1 + \varepsilon \leq u < v$ なるとき
$$V(D^{1/v})H_1(D, D^{1/v}; \omega) - V(D^{1/u})H_1(D, D^{1/u}; \omega)$$
$$= \sum_{D^{1/v} \leq p < D^{1/u}} \frac{\omega(p)}{p} V(p) H_0(D/p, p; \omega). \tag{6.1.33}$$
右辺は，(6.1.24) により
$$(1 + o(1)) \sum_{D^{1/v} \leq p < D^{1/u}} \frac{\omega(p)}{p} V(p) \psi_0 \Big(\frac{\log D/p}{\log p} \Big). \tag{6.1.34}$$
更に，補題 6.1 を援用し
$$(1 + o(1)) \frac{1}{u} V(D^{1/u}) \int_u^v \psi_0(t - 1) dt. \tag{6.1.35}$$
これを (6.1.33) に挿入し
$$v\psi_1(v) - u\psi_1(u) = \int_u^v \psi_0(t - 1) dt, \quad \beta + 1 + \varepsilon \leq u < v. \tag{6.1.36}$$
勿論，連続性を考慮し $\beta + 1 \leq u \leq v$ としてよい．即ち，函数 ψ_1 は差分微分方程式
$$\frac{d}{ds}(s\psi_1(s)) = \psi_0(s - 1), \quad \beta + 1 \leq s, \tag{6.1.37}$$
を充たさねばならない．

同様に，(6.1.29) にて $r = 0$ とし，$\beta + \varepsilon \leq u < v$ なるとき
$$V(D^{1/v})H_0(D, D^{1/v}; \omega) - V(D^{1/u})H_0(D, D^{1/u}; \omega)$$
$$= \sum_{D^{1/v} \leq p < D^{1/u}} \frac{\omega(p)}{p} V(p) H_1(D/p, p; \omega). \tag{6.1.38}$$
よって，函数 ψ_0 は方程式
$$v\psi_0(v) - u\psi_0(u) = \int_u^v \psi_1(t - 1) dt, \quad \max\{1, \beta\} < u < v, \tag{6.1.39}$$

を充たさねばならない．ここで，仮に $\beta \leq 1$ であるならば，(6.1.31) により ψ_0 は有界ではなく，(6.1.25) に反する．即ち，(5.3.22) の第 2 式より詳しく，

$$\beta > 1 \tag{6.1.40}$$

を必要とする．つまり，この条件のもとにて (6.1.37) に加え

$$\begin{aligned}\frac{d}{ds}(s\psi_0(s)) &= \psi_1(s-1), \quad \beta \leq s, \\ \psi_0(s) &= 0, \quad s \leq \beta.\end{aligned} \tag{6.1.41}$$

6.2 篩 限 界

前節の議論をまとめるならば，解くべき差分微分方程式は

$$\begin{aligned}\frac{d}{ds}(s\psi_r(s)) &= \psi_{r+1}(s-1), \quad \beta \leq s, \\ \psi_{r_1} &= \psi_{r_2}, \quad r_1 \equiv r_2 \bmod 2.\end{aligned} \tag{6.2.1}$$

境界条件は

$$s\psi_1(s) = E, \quad \psi_0(s) = 0, \quad s \leq \beta, \tag{6.2.2}$$

$$\psi_0(s) \leq 1 \leq \psi_1(s), \quad 0 < s. \tag{6.2.3}$$

常数 $\beta > 1$ 及び $E > 0$ は

$$\psi_0(s) > 0, \quad s > \beta, \tag{6.2.4}$$

が充たされ且つ (6.1.24) の極限式が成立するよう定められるべきものである．

補題 6.2 函数 ψ_r は (6.2.1)–(6.2.3) を充たすものとする．このとき，ψ_1 及び ψ_0 は各々 $s > 0$ 及び $s \geq \beta$ にて真に減少，増大である．従って，条件 (6.2.4) を考慮する必要はない．

[証明] 仮に $\psi_1'(\xi) = 0$ なる ξ が存在するとし，その内最小のものを u_0 とする．条件 (6.2.1)–(6.2.3) から $u_0 > \beta + 1$．一方，(6.2.1) 及び (6.2.3) から

$$0 = u_0 \psi_1'(u_0) = \psi_0(u_0 - 1) - \psi_1(u_0) \leq \psi_0(u_0 - 1) - \psi_0(u_0)$$
$$= -\psi_0'(u') = \frac{1}{u'}(\psi_0(u') - \psi_1(u' - 1)) \leq \frac{1}{u'}(\psi_1(u') - \psi_1(u' - 1))$$
$$= \frac{1}{u'}\psi_1'(u''). \tag{6.2.5}$$

ここに $u_0 - 1 < u' < u_0$, $u' - 1 < u'' < u'$. 故に $\psi_1'(u'') < 0$ となり, 矛盾. つまり, ψ_1 は真に減少である. 従ってまた, $u \geq \beta$ のとき

$$u\psi_0'(u) = \psi_1(u-1) - \psi_0(u) \geq \psi_1(u-1) - \psi_1(u) > 0 \tag{6.2.6}$$

となり, ψ_0 は真に増大である. 証明を終わる.

補題 6.3 函数 ψ_r は (6.2.1)–(6.2.3) を充たすものとする. 条件 (6.1.1) のもとに, $2 \leq u \leq v \leq D^{1/\beta}$ なるとき

$$V(v)\psi_r\Big(\frac{\log D}{\log v}\Big) = V(u) \sum_{d|P(u,v)} \mu(d)\rho_r(d)\frac{\omega(d)}{d}\psi_{r+\nu(d)}\Big(\frac{\log D/d}{\log u}\Big)$$
$$+ O\Big(V(v)\frac{\log^2 v}{\log^3 u}\Big). \tag{6.2.7}$$

但し, $\nu(d)$ は (5.1.20) におけると同様.

[証明] 補題 6.2 により, 補題 6.1 を援用でき,

$$\sum_{u \leq p < v} \frac{\omega(p)}{p} V(p) \psi_{r+1}\Big(\frac{\log D/p}{\log p}\Big)$$
$$= V(v)\frac{\log v}{\log D} \int_{\log D/\log v}^{\log D/\log u} \psi_{r+1}(t-1)dt + O\Big(V(v)\frac{\log v}{\log^2 u}\Big). \tag{6.2.8}$$

ここで, $\xi \leq D^{1/\beta}$ のとき $\psi_r((\log D/\xi)/\log \xi)$ は有界であることに注意した. 勿論, (6.1.40) も考慮されている. 右辺の第1項は (6.1.1) 及び (6.2.1) により,

$$V(v)\frac{\log v}{\log D}\Big\{\frac{\log D}{\log u}\psi_r\Big(\frac{\log D}{\log u}\Big) - \frac{\log D}{\log v}\psi_r\Big(\frac{\log D}{\log v}\Big)\Big\}$$
$$= V(u)\psi_r\Big(\frac{\log D}{\log u}\Big) - V(v)\psi_r\Big(\frac{\log D}{\log v}\Big) + O\Big(V(v)\frac{\log v}{\log^2 u}\Big). \tag{6.2.9}$$

従って,

$$V(v)\psi_r\Big(\frac{\log D}{\log v}\Big) = V(u)\psi_r\Big(\frac{\log D}{\log u}\Big)$$
$$-\sum_{u\le p<v}\frac{\omega(p)}{p}V(p)\psi_{r+1}\Big(\frac{\log D/p}{\log p}\Big) + O\Big(V(v)\frac{\log v}{\log^2 u}\Big). \quad (6.2.10)$$

右辺にては，$\rho_0(p) = 1$ であり，また $\psi_0((\log D/p)/\log p) \ne 0$ のとき $p^{\beta+1} < D$ つまり $\rho_1(p) = 1$ である．即ち，(6.2.10) は

$$V(v)\psi_r\Big(\frac{\log D}{\log v}\Big) = V(u)\psi_r\Big(\frac{\log D}{\log u}\Big)$$
$$-\sum_{u\le p<v}\rho_r(p)\frac{\omega(p)}{p}V(p)\psi_{r+1}\Big(\frac{\log D/p}{\log p}\Big) + O\Big(V(v)\frac{\log v}{\log^2 u}\Big) \quad (6.2.11)$$

とも表現される．これは，次式の $k = 1$ なる場合である．

$$V(v)\psi_r\Big(\frac{\log D}{\log v}\Big) = V(u)\sum_{\substack{d|P(u,v)\\\nu(d)<k}}\mu(d)\rho_r(d)\frac{\omega(d)}{d}\psi_{r+\nu(d)}\Big(\frac{\log D/d}{\log u}\Big)$$
$$+ (-1)^k\sum_{\substack{d|P(u,v)\\\nu(d)=k}}\rho_r(d)\frac{\omega(d)}{d}V(p(d))\psi_{r+k}\Big(\frac{\log D/d}{\log p(d)}\Big)$$
$$+ O\Big(V(v)\frac{\log v}{\log^2 u} + \sum_{\substack{d|P(u,v)\\\nu(d)<k}}\frac{\omega(d)}{d}V(p(d))\frac{\log p(d)}{\log^2 u}\Big).$$
$$(6.2.12)$$

但し，$p(d)$ は (5.3.5) におけると同様．証明には変数 k についての帰納法を用いる．そのための注意であるが，$r + \nu(d) \equiv 0 \mod 2$ であるならば (5.3.19)–(5.3.20) により，$\rho_r(d) = 1$ のとき $p(d)^\beta < D/d$．よって $\psi_{r+\nu(d)+1}((\log D/d\xi)/\log\xi) \ll 1$, $\xi < p(d)$．一方，$r + \nu(d) \equiv 1 \mod 2$ であるならば，当然に $\psi_{r+\nu(d)+1}((\log D/d\xi)/\log\xi) \ll 1$. 従って，(6.2.10) により

$$V(p(d))\psi_{r+\nu(d)}\Big(\frac{\log D/d}{\log p(d)}\Big) = V(u)\psi_{r+\nu(d)}\Big(\frac{\log D/d}{\log u}\Big)$$
$$-\sum_{u\le p<p(d)}\frac{\omega(p)}{p}V(p)\psi_{r+1+\nu(d)}\Big(\frac{\log D/dp}{\log p}\Big)$$
$$+ O\Big(V(p(d))\frac{\log p(d)}{\log^2 u}\Big). \quad (6.2.13)$$

式 (6.2.12) の右辺に挿入し,

$$V(v)\psi_r\left(\frac{\log D}{\log v}\right) = V(u) \sum_{\substack{d|P(u,v)\\\nu(d)<k+1}} \mu(d)\rho_r(d)\frac{\omega(d)}{d}\psi_{r+\nu(d)}\left(\frac{\log D/d}{\log u}\right)$$

$$+(-1)^{k+1} \sum_{u\le p<p(d)} \sum_{\substack{d|P(u,v)\\\nu(d)=k}} \rho_r(d)\frac{\omega(pd)}{pd}V(p)\psi_{r+k+1}\left(\frac{\log D/pd}{\log p}\right)$$

$$+O\left(V(v)\frac{\log v}{\log^2 u} + \sum_{\substack{d|P(u,v)\\\nu(d)<k+1}} \frac{\omega(d)}{d}V(p(d))\frac{\log p(d)}{\log^2 u}\right). \quad (6.2.14)$$

右辺の二重和においては,

$$\rho_r(d) = 1, \quad \psi_{r+k+1}\left(\frac{\log D/pd}{\log p}\right) > 0, \quad (6.2.15)$$

となる項のみに和を制限してよい. 先ず, $r+k \equiv 0 \bmod 2$ なる場合には, 後者を考慮する必要は無い. また, 定義 (5.3.20) から $\rho_r(pd) = 1$ である. 一方, $r+k \equiv 1 \bmod 2$ なる場合には, (6.2.15) の後者から $dp^{\beta+1} < D$. 再び, 定義 (5.3.20) から $\rho_r(pd) = 1$ を得る. つまり, (6.2.14) の右辺の二重和において $\rho_r(d)$ を $\rho_r(pd)$ に置き換えることができる. 式 (6.2.12) が証明された. 更に, (6.1.1) から

$$\sum_{\substack{d|P(u,v)\\\nu(d)<k}} \frac{\omega(d)}{d}V(p(d))\frac{\log p(d)}{\log^2 u} \ll V(v)\frac{\log v}{\log^2 u} \sum_{d|P(u,v)} \frac{\omega(d)}{d}$$

$$\ll V(v)\frac{\log v}{\log^2 u} \prod_{u\le p<v}\left(1-\frac{\omega(p)}{p}\right)^{-1}. \quad (6.2.16)$$

補題の証明を終わる.

以上の準備のもとに, β, E の決定を行う. そのために,

$$G(u) = \psi_1(u) + \psi_0(u) \quad (6.2.17)$$

とおく. 条件 (6.2.1) から,

$$\frac{d}{du}(uG(u)) = G(u-1), \quad u \ge \beta. \quad (6.2.18)$$

これより,
$$|G'(u)| = \frac{1}{u}|G(u) - G(u-1)| \le \frac{1}{u} \max_{u-1 \le t \le u} |G'(t)|. \tag{6.2.19}$$
従って,
$$G'(u) \ll \frac{1}{\Gamma(u+1)}. \tag{6.2.20}$$
積分し,
$$G(u) = A + O\left(\frac{1}{\Gamma(u)}\right) \tag{6.2.21}$$
となる定数 A が存在する.

一方,
$$g(u) = \psi_1(u) - \psi_0(u) \tag{6.2.22}$$
とおくならば, $g(u) \ge 0$ 且つ
$$\frac{d}{du}(ug(u)) = -g(u-1), \quad u \ge \beta. \tag{6.2.23}$$
これより,
$$\begin{aligned}\frac{d}{du}\int_{u-1}^{u} \xi g(\xi) d\xi &= ug(u) - (u-1)g(u-1) \\ &= ug(u) + (u-1)\frac{d}{du}(u(g(u)) \\ &= \frac{d}{du}(u(u-1)g(u)).\end{aligned} \tag{6.2.24}$$
つまり,
$$\int_{u-1}^{u} \xi g(\xi) d\xi = u(u-1)g(u) + C, \quad u \ge \beta, \tag{6.2.25}$$
となる定数 C が存在する. ここで, $u = \beta$ とし (6.2.2) に注意し,
$$C = (2-\beta)E \tag{6.2.26}$$
を得る. また, $\xi g(\xi)$ は単調減少である故 (6.2.25) から, $u \ge n + \beta - 1$, $n = 1, 2, \dots$, について,

$$g(u) \leq \frac{1}{u}g(u-1) - \frac{C}{u(u-1)}$$
$$\leq \frac{1}{u(u-1)}g(u-2) - \frac{C}{u(u-1)} - \frac{C}{u(u-1)(u-2)}$$
$$\leq \frac{g(u-n)}{u(u-1)\cdots(u-n+1)} - C\sum_{j=1}^{n}\frac{1}{u(u-1)\cdots(u-j)}. \quad (6.2.27)$$

一方, $u \geq \beta$ について,
$$g(u) \geq \frac{1}{u-1}g(u) - \frac{C}{u(u-1)}$$
$$\geq -\frac{C}{u(u-1)}. \quad (6.2.28)$$

従って,
$$g(u) = \frac{(\beta-2)E}{u^2}(1+O(u^{-1})) + O\left(\frac{1}{\Gamma(u+1)}\right), \quad u \geq \beta, \quad (6.2.29)$$

を得る. 特に, $g(u) \geq 0$ より
$$\beta \geq 2. \quad (6.2.30)$$

条件 (6.2.3) 及び漸近式 (6.2.21) と (6.2.29) から $A=2$. つまり
$$\psi_r(u) = 1 + (-1)^{r-1}\frac{(\beta-2)E}{u^2}(1+O(u^{-1})) + O\left(\frac{1}{\Gamma(u)}\right) \quad (6.2.31)$$

なる漸近式が得られた. これより, $\beta = 2$ が最も望ましい設定であることが理解される. このとき $\psi_r(u)$ は極めて急速に 1 に収束する. また, 既に補題 5.1 の直後にて注意した様に β はできる限り小にとるべきであり, (6.2.30) から観てもこの選択が最良と知れるのである. 更に, (6.1.15) と (6.2.7) を組み合わせ,

$$V(D^{1/s})|\psi_r(s) - K_r(D, D^{1/s}; \omega)|$$
$$\leq V(z_0)\sum_{d|P(z_0,D^{1/s})}\rho_r(d)\frac{\omega(d)}{d}\left|1 - \psi_{r+\nu(d)}\left(\frac{\log D/d}{\log z_0}\right)\right|$$
$$+ O\left(V(D^{1/s})\frac{\log^2 D}{\log^3 z_0}\right), \quad s \geq \beta, \quad (6.2.32)$$

を得るが，$\beta = 2$ のときのみに右辺が小となりうることは明白である．

$$\text{以上の考察から } \beta = 2 \text{ と設定する．} \tag{6.2.33}$$

つまり，(6.1.2) の背景説明を終了する．或は，これを

$$\text{一次元篩の篩限界は 2 である} \tag{6.2.34}$$

とも表現する．但し，本来は更に次節の議論を重ねた上に主張されるべきことである．

残るは定数 E の決定である．このために Laplace 変換

$$Y(\tau) = \int_2^\infty e^{-\tau u} G(u) du \tag{6.2.35}$$

を導入する．条件 (6.2.1)–(6.2.2)，$\beta = 2$, により

$$\frac{d}{d\tau}(\tau Y(\tau)) = Y(\tau)(1 - e^{-\tau}) - Ee^{-2\tau} - E\int_2^3 \frac{e^{-\tau u}}{u-1} du. \tag{6.2.36}$$

この微分方程式を境界条件 $Y(\infty) = 0$ のもとに解き，

$$\begin{aligned}\tau Y(\tau) =& E\int_\tau^\infty \Big(e^{-2t} + \int_2^3 \frac{e^{-tu}}{u-1} du\Big) \\ & \times \exp\Big(-\int_1^\infty \frac{e^{-u}}{u} du - \int_t^1 \frac{e^{-u}-1}{u} du\Big) dt \\ & \times \exp\Big(\int_1^\infty \frac{e^{-t}}{t} dt + \int_\tau^1 \frac{e^{-t}-1}{t} dt\Big).\end{aligned} \tag{6.2.37}$$

ここで，

$$\lim_{\tau \to 0^+} \tau Y(\tau) = A = 2 \tag{6.2.38}$$

及び (1.5.22) に注意し，

$$2e^{c_E} = Eh(2) + E\int_2^3 \frac{h(u)}{u-1} du. \tag{6.2.39}$$

但し，

$$h(u) = \int_0^\infty \exp\Big(-tu - \int_1^\infty \frac{e^{-\xi}}{\xi} d\xi - \int_t^1 \frac{e^{-\xi}-1}{\xi} d\xi\Big) dt. \tag{6.2.40}$$

然るに

$$uh'(u) = -h(u+1), \quad u > 0, \tag{6.2.41}$$

である故,
$$\int_2^3 \frac{h(u)}{u-1} du = h(1) - h(2). \tag{6.2.42}$$

つまり, $2e^{c_E} = Eh(1)$. 一方, (6.2.41) から

$$h(1) = -\lim_{u \to 0^+} uh'(u)$$
$$= \lim_{u \to 0^+} u \int_0^\infty \exp\Bigl(-tu - \int_1^\infty \frac{e^{-\xi}}{\xi} d\xi - \int_t^1 \frac{e^{-\xi}-1}{\xi} d\xi + \log t\Bigr) dt$$
$$= \lim_{u \to 0^+} u \int_0^\infty \exp\Bigl(-tu - \int_t^\infty \frac{e^{-\xi}}{\xi} d\xi\Bigr) dt = 1. \tag{6.2.43}$$

即ち,
$$E = 2e^{c_E}. \tag{6.2.44}$$

以上をまとめ, (6.2.33) と (6.2.44) と共に

$$\psi_r = \phi_r \tag{6.2.45}$$

とおく. 斯くして, (6.1.3)–(6.1.4) に到達する. これらにより, 区間 $(0, 2]$ から出発し連続函数 $\phi_r(s)$ が区分的に定められる. 上記の議論を (6.2.45) をもってたどるならば, (6.2.25) にて $C = 0$ となり, g は 0 とはならない. 仮に u を $g(s) = 0$ の最小解とするならば, (6.2.25) から区間 $(u-1, u)$ 内に更に小なる解が存在し, 矛盾である. 従って, 常に

$$\phi_1(s) > \phi_0(s) \tag{6.2.46}$$

である. 一方, (6.1.4) は (6.2.44) が先験的に与えられていることを意味する故, 上記 $Y(\tau)$ の考察から逆に (6.2.21) にて $A = 2$ となる. つまり,

$$\phi_r(s) = 1 + O\Bigl(\frac{1}{\Gamma(s)}\Bigr). \tag{6.2.47}$$

なお, 補題 6.2 により, $\phi_1(s)$ 及び $\phi_0(s)$, $s \geq 2$, は各々真に減少, 増大である.

6.3　一次元篩の主項

本節にては，定理 6.1 の証明を完成する．即ち，(6.1.23) を証明する．また，定理 6.2 をもたらす数列 $\mathcal{A}^{(r)}$ を示す．

不等式 (6.2.32)，$\psi_r = \phi_r$，を漸近式 (6.2.47) と組み合わせ，考察すべきは

$$\sum_{d|P(z_0,D^{1/s})} \rho_r(d)\frac{\omega(d)}{d}\exp\Big(-\frac{\log D/d}{\log z_0}\Big) \tag{6.3.1}$$

の評価となる．

補題 6.4　条件 (6.1.1) のもとに，$2 \leq u \leq v \leq x^{1/2}$ であるならば，

$$\sum_{\substack{u \leq p_2 < p_1 < v \\ p_2^3 p_1 < x}} \frac{\omega(p_1 p_2)}{p_1 p_2} V(p_2) \exp\Big(-\frac{\log x/p_1 p_2}{\log p_2}\Big)$$
$$\leq \eta V(v)\Big(1 + O\Big(\frac{\log v}{\log^2 u}\Big)\Big)^2 \exp\Big(-\frac{\log x}{\log v}\Big). \tag{6.3.2}$$

但し，

$$\eta = \frac{1}{6} + \frac{1}{2}\log 3 < 1. \tag{6.3.3}$$

[証明]　左辺を

$$\sum_{u \leq p_1 < \min(v, x^{1/4})} + \sum_{\max(u, x^{1/4}) \leq p_1 < v} \tag{6.3.4}$$

と分解する．各々を $\sum_{\mathrm{I}}$，$\sum_{\mathrm{II}}$ とする．

先ず，条件

$$v \leq x^{1/4} \tag{6.3.5}$$

のもとにて考察する．このとき，勿論 $\sum_{\mathrm{II}} = 0$．一方，補題 6.1 を用い且つ (6.3.5) のもとに

$$\frac{\log p_1}{\log x/p_1} \leq \frac{1}{3} \tag{6.3.6}$$

であることに注意し，

$$\sum_{\mathrm{I}} = \sum_{u \le p_1 < v} \sum_{u \le p_2 < p_1}$$
$$= \sum_{u \le p_1 < v} \frac{\omega(p_1)}{p_1} \Big\{ V(p_1) \frac{\log p_1}{\log x/p_1} \int_{(\log x/p_1)/\log p_1}^{(\log x/p_1)/\log u} \exp(1-t) dt$$
$$+ O\Big(V(p_1) \frac{\log p_1}{\log^2 u} \exp\Big(-\frac{\log x/p_1}{\log p_1} \Big) \Big) \Big\}$$
$$\le \frac{e}{3}\Big(1 + O\Big(\frac{\log v}{\log^2 u}\Big)\Big) \sum_{u \le p < v} \frac{\omega(p)}{p} V(p) \exp\Big(-\frac{\log x/p}{\log p} \Big). \quad (6.3.7)$$

再び, 補題 6.1 を用い,

$$\sum_{\mathrm{I}} \le \frac{e}{3}\Big(1 + O\Big(\frac{\log v}{\log^2 u}\Big)\Big) \Big\{ V(v) \frac{\log v}{\log x} \int_{\log x/\log v}^{\log x/\log u} \exp(1-t) dt$$
$$+ O\Big(V(v) \frac{\log v}{\log^2 u} \exp\Big(-\frac{\log x}{\log v} \Big) \Big) \Big\}$$
$$\le \frac{e^2}{12}\Big(1 + O\Big(\frac{\log v}{\log^2 u}\Big)\Big)^2 V(v) \exp\Big(-\frac{\log x}{\log v} \Big). \quad (6.3.8)$$

次に,
$$x^{1/4} \le v \le x^{1/2} \quad (6.3.9)$$

なる場合を考察する.

$$\sum_{\mathrm{I}} = \sum_{u \le p_1 < x^{1/4}} \sum_{u \le p_2 < p_1}$$
$$\le \frac{e}{3}\Big(1 + O\Big(\frac{\log v}{\log^2 u}\Big)\Big) \sum_{u \le p < x^{1/4}} \frac{\omega(p)}{p} V(p) \exp\Big(-\frac{\log x/p}{\log p} \Big)$$
$$= \frac{e}{3}\Big(1 + O\Big(\frac{\log v}{\log^2 u}\Big)\Big) \Big\{ V(v) \frac{\log v}{\log x} \int_{4}^{\log x/\log u} \exp(1-t) dt$$
$$+ O\Big(V(v) \frac{\log v}{\log^2 u} \Big) \Big\}$$
$$\le \frac{e^{-2}}{3}\Big(1 + O\Big(\frac{\log v}{\log^2 u}\Big)\Big)^2 V(v) \frac{\log v}{\log x}. \quad (6.3.10)$$

一方,

$$\sum_{\mathrm{II}} \leq \sum_{x^{1/4} \leq p_1 < v} \sum_{u \leq p_2 < (x/p_1)^{1/3}}$$

$$= \sum_{x^{1/4} \leq p < v} \frac{\omega(p)}{p} \Big\{ V(p) \frac{\log p}{\log x/p} \int_3^{(\log x/p)/\log u} \exp(1-t) dt$$

$$+ O\Big(V(p) \frac{\log p}{\log^2 u} \Big) \Big\}$$

$$\leq e^{-2} \Big(1 + O\Big(\frac{\log v}{\log^2 u} \Big) \Big) \sum_{x^{1/4} \leq p < v} \frac{\omega(p)}{p} V(p) \frac{\log p}{\log x/p}$$

$$= e^{-2} \Big(1 + O\Big(\frac{\log v}{\log^2 u} \Big) \Big) \Big\{ V(v) \frac{\log v}{\log x} \int_{\log x/\log v}^4 \frac{dt}{t-1}$$

$$+ O\Big(V(v) \frac{\log v}{\log^2 u} \Big) \Big\}$$

$$= e^{-2} \Big(1 + O\Big(\frac{\log v}{\log^2 u} \Big) \Big)^2 V(v) \frac{\log v}{\log x} \log \Big(\frac{3}{\log x/\log v - 1} \Big). \quad (6.3.11)$$

従って，(6.3.9) のもとに

$$\sum_{\mathrm{I}} + \sum_{\mathrm{II}} \leq \Delta\Big(\frac{\log x}{\log v} \Big) V(v) \exp\Big(-\frac{\log x}{\log v} \Big) \Big(1 + O\Big(\frac{\log v}{\log^2 u} \Big) \Big)^2. \quad (6.3.12)$$

但し，

$$\Delta(\xi) = \frac{e^{\xi-2}}{\xi} \Big(\frac{1}{3} + \log \frac{3}{\xi-1} \Big), \quad 2 \leq \xi \leq 4. \quad (6.3.13)$$

ここで，

$$\frac{d}{d\xi} \Delta(\xi) = e^{\xi-2} \frac{\xi-1}{\xi^2} \Big(\frac{1}{3} - \frac{\xi}{(\xi-1)^2} + \log \frac{3}{\xi-1} \Big)$$

$$= e^{\xi-2} \frac{\xi-1}{\xi^2} \Delta_0(\xi) \quad (6.3.14)$$

とおく．区間 $[2, 4]$ にて，$\Delta_0(\xi)$ は最大値

$$\Delta_0(3) = \log \frac{3}{2} - \frac{5}{12} < 0 \quad (6.3.15)$$

をとる．従って，

$$\max_{2 \leq \xi \leq 4} \Delta(\xi) = \Delta(2) = \frac{1}{6} + \frac{1}{2} \log 3 > \frac{e^2}{12}. \quad (6.3.16)$$

補題の証明を終わる．

以上を準備とし，(6.1.23) に向かう．先ず，$\nu(d)$ は (5.1.20) におけると同様とし，和 (6.3.1) を

$$\sum_{\nu(d)<2B} + \sum_{\nu(d)\geq 2B} \tag{6.3.17}$$

と分解し，各々を $\sum_1, \sum_2$ とする．但し，

$$3^B = \frac{1}{2}\log\log D. \tag{6.3.18}$$

このとき，(5.3.24)，$\beta = 2$，により $\sum_1$ においては (6.1.5) に注意し

$$\frac{\log D/d}{\log z_0} > \frac{1}{2}3^{-B}\frac{\log D}{\log z_0} = \log\log D. \tag{6.3.19}$$

従って，$s \geq 2$ にて一様に

$$\sum_1 \ll \frac{1}{\log D}\sum_{d|P(z_0,D^{1/2})}\frac{\omega(d)}{d}$$

$$\ll \frac{(\log\log D)^2}{\log D} \ll \frac{(\log\log D)^4}{\log D}\frac{V(D^{1/s})}{V(z_0)}. \tag{6.3.20}$$

和 $\sum_2$ を評価するにあたり，$\rho_r(d) = 1$，$p(d) \geq w$，なるとき

$$V(w)\exp\left(-\frac{\log D/d}{\log w}\right) \ll V(p(d))\exp\left(-\frac{\log D/d}{\log p(d)}\right) \tag{6.3.21}$$

であることに注意する．実際，定義 (5.1.20)，$\beta = 2$，により $\rho_r(d) = 1$ であるならば $p(d) < D/d$．また，函数 $\xi^{-1}\exp(-A/\xi)$ は $\xi \leq A$ なるとき単調増大である．

よって，例えば

$$V(z_0)\sum_{\substack{d|P(z_0,D^{1/s})\\ \nu(d)=2f+1}}\rho_0(d)\frac{\omega(d)}{d}\exp\left(-\frac{\log D/d}{\log z_0}\right)$$

$$\ll \sum_{z_0\leq p<D^{1/s}}\frac{\omega(p)}{p}\sum_{\substack{\ell|P(p,D^{1/s})\\ \nu(\ell)=2f}}\rho_0(\ell)\frac{\omega(\ell)}{\ell}V(p)\exp\left(-\frac{\log D/p\ell}{\log p}\right) \tag{6.3.22}$$

となる．何故ならば，この場合，$\rho_0(p\ell) = \rho_0(\ell)$．不等式 (6.3.21) を再度用い，

$$\ll \sum_{z_0 \le p < D^{1/s}} \frac{\omega(p)}{p} \sum_{\substack{\ell \mid P(p, D^{1/s}) \\ \nu(\ell) = 2f}} \rho_0(\ell) \frac{\omega(\ell)}{\ell} V(p(\ell)) \exp\Big(-\frac{\log D/\ell}{\log p(\ell)}\Big)$$

$$\ll \log\log\log D \sum_{\substack{\ell \mid P(z_0, D^{1/s}) \\ \nu(\ell) = 2f}} \rho_0(\ell) \frac{\omega(\ell)}{\ell} V(p(\ell)) \exp\Big(-\frac{\log D/\ell}{\log p(\ell)}\Big). \quad (6.3.23)$$

ここで,

$$\sum_{z_0 \le p < D^{1/s}} \frac{\omega(p)}{p} \le \log \frac{V(z_0)}{V(D^{1/s})} \ll \log\log\log D \quad (6.3.24)$$

を用いた. この ℓ についての和は

$$\sum_{\substack{k \mid P(z_0, D^{1/s}) \\ \nu(k) = 2(f-1)}} \rho_0(k) \frac{\omega(k)}{k} \sum_{\substack{z_0 \le p_2 < p_1 < p(k) \\ p_2^3 p_1 < D/k}} \frac{\omega(p_1 p_2)}{p_1 p_2} \exp\Big(-\frac{\log D/(p_1 p_2 k)}{\log p_2}\Big)$$

$$(6.3.25)$$

に等しい. 条件 $\rho_0(k) = 1$ 且つ $\nu(k) \equiv 0 \bmod 2$ のもとにては, $p(k) < (D/k)^{1/2}$ である故, 内部和に補題 6.4 を援用し, 和 (6.3.25) は

$$\le \eta \Big(1 + O\Big(\frac{\log D}{\log^2 z_0}\Big)\Big)^2$$
$$\times \sum_{\substack{k \mid P(z_0, D^{1/s}) \\ \nu(k) = 2(f-1)}} \rho_0(k) \frac{\omega(k)}{k} V(p(k)) \exp\Big(-\frac{\log D/k}{\log p(k)}\Big). \quad (6.3.26)$$

従って, 変数 f に関する帰納法により, (6.3.21) の左辺は

$$\ll \Big\{\eta\Big(1 + O\Big(\frac{\log D}{\log z_0}\Big)\Big)^2\Big\}^f V(D^{1/s}) \log\log\log D. \quad (6.3.27)$$

他の場合も同様に議論できる. 結果として, 任意の $g \ge 1$, $s \ge 2$ につき

$$V(z_0) \sum_{\substack{d \mid P(z_0, D^{1/s}) \\ \nu(d) = g}} \rho_r(d) \frac{\omega(d)}{d} \exp\Big(-\frac{\log D/d}{\log z_0}\Big)$$

$$\ll \Big\{\eta\Big(1 + O\Big(\frac{\log D}{\log^2 z_0}\Big)\Big)^2\Big\}^{g/2} V(D^{1/s}) \log\log\log D. \quad (6.3.28)$$

つまり, 任意に固定された $\eta' > \eta$ をもって

$$\sum\nolimits_2 \ll V(D^{1/s})(\log\log D)^{\log\eta'/\log 3}. \tag{6.3.29}$$

この評価と (6.3.20) とを合わせ (6.3.1) は $s \geq 2$ にて一様に

$$\ll \frac{V(D^{1/s})}{V(z_0)}(\log\log D)^{-3/10} \tag{6.3.30}$$

と知られる。

以上から，(6.2.32) に戻り，定理 6.1 の主張 (6.1.7) をやや詳しく表現し，$s \geq 2$ にて一様に

$$(-1)^{r-1}\Big(|\mathcal{S}(\mathcal{A},D^{1/s})| - XV(D^{1/s})(\phi_r(s) + O((\log\log D)^{-3/10}))\Big)$$
$$\leq (-1)^{r-1}\sum_{\substack{d|P(z)\\d<D}}\mu(d)\delta_r(d)R_d. \tag{6.3.31}$$

注意であるが，(6.1.20) によれば $d < D_0$ とすべきである。しかし，函数 ϕ_r の基本性質を考慮し上記議論における D を適宜変更するならば (6.3.31) を得る。また，条件 (6.1.5) が充たされぬ場合には定理 5.1 及び (6.2.47) を合わせ (6.3.31) を得ることとなる。定理 6.1 の証明を終わる。

次に，定理 6.2 の証明を述べる。このために，x を充分大とし，

$$\mathcal{A}^{(r)}(x) = \{n < x : n \text{ の全素因数の個数} \equiv r \bmod 2\} \tag{6.3.32}$$

とおく。任意の $d < x$ について

$$|\mathcal{A}_d^{(r)}(x)| = \frac{x}{2d} + O\Big(\frac{x}{d}\exp(-c(\log x/d)^{1/2})\Big). \tag{6.3.33}$$

但し，$c > 0$ はある絶対常数。実際，$d = 1$ の場合，函数

$$\frac{1}{2}\Big(\zeta(s) + (-1)^r \frac{\zeta(2s)}{\zeta(s)}\Big) \tag{6.3.34}$$

に対し (1.5.1) 及び (1.5.23) を応用すればよい。また一般の場合も同様である。即ち，

$$X = \frac{1}{2}x, \quad \omega \equiv 1. \tag{6.3.35}$$

そこで，

$$D = x\exp(-(\log x)^{1/2}) \tag{6.3.36}$$

とするならば,
$$\sum_{d<D} |R_d^{(r)}(x)| \ll x\exp(-(\log x)^{1/5}). \tag{6.3.37}$$

一方，$s \leq 2$ のとき
$$\begin{aligned}|\mathcal{S}(\mathcal{A}^{(1)}(x), x^{1/s})| &= \pi(x) + O(x^{1/s}), \\ |\mathcal{S}(\mathcal{A}^{(0)}(x), x^{1/s})| &= 0.\end{aligned} \tag{6.3.38}$$

つまり，(1.5.13) を参照し，$1 < s \leq 2$ のとき
$$|\mathcal{S}(\mathcal{A}^{(r)}(x), x^{1/s})| = XV(x^{1/s})\left(\phi_r(s) + O((\log x)^{-1})\right). \tag{6.3.39}$$

他方，Buchstab の等式 (5.3.2) により，$s < t$ について
$$\begin{aligned}|\mathcal{S}(\mathcal{A}^{(r)}(x), x^{1/s})| &- |\mathcal{S}(\mathcal{A}^{(r)}(x), x^{1/t})| \\ &= -\sum_{x^{1/t} \leq p < x^{1/s}} |\mathcal{S}(\mathcal{A}^{(r+1)}(x/p), p)|.\end{aligned} \tag{6.3.40}$$

従って，定義 (6.1.3)–(6.1.4) と補題 6.1 により，(6.3.39) を帰納的に $s \geq 2$ に拡張できる．評価 (6.3.37) を考慮し，実際に主項 $XV(D^{1/s})\phi_r(s)$ が Rosser の篩により到達されることが示された．定理の証明を終わる．

数列 $\mathcal{A}^{(r)}(x)$ については等式 (5.3.12) は
$$|\mathcal{S}(\mathcal{A}^{(r)}(x), z)| = \sum_{d|P(z)} \mu(d)\rho_r(d)|\mathcal{A}_d^{(r)}(x)| \tag{6.3.41}$$

となり，Rosser の着想による (5.3.12) から (5.3.13) への移行は何らの誤差をももたらさないのである．但し，ここでは $\rho_r(d)$ は (5.3.20) にて，$D = x$, $\beta = 2$ として定義されるものである．

Rosser の一次元篩の「双子素数予想」等への意味深い応用は第 8 章にて示される．ここでは，(5.2.18)–(5.2.19) が定理 6.1 の簡易な応用により次の様に改良されることを注意する．

$$\pi(x) - \pi(x-y) \le \frac{2y}{\log y}\Big(1 + O\Big(\frac{\log\log y}{\log y}\Big)\Big), \quad 3 \le y \le x-3, \quad (6.3.42)$$

$$\pi(x;q,l) \le \frac{2x}{\varphi(q)\log(x/q)}\Big(1 + O\Big(\frac{\log\log x/q}{\log x/q}\Big)\Big), \quad 2 \le q \le x/3. \quad (6.3.43)$$

6.4　付　　　記

本章の議論は Motohashi [14, Chap. 3][79] に沿うものであるが，Dickman [40]，Buchstab [33]，Jurkat–Richert [61] に負うところ大である．Iwaniec [55] 及び Greaves [2, Chap. 4] をも参照せよ．篩法の議論に微分方程式が出現することは一種奇妙であろう．しかし，「Buchstab の等式」の応用にて主項の係数 ϕ_r は ϕ_{r+1} に変換されねばならず，(6.1.3) はその要請からの自然な帰結である．一般の κ に対する (6.1.2)–(6.1.4) の拡張は Greaves [2, Chap. 4] に詳しいが，本書の目的を離れる．

定理 6.1 を「Rosser の一次元篩」とは称するが，「一次元篩問題」の明確な決着つまり主項の確定を公開論文にて成したのは Jurkat–Richert [61] である．彼らは出発点を後述の「Selberg の篩」にとり Rosser の構成（$\beta = 2$）と同じ手法つまり Buchstab の等式 (5.3.2) の反復応用を採用したのである．当然ながら，残余項の構造は (6.3.31) にあるものとは異なる．但し，彼らが如何にしてその様な構成に想到したのかは詳らかではない．

やや韜晦の感無きにしもあらずではあるが，実は第 6.3 節の「収束確認」の議論は避けることができるのである．式 (6.1.15) と (6.2.7)（但し，$\psi_r = \phi_r$）を組み合わせ，$s \ge 2$ のとき

$$(-1)^r V(D^{1/s})\Big\{K_r(D, D^{1/s};\omega) - \phi_r(s) + O\Big(\frac{\log^2 D}{\log^3 z_0}\Big)\Big\}$$
$$= V(z_0) \sum_{d|P(z_0,z)} (-1)^r \mu(d)\rho_r(d)\frac{\omega(d)}{d}\Big(1 - \phi_{r+\nu(d)}\Big(\frac{\log D/d}{\log z_0}\Big)\Big). \quad (6.4.1)$$

右辺の各項は非負である．従って，

$$(-1)^r K_r(D, D^{1/s};\omega) \ge (-1)^r \phi_r(s) - O\Big(\frac{\log^2 D}{\log^3 z_0}\Big). \quad (6.4.2)$$

この不等式は，実質的に定理 6.1 乃至は (6.3.31) の内容と同一である．しかしながら，(6.4.2) は $\beta = 2$ なる選択が最良なものであることを保証するものではない．それに対し，第 6.3 節の議論は成る程実用上は不必要なものではあるが，

$$\lim_{D \to \infty} K_r(D, D^{1/s}, \omega) = \phi_r(s), \quad s \geq 2, \qquad (6.4.3)$$

つまり (6.1.31) と合わせ，(6.1.23) の成立を厳密に証明しているのである．

定理 6.2 の証明に用いられた数列 (6.3.32) は Selberg [95] による例であるが，Greaves [2, Sec. 4.5] に詳しい．

評価 (6.3.43) は「Brun–Titchmarsh 定理」(5.2.19) の新たな表現であるが，格別の注目に値する．それは，次の理由に因る．仮に，絶対常数 $\alpha, \beta > 0$ が存在し

$$\pi(x; q, l) \leq 2(1 - \alpha) \frac{x}{\varphi(q) \log(x/q)}, \quad q < x^\beta, \qquad (6.4.4)$$

なる評価が $(q, l) = 1$ について一様に成立するならば，Dirichlet L-函数 $L(s, \chi)$，$\chi \bmod q$，は「例外零点」を有し得ない．従って，算術級数についての素数分布論は例えば定理 4.6 にあるものよりも著しく改良される．更に，虚 2 次体の類数についても満足すべき下からの評価が得られる．第 9.4 節にて更に述べる．

第7章 篩　　法 II

7.1　Linnik と Selberg の着想

　Brun に始まる篩法の基礎理論を以上に述べたが，篩法の更なる拡張は先ず Linnik によりもたらされ，続いて Selberg によりなされた．これらは，zeta 及び L-函数の理論と結合し素数定理を深化させ，帰結として一次元篩の感銘深い応用をもたらした．本節以降の議論の目的とするところである．

　Linnik の着想は篩としての効力はもとより援用された手段そのものに絶大な意味を含んでいた．篩法は，第 5.4 節の後段にて注意した様に，与えられた数列が「多くの」算術級数中に如何に分布しているか，との考察を迫る．この根本的な課題に対し Linnik の着想は，現在に続く解析的整数論全般の発展を牽引する統一原理を与えるのである．他方，Selberg の着想は zeta-函数の零点分布を考察する中にて生まれた．それ故に，zeta 及び L-函数或はより広く保型 L-函数の如く Euler 積表示を有する函数全体の精妙な解析的性質を議論するにあたり，やはり統一的な手段を与えるのである．関連する諸々を総合し「L^2-篩」と称することとする．篩効果つまりは大なる値の稀なることの希望される算術的或は解析的な事象を，なにがしかの L^2-不等式の中に埋蔵し観測する論法，と解釈される故である．第 3 章の論旨から観るならば，篩法と zeta-函数論とが手法を共有することとなる．本節にてはこれら着想を解説する．

　先ず，篩問題につきこれまでの技術的な定義をやや概念的なものに置き換える必要がある．そこで，各素数 p を法とする剰余類の集合 $\Omega(p)$ を定め，$n \bmod p \in \Omega(p)$ を $n \in \Omega(p)$ と略記する．このとき，与えられた数列 $\mathcal{A}$ について

$$\mathcal{S}(\mathcal{A}, z; \Omega) = \{n \in \mathcal{A} : n \notin \Omega(p), \forall p < z\} \tag{7.1.1}$$

とおき,「篩問題」とは $|\mathcal{S}(\mathcal{A}, z; \Omega)|$ の評価を考察すること,と新たに定義する.勿論,全ての素数 p について

$$|\Omega(p)| < p \tag{7.1.2}$$

と仮定し一般性を失わない.さもなくば, z が $|\Omega(p)| = p$ となる p を超えるときに $\mathcal{S}(\mathcal{A}, z; \Omega)$ は空集合となる.以下にては簡明のために $\mathcal{A}$ として区間

$$\mathcal{N} = [M, M+N) \cap \mathbb{Z}, \quad M \in \mathbb{Z}, N \in \mathbb{N}, \tag{7.1.3}$$

を採る.第 5.1 節における双子素数予想の扱いは, $M = 0$, $N = [x-2]$, $\Omega(2) = \{0\}$, $\Omega(p) = \{0, -2\}$, $p \geq 3$, と同義である.この例にては $|\Omega(p)| \leq 2$ であるが,一般的には $|\Omega(p)|$ の大きさに制限を加えるべきではなかろう.例えば奇数列中の平方数を篩出す場合には $|\Omega(p)| = \frac{1}{2}(p-1)$, $p \geq 3$, である.しかし,Brun の篩を適用することはできない.なによりも「次元」についての条件 (5.2.1) が充たされていないからである.この様に $|\Omega(p)|$ が巨大となり得る場合にても有効な篩の構成は可能であろうか.

この基本的な設問への最初の解答を与えたのが Linnik であった.彼は次の如く考えた.集合 $\{n \in \mathbb{Z} : n \notin \Omega(p), \forall p < z\}$ の特性函数 ϖ の調和解析を目指し,

$$\begin{aligned} U(\theta) &= \sum_{M \leq n < M+N} \varpi(n) e(n\theta), \\ U(\theta; p, a) &= \sum_{\substack{M \leq n < M+N \\ n \equiv a \bmod p}} \varpi(n) e(n\theta) \end{aligned} \tag{7.1.4}$$

とおく.このとき,

$$U\left(\theta + \frac{a}{p}\right) = \sum_{b=1}^{p} S(\theta; p, b) e\left(\frac{ab}{p}\right) \tag{7.1.5}$$

である故,

$$\sum_{a=1}^{p} \left|U\left(\theta + \frac{a}{p}\right)\right|^2 = p \sum_{a=1}^{p} |U(\theta; p, a)|^2. \tag{7.1.6}$$

一方, $a \in \Omega(p)$, $p < z$ のとき $U(\theta; p, a) = 0$ に注意し

$$|U(\theta)|^2 = \Big|\sum_{a=1}^{p} U(\theta; p, a)\Big|^2 \leq (p - |\Omega(p)|) \sum_{a=1}^{p} |U(\theta; p, a)|^2. \qquad (7.1.7)$$

これらから

$$|U(\theta)|^2 \frac{|\Omega(p)|}{p - |\Omega(p)|} \leq \sum_{a=1}^{p-1} \Big|U\Big(\theta + \frac{a}{p}\Big)\Big|^2, \quad p < z. \qquad (7.1.8)$$

別の素数 $p' < z$ を採り,

$$\Big|U\Big(\theta + \frac{a'}{p'}\Big)\Big|^2 \frac{|\Omega(p)|}{p - |\Omega(p)|} \leq \sum_{a=1}^{p-1} \Big|U\Big(\theta + \frac{a'}{p'} + \frac{a}{p}\Big)\Big|^2. \qquad (7.1.9)$$

これらを $1 \leq a' < p'$ について加え,

$$|U(\theta)|^2 \frac{|\Omega(p')|}{p' - |\Omega(p')|} \frac{|\Omega(p)|}{p - |\Omega(p)|} \leq \sum_{a'=1}^{p'-1} \sum_{a=1}^{p-1} \Big|U\Big(\theta + \frac{a'}{p'} + \frac{a}{p}\Big)\Big|^2. \qquad (7.1.10)$$

操作を繰り返し, 既約剰余類の分解律により,

$$|U(\theta)|^2 \prod_{p|q} \frac{|\Omega(p)|}{p - |\Omega(p)|} \leq \sum_{\substack{a \bmod q \\ (a,q)=1}} \Big|U\Big(\theta + \frac{a}{q}\Big)\Big|^2, \quad q|P(z). \qquad (7.1.11)$$

更に, $\theta = 0$ とし $q < z$ について加え

$$|\mathcal{S}(\mathcal{N}, z; \Omega)|^2 G(z, \Omega)$$
$$\leq \sum_{q<z} \sum_{\substack{a \bmod q \\ (a,q)=1}} \Big|\sum_{M \leq n < M+N} \varpi(n) e\Big(\frac{a}{q} n\Big)\Big|^2 \qquad (7.1.12)$$

を得る. 但し,

$$G(z, \Omega) = \sum_{g<z} \mu(g)^2 H(g, \Omega), \qquad (7.1.13)$$

$$H(g, \Omega) = \prod_{p|g} \frac{|\Omega(p)|}{p - |\Omega(p)|}. \qquad (7.1.14)$$

そこで, 問題は (7.1.12) に現れた「Farey 級数上の和」の評価となる. Linnik がこれをどの様に取り扱ったかは割愛する. 下記 (7.2.23) にて彼の結果を凌駕

7.1 Linnik と Selberg の着想　*151*

するものを示すからである．ここで重要なことは，(7.1.12) に達する Linnik の手法を知ることである．しかし，結論だけは示しておこう．

定理 7.1
$$|\mathcal{S}(\mathcal{N}, z\,;\Omega)| \leq \frac{1}{G(z, \Omega)}(N + 2z^2). \qquad (7.1.15)$$

[証明] 不等式 (7.1.12) に不等式 (7.2.23) を援用すれば済む．

次に，Selberg の着想を示す．自然な乗法的拡張を Ω に施す．つまり，$n \in \Omega(d)$ は $n \in \Omega(p), \forall p | d$, を意味する．そして，$\lambda$ を条件 $\lambda(1) = 1$ を充たす「任意」の実数値函数とする．このとき，特性函数 ϖ に対し

$$\varpi(n) \leq \left(\sum_{\substack{n \in \Omega(d) \\ d | P(z)}} \lambda(d)\right)^2 = \sum_{\substack{n \in \Omega([d_1, d_2]) \\ d_1, d_2 | P(z)}} \lambda(d_1)\lambda(d_2). \qquad (7.1.16)$$

仮に $\varpi(n) = 0$ であれば不等式は自明．また，$\varpi(n) = 1$ であるならば，不等式は等式となる．この単純極まる着想から導かれる結果にはしかし驚くべきものがある．注意であるが，(5.2.2) との比較にて知れる様に，(7.1.16) は篩係数 ρ_1 の構成法の一つとも考えられる．この意味にて，(7.1.16) は Brun の着想の範疇に含まれる．但し，Brun や Rosser の場合と異なり，篩係数は特性函数とはならない．更に大きな違いは，それ単独にては上からの篩評価のみを与える，という点にある．

簡単のために，
$$d \geq z \text{ 或は } \mu(d) = 0 \text{ なるとき } \lambda(d) = 0, \qquad (7.1.17)$$
と仮定する．式 (7.1.16) を $n \in \mathcal{N}$ について加え和の順序を入れ換え，

$$|\mathcal{S}(\mathcal{N}, z\,;\Omega)| \leq S \cdot N + R. \qquad (7.1.18)$$

ここに，
$$\begin{aligned} S &= \sum_{d_1, d_2 < z} \frac{|\Omega([d_1, d_2])|}{[d_1, d_2]} \lambda(d_1)\lambda(d_2), \\ |R| &\leq \sum_{d_1, d_2 < z} |\Omega([d_1, d_2])||\lambda(d_1)\lambda(d_2)|. \end{aligned} \qquad (7.1.19)$$

Selberg は「2 次形式」S の最小値を境界条件 $\lambda(1) = 1$ の下に求めた. 彼は S を対角型に変形することによりこれを達成したのであるが, その計算は頗る興味深い. 補題 1.1 の証明と比較するとよい. 先ず,

$$\frac{|\Omega([d_1, d_2])|}{[d_1, d_2]} = \frac{|\Omega(d_1)|}{d_1} \cdot \frac{|\Omega(d_2)|}{d_2} \cdot \frac{(d_1, d_2)}{|\Omega((d_1, d_2))|} \tag{7.1.20}$$

と分解する. Möbius の反転を用い, $\mu(d_1)\mu(d_2) \neq 0$

$$\frac{(d_1, d_2)}{|\Omega((d_1, d_2))|} = \sum_{\substack{d|d_1 \\ d|d_2}} \frac{1}{|\Omega(d)|} \prod_{p|d} (p - |\Omega(p)|). \tag{7.1.21}$$

ここで, 任意の p につき $|\Omega(p)| \neq 0$ と仮定したが, 一般性は失われない. もしも $|\Omega(p)| = 0$ であるならば, その様な素数は篩問題 $|\mathcal{S}(\mathcal{N}, z; \Omega)|$ に元来参加しないのである. これらから,

$$\begin{aligned} S &= \sum_{d<z} \frac{\mu(d)^2}{|\Omega(d)|} \prod_{p|d}(p - |\Omega(p)|) \cdot \xi(d)^2, \\ \xi(d) &= \sum_{\substack{g<z \\ g \equiv 0 \bmod d}} \frac{|\Omega(g)|}{g} \lambda(g). \end{aligned} \tag{7.1.22}$$

線形変換 $\lambda \mapsto \xi$ の逆変換は

$$\lambda(d) = \frac{d}{|\Omega(d)|} \sum_{g<z/d} \mu(g) \xi(dg). \tag{7.1.23}$$

実際, この和は

$$\begin{aligned} &\sum_{g<z/d} \mu(g) \sum_{\substack{h<z \\ h \equiv 0 \bmod dg}} \frac{|\Omega(h)|}{h} \lambda(h) \\ &= \sum_{\substack{h<z \\ h \equiv 0 \bmod d}} \frac{|\Omega(h)|}{h} \lambda(h) \sum_{g|(h/d)} \mu(g) = \frac{|\Omega(d)|}{d} \lambda(d). \end{aligned} \tag{7.1.24}$$

等式 (7.1.23) により境界条件 $\lambda(1) = 1$ を

$$1 = \sum_{g<z} \mu(g) \xi(g) \tag{7.1.25}$$

と変換し, 更に (7.1.22) から

$$S = \frac{1}{G(z,\Omega)}$$
$$+ \sum_{d<z} \frac{\mu(d)^2}{|\Omega(d)|} \prod_{p|d}(p - |\Omega(p)|) \cdot \Big(\xi(d) - \frac{1}{G(z,\Omega)}\mu(d)H(d,\Omega)\Big)^2. \quad (7.1.26)$$

従って,
$$\xi(d) = \frac{1}{G(z,\Omega)}\mu(d)H(d,\Omega) \quad (7.1.27)$$

なる ξ が S の最小値を与える. 即ち, (7.1.23) を経由し
$$\lambda(d) = \frac{\mu(d)}{G(z,\Omega)} \prod_{p|d} \frac{p}{p-|\Omega(p)|} \cdot \sum_{\substack{g<z/d \\ (d,g)=1}} \mu(g)^2 H(g,\Omega) \quad (7.1.28)$$

と定めるとき,
$$S = \frac{1}{G(z,\Omega)}. \quad (7.1.29)$$

勿論, 条件 (7.1.17) は充たされている. 更に, 任意の $d<z$, $\mu(d) \neq 0$, を採り, (7.1.13) の左辺の各項を最大公約数 (d,q) の値にて分類し,
$$G(z,\Omega) = \sum_{h|d} \mu(h)^2 H(h,\Omega) \sum_{\substack{g<z/h \\ (d,g)=1}} \mu(g)^2 H(g,\Omega). \quad (7.1.30)$$

この g の範囲を $g<z/d$ へ狭め, (7.1.14) により
$$G(z,\Omega) \geq \prod_{p|d}(1 + H(p,\Omega)) \cdot \sum_{\substack{g<z/d \\ (d,g)=1}} \mu(g)^2 H(g,\Omega)$$
$$= \prod_{p|d} \frac{p}{p-|\Omega(p)|} \cdot \sum_{\substack{g<z/d \\ (d,g)=1}} \mu(g)^2 H(g,\Omega). \quad (7.1.31)$$

即ち, (7.1.28) は
$$|\lambda(d)| \leq \mu(d)^2 \quad (7.1.32)$$

を意味する. 以上をまとめ, Selberg の手法は
$$|\mathcal{S}(\mathcal{N},z;\Omega)| \leq \frac{N}{G(z,\Omega)} + R, \quad |R| \leq \Big(\sum_{d<z}|\Omega(d)|\Big)^2, \quad (7.1.33)$$

を与える.

応用例に沿い篩効果を表す因子 $G(z,\Omega)$ を評価してみる. 先ず, 奇数列から平方数を篩出す場合,

$$G(z,\Omega) = \sum_{3\leq g<z} \mu^2(g) \prod_{p|g} \frac{p-1}{p+1} \gg z. \tag{7.1.34}$$

従って Linnik の方法によれば (7.1.15) から

$$|\mathcal{S}(\mathcal{N},z;\Omega)| \ll \min_z \left(\frac{N}{z}+z\right) \ll N^{1/2} \tag{7.1.35}$$

となり, $M \ll N$ であるならば, 正に期待される評価を得る. 一方, Selberg の結果 (7.1.33) からは, 遥かに弱い評価が得られる. 従って, 上記に示した限りにては Linnik の方法は Selberg のそれに勝る, と言える. しかしながらこれは皮相な観察であることが次節以下にて判明するのである.

更に, (6.3.43) に相当する場合を考察してみる. 応用すべき数列は $\mathcal{N} = \{1 \leq n < (x-l)/q\}$, 且つ $\Omega(p) = \{qn+l \equiv 0 \bmod p\}$. つまり $|\Omega(p)| = 1$, $p \nmid q$; $|\Omega(p)| = 0$, $p | q$. 従って,

$$G(z,\Omega) = \sum_{\substack{g<z \\ (g,q)=1}} \frac{\mu^2(g)}{\varphi(g)} \geq \frac{\varphi(q)}{q} \sum_{g<z} \frac{\mu^2(g)}{\varphi(g)}. \tag{7.1.36}$$

この不等式は, (7.1.30) にて $d=q$ とし g の範囲を $g<z$ に広げることにより得られる. また,

$$\sum_{g<z} \frac{\mu^2(g)}{\varphi(g)} = \sum_{g<z} \mu^2(g) \prod_{p|g}\left(1+\frac{1}{p}+\frac{1}{p^2}+\cdots\right)$$
$$> \sum_{g<z} \frac{1}{g}. \tag{7.1.37}$$

よって, z を充分大とし, (7.1.15) より

$$\pi(x;q,l) \leq \min_z \left(|\mathcal{S}(\mathcal{N},z;\Omega)|+\frac{z}{q}+1\right)$$
$$\leq \min_z \left(\frac{x/q+2z^2}{(\varphi(q)/q)\log z}+\frac{z}{q}+1\right). \tag{7.1.38}$$

再び, (6.3.43) を得る. 評価 (6.3.42) についても同様である. この場合は,

(7.1.15) と (7.1.33) との間にはさほどの乖離は無い.

以上に加えて,双子素数の個数 $\pi_2(x)$ の評価についても述べておくべきであろう. 設定 (7.1.3) の直後に戻り,この場合は

$$G(z,\Omega) = \sum_{g<z} \mu^2(g) \prod_{\substack{p|g \\ p>2}} \frac{2}{p-2}. \tag{7.1.39}$$

そこで, 函数

$$\sum_{g=1}^{\infty} \frac{\mu^2(g)}{g^s} \prod_{\substack{p|g \\ p>2}} \frac{2}{p-2} = \zeta^2(s+1)\left(1+\frac{1}{2^s}\right)\left(1-\frac{1}{2^{s+1}}\right)^2$$
$$\times \prod_{p\geq 3}\left(1-\frac{1}{p^{s+1}}\right)^2\left(1+\frac{2}{p^s(p-2)}\right) \tag{7.1.40}$$

を用いる. 但し, $\mathrm{Re}\, s > 0$ である. Perron の近似式 (1.5.1) を援用し, 容易に

$$G(z,\Omega) = \frac{1}{4}(\log^2 z + O(\log z))\prod_{p\geq 3}\left(1-\frac{1}{(p-1)^2}\right)^{-1} \tag{7.1.41}$$

を得る. 従って, (7.1.15) 及び (7.1.33) は共に評価

$$\pi_2(x) \leq (1+o(1))\frac{16x}{(\log x)^2}\prod_{p\geq 3}\left(1-\frac{1}{(p-1)^2}\right) \tag{7.1.42}$$

を与える. これは予想 (5.1.19) と比較すべき結果である. 第 5.2 節の終段にて述べられたと同様な印象を得よう. Linnik 及び Selberg の篩くも初等的な方法がこの様な結果をもたらすとは真に驚くべきである.

7.2　L^2-不 等 式 II

本節にては,評価 (7.1.15) のよって立つところの「加法的指標に関する L^2-不等式」を証明し,その拡張を示す. 区間 $[M, M+N]$ は (7.1.3) と同様である.

補題 7.1　単位区間内に点列 $\{\theta_j : 1 \leq j \leq J\}$ をとり, 隣り合うもの同士の距離が mod 1 にて $\delta > 0$ 以上であるとする. このとき, 任意の複素数列 $\{a_n\}$, $\{b_j\}$ について,

$$\sum_{j=1}^{J}\Big|\sum_{M\leq n<M+N} a_n e(n\theta_j)\Big|^2 \leq (N+2\delta^{-1})\sum_{M\leq n<M+N}|a_n|^2, \qquad (7.2.1)$$

$$\sum_{M\leq n<M+N}\Big|\sum_{j=1}^{J} b_j e(n\theta_j)\Big|^2 \leq (N+2\delta^{-1})\sum_{j=1}^{J}|b_j|^2. \qquad (7.2.2)$$

[証明] 後者を先に示す. 先ず, $J=1$ の場合は自明である. また, $J=2$ の場合, 左辺は

$$N(|b_1|^2+|b_2|^2) + 2\mathrm{Re}\Big\{b_1\overline{b_2}\sum_{n=M}^{M+N} e((\theta_1-\theta_2)n)\Big\}$$
$$\leq N(|b_1|^2+|b_2|^2) + \frac{2|b_1 b_2|}{|\sin(\pi(\theta_1-\theta_2))|} \qquad (7.2.3)$$

である故, 不等式 $|\sin(\pi(\theta_1-\theta_2))|\geq 2\delta$ に注意すれば済む. 従って以下にては,

$$3\leq J\leq \delta^{-1}. \qquad (7.2.4)$$

このとき, 任意の整数 $H>0$ について不等式

$$\sum_{-H\leq n\leq H}\Big|\sum_{j=1}^{J} b_j e(n\theta_j)\Big|^2 \leq (2H+1+2(2/3)^{1/2}\delta^{-1})\sum_{j=1}^{J}|b_j|^2 \qquad (7.2.5)$$

を示せば充分である. 実際, 仮に $N=2H+1$ であるならば, (7.2.2) は (7.2.5) から容易に従う. また, $N=2H$ であるならば, 和の領域を $M\leq n\leq N+M$ と広げ (7.2.5) を用いる. この場合, $\delta\leq \frac{1}{3}$ により,

$$2H+1+2(2/3)^{1/2}\delta^{-1} = N+1+2(2/3)^{1/2}\delta^{-1}$$
$$\leq N+(1/3+2(2/3)^{1/2})\delta^{-1} < N+2\delta^{-1}. \quad (7.2.6)$$

従って, (7.2.2) が得られる.

一方, (7.2.5) については, 次を示せば充分である.

$$\sum_{n=-\infty}^{\infty} w(n)\Big|\sum_{j=1}^{J} b_j e(n\theta_j)\Big|^2 \leq (2H+1+2(2/3)^{1/2}\delta^{-1})\sum_{j=1}^{J}|b_j|^2. \qquad (7.2.7)$$

但し, $K>0$ を後に定める整数とし,

$$w(x) = \begin{cases} 1, & |x| \leq H, \\ 0, & H+K \leq |x|, \\ (H+K-|x|)/K, & H \leq |x| \leq H+K. \end{cases} \quad (7.2.8)$$

不等式 (7.2.7) の左辺は

$$\sum_{j,k} b_j \overline{b_k} W(\theta_j - \theta_k) \leq \Big(W(0) + \max_j \sum_{k \neq j} |W(\theta_j - \theta_k)| \Big) \sum_{j=1}^{J} |b_j|^2. \quad (7.2.9)$$

ここに,

$$\begin{aligned} W(\theta) &= \sum_{n=-\infty}^{\infty} w(n) e(n\theta) \\ &= \frac{1}{K} \left\{ \Big(\frac{\sin(\pi(H+K)\theta)}{\sin(\pi\theta)} \Big)^2 - \Big(\frac{\sin(\pi H \theta)}{\sin(\pi\theta)} \Big)^2 \right\}. \quad (7.2.10) \end{aligned}$$

つまり

$$\begin{aligned} |W(0)| &= 2H+K, \\ |W(\theta)| &\leq \frac{1}{K(\sin \pi \theta)^2}, \quad \theta \notin \mathbb{Z}. \end{aligned} \quad (7.2.11)$$

一方

$$\begin{aligned} \frac{1}{(\sin \pi \theta)^2} &= \frac{1}{(\pi\theta)^2} + \frac{1}{\pi^2} \sum_{m=1}^{\infty} \Big(\frac{1}{(m+\theta)^2} + \frac{1}{(m-\theta)^2} \Big) \\ &\leq \frac{1}{(\pi\theta)^2} + \frac{1}{\pi^2} \sum_{m=1}^{\infty} \Big(\frac{1}{(m+\frac{1}{2})^2} + \frac{1}{(m-\frac{1}{2})^2} \Big) \\ &= \frac{1}{(\pi\theta)^2} + 1 - \frac{4}{\pi^2}. \quad (7.2.12) \end{aligned}$$

これらから, (7.2.4) に注意し,

$$\begin{aligned} \sum_{k \neq j} |W(\theta_j - \theta_k)| &\leq \frac{2}{\pi^2 K} \sum_{\ell=1}^{\infty} \frac{1}{(\ell \delta)^2} + \frac{J}{K} \\ &\leq \frac{1}{3K\delta^2} + \frac{1}{K\delta} \leq \frac{2}{3K\delta^2}. \quad (7.2.13) \end{aligned}$$

よって,

$$\sum_{-H \leq n \leq H} \Big| \sum_j b_j e(n\theta_j) \Big|^2 \leq \Big(2H + K + \frac{2}{3K\delta^2}\Big) \sum_{j=1}^J |b_j|^2. \qquad (7.2.14)$$

ここで $K = [(2/3)^{\frac{1}{2}}\delta^{-1}] + 1$ とし，(7.2.7) を得，(7.2.2) の証明を終わる．

次に，(7.2.1) を考察する．証明には二通りの方法がある．第1の証明にては，補題 3.2 を援用する．第2の証明にては，有界線形作用素のノルムに関する双対性を用いる．後者の手法には更なる応用があるため，別に述べることとする．そこで，仮定 (7.2.4) のもとに，補題 3.2 にて通常の ℓ^2-空間を採り，

$$\begin{aligned}\underline{a}^{(j)} &= (\ldots, w(n)^{1/2} e(n\theta_j), \ldots), \\ \underline{b} &= (\ldots, a_n w(n)^{-1/2}, \ldots)\end{aligned} \qquad (7.2.15)$$

とする．但し，

$$a_n = 0, \quad n \notin [-H, H], \qquad (7.2.16)$$

且つ $w(x)$ は (7.2.8) にある通りとする．この設定のもとに，

$$\sum_{j=1}^J \frac{\Big|\sum_{-H \leq n \leq H} a_n e(n\theta_j)\Big|^2}{\sum_{k=1}^J |W(\theta_j - \theta_k)|} \leq \sum_{-H \leq n \leq H} |a_n|^2. \qquad (7.2.17)$$

これら分母について (7.2.11)–(7.2.13) を用い，

$$\sum_{j=1}^J \Big| \sum_{-H \leq n \leq H} a_n e(n\theta_j) \Big|^2 \leq \Big(2H + K + \frac{2}{3K\delta^2}\Big) \sum_{-H \leq n \leq H} |a_n|^2. \qquad (7.2.18)$$

これより，条件 (7.2.4) のもとにての (7.2.2) の議論に沿い (7.2.1) を得る．残るは，$J = 1, 2$ の場合であるが，前者は自明である．後者については，(7.2.15) の設定を変更し，$a_n = 0, n \notin [M, M+N]$，且つ $w(x)$ は同区間にて 1，他所にては 0，とする．補題 3.2 から (7.2.3) に対応する不等式を経由し，(7.2.1)，$J = 2$，を得る．

不等式 (7.2.1) の第2証明を示す．周知の双対原理を援用する．

補題 7.2 Hilbert 空間上の有界線形作用素 $\mathcal{D}$ のノルムを $\|\mathcal{D}\|$ にて示す．

このとき，$\mathcal{D}$ の随伴作用素を $\mathcal{D}^*$ とするとき，

$$\|\mathcal{D}\| = \|\mathcal{D}^*\|. \tag{7.2.19}$$

特に作用素 $\mathcal{D}$ を

$$\mathcal{D}((b_j)_{1\leq j\leq J}) = (b_j e(n\theta_j))_{M\leq n<M+N} \tag{7.2.20}$$

と定義するならば，(7.2.2) は $\|\mathcal{D}\|^2 \leq N + 2\delta^{-1}$ を意味する．また，(7.2.1) の左辺は

$$|\mathcal{D}^*((a_n)_{M\leq n<M+N})|^2 \leq \|\mathcal{D}^*\|^2 \sum_{M\leq n<M+N} |a_n|^2. \tag{7.2.21}$$

よって，補題 7.1 の証明を終わる．

不等式 (7.2.1)–(7.2.2) の算術的な応用を以下に述べる．先ず，$\{\theta_j\}$ として位数 Q の Farey 級数をとる．つまり，

$$\{\theta_j\} = \{a/q : (a,q) = 1, 1 \leq a < q < Q\}. \tag{7.2.22}$$

このとき，

$$\sum_{q<Q} \sum_{\substack{a=1 \\ (a,q)=1}}^{q} \Big| \sum_{M\leq n<M+N} a_n e\Big(\frac{a}{q}n\Big)\Big|^2$$
$$\leq (N+2Q^2) \sum_{M\leq n<M+N} |a_n|^2. \tag{7.2.23}$$

これの双対は

$$\sum_{M\leq n<M+N} \Big|\sum_{q<Q} \sum_{\substack{a=1 \\ (a,q)=1}}^{q} b_{a/q} e\Big(\frac{a}{q}n\Big)\Big|^2$$
$$\leq (N+2Q^2) \sum_{q<Q} \sum_{\substack{a=1 \\ (a,q)=1}}^{q} |b_{a/q}|^2. \tag{7.2.24}$$

後者の応用として，Selberg の篩法につき重要な事実を示す．これは，(7.1.35) の直後に述べた Linnik と Selberg の方法の比較に関することである．実は，

(7.1.15) を Selberg の方法にても導くことができるのである．つまり，篩評価 (7.1.15) と (7.1.33) とを比較し，Selberg の篩法は Linnik のそれに劣る，と結論してはならない．

集合 $\{n \in \mathbb{Z} : n \in \Omega(d)\}$ の特性函数を

$$\frac{1}{d} \sum_{a \bmod d} \sum_{h \in \Omega(d)} e\left(\frac{a}{d}(n-h)\right)$$
$$= \frac{1}{d} \sum_{q|d} \sum_{\substack{a \bmod q \\ (a,q)=1}} \left(\sum_{h \in \Omega(d)} e\left(-\frac{a}{q}h\right)\right) \cdot e\left(\frac{a}{q}n\right) \quad (7.2.25)$$

と表す．これを (7.1.16) に挿入し，

$$|\mathcal{S}(\mathcal{N}, z\,;\Omega)| \leq \sum_{M \leq n < M+N} \left|\sum_{q<z} \sum_{\substack{a \bmod q \\ (a,q)=1}} b_{a/q} e\left(\frac{a}{q}n\right)\right|^2. \quad (7.2.26)$$

但し，

$$b_{a/q} = \sum_{\substack{d<z \\ d \equiv 0 \bmod q}} \frac{\lambda(d)}{d} \sum_{h \in \Omega(d)} e\left(-\frac{a}{q}h\right). \quad (7.2.27)$$

不等式 (7.2.24) を (7.2.26) の右辺に適用し，

$$|\mathcal{S}(\mathcal{N}, z\,;\Omega)| \leq (N + 2z^2) \sum_{q<z} \sum_{\substack{a \bmod q \\ (a,q)=1}} |b_{a/q}|^2. \quad (7.2.28)$$

二重和は

$$\sum_{d_1,d_2<z} \frac{\lambda(d_1)\lambda(d_2)}{d_1 d_2}$$
$$\times \sum_{h_1 \in \Omega(d_1)} \sum_{h_2 \in \Omega(d_2)} \sum_{q|(d_1,d_2)} \sum_{\substack{a \bmod q \\ (a,q)=1}} e\left(\frac{a}{q}(h_1-h_2)\right). \quad (7.2.29)$$

条件 (7.1.17) のもとに，内部の四重和は

$$\prod_{p_1|d_1, p_2|d_2} \left[\sum_{h_1 \in \Omega(p_1)} \sum_{h_2 \in \Omega(p_2)} \sum_{q|(p_1,p_2)} \sum_{\substack{a \bmod q \\ (a,q)=1}} e\left(\frac{a}{q}(h_1-h_2)\right)\right]. \quad (7.2.30)$$

素因数 p_1, p_2 を分類し，$p_1 \neq p_2$ と $p_1 = p_2$ の場合に分ける．前者にては内部和は $|\Omega(p_1)||\Omega(p_2)|$ であり，後者にては

$$\sum_{h_1 \in \Omega(p_1)} \sum_{h_2 \in \Omega(p_1)} \sum_{q|p_1} \sum_{\substack{a \bmod q \\ (a,q)=1}} e\left(\frac{a}{q}(h_1 - h_2)\right)$$
$$= |\Omega(p_1)|^2 + |\Omega(p_1)|(p_1 - |\Omega(p_1)|). \tag{7.2.31}$$

右辺の 2 項は各々 $q = 1$，$q = p_1$ に対応する．従って，(7.2.29) は

$$\sum_{d_1,d_2<z} \frac{\lambda(d_1)\lambda(d_2)}{d_1 d_2} \prod_{p_1,p_2 \mid \frac{[d_1,d_2]}{(d_1,d_2)}} |\Omega(p_1)||\Omega(p_2)| \prod_{p\mid(d_1,d_2)} p|\Omega(p)|. \tag{7.2.32}$$

これは前出の S に他ならない．つまり，(7.2.26) は

$$|\mathcal{S}(\mathcal{N},z\,;\Omega)| \leq (N + 2z^2) \cdot S \tag{7.2.33}$$

となる．前節の (7.1.20)–(7.1.29) により，(7.1.15) を再び得る．

　上記にては Linnik の方法から Selberg のそれを見直し，(7.2.33) に至ったのである．重要な「上からの評価」(7.1.15) の二通りの証明が得られたが，それらの間には明らかな双対性が認められる．全く独立して案出された Linnik と Selberg の着想にこの様な関係があることを知るのは興味深かろう．この観点を推し進め，逆に Selberg の方法をもとにして (7.2.23)–(7.2.24) を精密化できることを示そう．このために，(7.1.28) に戻る．これら最適な $\lambda(d)$ は

$$\sum_{n \in \Omega(d)} \lambda(d) = \frac{1}{G(z,\Omega)} \sum_{r<z} \mu(r)^2 H(r,\Omega) \Psi_r(n,\Omega),$$
$$\Psi_r(n,\Omega) = \prod_{\substack{p|r \\ n \in \Omega(p)}} \left(\frac{-1}{H(p,\Omega)}\right) \tag{7.2.34}$$

を与え，(7.2.33) に至る議論は，

$$\sum_{M \leq n < M+N} \left(\sum_{\substack{n \in \Omega(d) \\ d|P(z)}} \lambda(d)\right)^2 \leq \frac{N + 2z^2}{G(z,\Omega)} \tag{7.2.35}$$

を意味する．つまり，

$$\sum_{M \leq n < M+N} \Big(\sum_{r < z} \mu(r)^2 H(r,\Omega) \Psi_r(n,\Omega) \Big)^2$$
$$\leq (N + 2z^2) \sum_{r < z} \mu^2(r) H(r,\Omega). \qquad (7.2.36)$$

これを (7.2.24) と比較し作用素

$$\Big(\mu^2(r) H(r,\Omega)^{1/2} \Psi_r(n,\Omega) \Big),$$
$$M \leq n < M+N;\ r < z, \qquad (7.2.37)$$

の存在に気づく. 函数系 $\{H(r,\Omega)^{1/2} \Psi_r(n,\Omega)\}$ の集合には一種「直交性」が内在する, と (7.2.36) からみてとれる. 即ち, 次の「算術的」L^2-不等式の成立が予想される. 任意の複素数列 $\{a_n\}$, $\{b(q)\}$ について,

$$\sum_{q < Q} \mu^2(q) H(q,\Omega) \Big| \sum_{M \leq n < M+N} a_n \Psi_q(n,\Omega) \Big|^2$$
$$\leq (N + 2Q^2) \sum_{M \leq n < M+N} |a_n|^2, \qquad (7.2.38)$$

$$\sum_{M \leq n < M+N} \Big| \sum_{q < Q} b(q) \mu^2(q) H(q,\Omega)^{1/2} \Psi_q(n,\Omega) \Big|^2$$
$$\leq (N + 2Q^2) \sum_{q < Q} \mu^2(q) |b(q)|^2. \qquad (7.2.39)$$

これらを (7.2.23)–(7.2.24) と混成させた状態にて証明する.

補題 7.3 任意の複素数列 $\{a_n\}$, $\{b_{v/u}(r)\}$ について

$$\sum_{\substack{ru < Q \\ (r,u)=1}} \mu^2(q) H(q,\Omega) \sum_{\substack{v=1 \\ (v,u)=1}}^{u} \Big| \sum_{M \leq n < M+N} a_n \Psi_r(n,\Omega) e\Big(\frac{v}{u} n\Big) \Big|^2$$
$$\leq (N + 2Q^2) \sum_{M \leq n < M+N} |a_n|^2, \qquad (7.2.40)$$

$$\sum_{M \leq n < M+N} \Big| \sum_{\substack{ru<Q \\ (r,u)=1}} \sum_{\substack{v=1 \\ (v,u)=1}}^{u} b_{v/u}(r)\mu^2(r)H(q,\Omega)^{1/2}\Psi_r(n,\Omega)e\Big(\frac{v}{u}n\Big)\Big|^2$$

$$\leq (N+2Q^2) \sum_{\substack{ru<Q \\ (r,u)=1}} \sum_{\substack{v=1 \\ (v,u)=1}}^{u} |b_{v/u}(r)|^2. \quad (7.2.41)$$

[証明] 補題 7.2 により，後者を証明すれば足りる．先ず，

$$\Psi_r(n,\Omega) = \frac{\mu(r)}{|\Omega(r)|} \sum_{\substack{t=1 \\ (t,r)=1}}^{r} \Big(\sum_{h\in\Omega(r)} e\Big(-\frac{t}{r}h\Big)\Big)e\Big(\frac{t}{r}n\Big) \quad (7.2.42)$$

であることに注意する．実際，乗法性を用い

$$\frac{\mu(r)}{|\Omega(r)|} \prod_{p|r} \sum_{h\in\Omega(p)} \sum_{t=1}^{p-1} e\Big(\frac{t}{r}(n-h)\Big)$$

$$= \frac{\mu(r)}{|\Omega(r)|} \prod_{\substack{p|r \\ n\in\Omega(p)}} (p-|\Omega(p)|) \prod_{\substack{p|r \\ n\notin\Omega(p)}} (-|\Omega(p)|)$$

$$= \prod_{\substack{p|r \\ n\in\Omega(p)}} \frac{|\Omega(p)|-p}{|\Omega(p)|} = \Psi_r(n,\Omega). \quad (7.2.43)$$

よって，

$$\sum_{\substack{ru<Q \\ (r,u)=1}} \sum_{\substack{v=1 \\ (v,u)=1}}^{u} b_{v/u}(r)\mu^2(r)H(r,\Omega)^{1/2}\Psi_r(n,\Omega)e\Big(\frac{v}{u}n\Big)$$

$$= \sum_{\substack{ru<Q \\ (r,u)=1}} \sum_{\substack{v=1 \\ (v,u)=1}}^{u} \sum_{\substack{t=1 \\ (t,r)=1}}^{r} e\Big(\Big(\frac{v}{u}+\frac{t}{r}\Big)n\Big)$$

$$\times \Big[b_{v/u}(r)\mu(r)\frac{H(r,\Omega)^{1/2}}{|\Omega(r)|} \sum_{h\in\Omega(r)} e\Big(-\frac{t}{r}h\Big)\Big]. \quad (7.2.44)$$

従って，(7.2.24) を援用し，(7.2.41) の左辺は

$$\le (N+2Q^2) \sum_{\substack{ru<Q \\ (r,u)=1}} \sum_{\substack{v=1 \\ (v,u)=1}}^{u} \mu^2(r)|b_{v/u}(r)|^2 \frac{H(r,\Omega)}{|\Omega(r)|^2}$$

$$\times \sum_{\substack{t=1 \\ (t,r)=1}}^{r} \Big| \sum_{h\in\Omega(r)} e\Big(-\frac{t}{r}h\Big) \Big|^2. \qquad (7.2.45)$$

下行を計算し補題の証明を終わる.

補題 7.3 は明らかに (7.2.23)–(7.2.24) を含む. 特に $a_n = \varpi(n)$ とするならば, (7.2.40) は (7.1.15) の精密化を与える. しかし, 上記の議論の目的は函数 $\Psi_r(n,\Omega)$ そのものへの注目を促すことにある. つまりはこれら函数の出処である. それは「最適化」(7.1.20)–(7.1.27) の中にあり, 且つ, 銘記すべきはこの方法を適用できる数列の範囲は, 上記にて専ら扱われた区間 $\mathcal{N}$ よりも遥かに広い, という事実である. 例えば, 数論的函数 f につき

$$Y_f(N;\lambda) = \sum_{n<N} f(n)\Big(\sum_{d|n}\lambda(d)\Big)^2 \qquad (7.2.46)$$

なる 2 次形式を条件 $\lambda(1)=1$ の下に考察することも可能である. 最適な λ につき上記の $\Psi_r(n,\Omega)$ の類似を求め, 対応する新たな算術的 L^2-不等式を得ることができる. これは重要な応用を有する. 第 9 章にてみる様に篩法と L-函数論との本質的な融合をもたらすのである.

なお, 注意であるが, 不等式 (7.2.17) における分母

$$\sum_{k=1}^{J} |W(\theta_j - \theta_k)| \qquad (7.2.47)$$

は, θ_j の位置に勿論関係する. 上記にては, これら分母の上界として $N+2\delta^{-1}$ を得たのであり, $\{\theta_j\}$ の分布の「非均一性」を斟酌せずに済ませた. また, 「重み函数」w の選択についても簡明さを優先させた. より精密な手法によれば, n, θ_j は補題 7.1 の通りとし, 補題 7.2 の記法にて

$$\|(e(n\theta_j))\|^2 \le N-1+\delta^{-1}, \qquad (7.2.48)$$

となり且つ「最良」であることが知られている. しかし, 以下に意図する応用

上は (7.2.1)–(7.2.2) にて足りる.

Farey 級数の場合, これら考慮は興味深い算術的応用をもたらす. つまり, 先ず, (7.2.23) の改良が得られ, それは補題 7.2 により (7.2.24) に反映される. 更に, (7.2.25) を経由して応用するならば, この改良は帰結として (7.1.28) とは異なる最適な λ をもたらすのである. 従って, 例えば補題 7.3 には改良或は再考察の余地があることを示している.

7.3 付　　　記

定義 (7.1.1) について. より一般的には, 各 p^a, $a = 1, 2, 3, \ldots$ に剰余類の集合 $\Omega(p^a)$ をあらかじめ対応させた上にて議論する. Selberg [97] 及び Motohashi [14] をみよ. しかし, 本書の目的とするところでは (7.1.1) にて充分である. なお, Selberg [97, p. 241] の問題は Motohashi [14, Sec. 1.1] により解決されている.

Linnik は, (7.1.12) にて q を素数とした場合のみを考察したのであるが, 論旨は同じである. 彼の目的は「最小 2 次非剰余についての Vinogradov 予想」を統計的に議論することであった. これについては, [1, p. 7] をみよ. 篩評価式 (7.1.15) は実際は Montgomery [12, Chap. 3] による.

双対原理 (7.2.19) が L^2-篩の文脈にて用いられ始めた経緯は定かでない. 著者も含め幾人かが同時に気づいた, とすべきであろう. ノルム $\|\mathcal{D}\|$ の平方は作用素 $\mathcal{D}^*\mathcal{D}$ の最大固有値であるが, その他の固有値は篩問題にて如何なる働きを為すのであろうか. なお, ノルム $\|\mathcal{D}\|_{p,q}$ も同じく有用である.

「Linnik の篩」と「Selberg の篩」との双対的な関係 (7.2.25)–(7.2.33) の把握は著者による (1970, Turán seminar).

補題 7.3 は Motohashi [14, Sec. 1.2–1.4] による. Selberg [96, (3.4)] は最も単純な $\Omega(p) = \{0\}$ なる場合である. Selberg にならい $\{\Psi_q(n, \Omega)\}$ を「準指標」(pseudo-character) と呼ぶべきであろうか. 乗法性を課すならば, 一般には指標とはとれない.「Selberg の篩」との関係 (7.2.34)–(7.2.46) の把握は

Motohashi [77][14] による．この観察は L-函数の解析的理論に本質的な変化を引き起こした．第9章にて詳述する．第9.4節を参照せよ．

評価 (7.2.48) の証明については，例えば Montgomery [72] をみよ．

前節終段の注意に関連し Montgomery–Vaughan [73] による結果を示しておく．ある絶対常数 $c > 0$ があり，$x > cq$ であるならば一様に

$$\pi(x;q,l) \leq \frac{2x}{\varphi(q)\log(x/q)}. \tag{7.3.1}$$

これは予想 (6.4.4) と比較し，一種臨界的な評価である．しかしながら，第10章にて著しく異なる方法をもってより強い「Motohashi の評価」(10.1.1) を証明する．なお，[73] にては任意の区間が扱われている．

本章の導入にて示唆した Selberg の篩法の出自について若干の説明を試みるが，それは Bohr–Landau [26] に始まる「Riemann 予想」の統計的検証に基がある．即ち，彼らの着想 (3.4.1) 並びに Carleson [34] のそれ (3.3.1) を多少一般化し，任意の数列 $\{a_n\}$, $a_1 = 1$, について

$$\int_{-T}^{T} \left| \zeta\left(\tfrac{1}{2} + it\right) \sum_{n<X} \frac{a_n}{n^{1/2+it}} - 1 \right|^2 dt \tag{7.3.2}$$

なる量の解析を考察する．積分の漸近値を求めることは容易であり，主項の係数の主要部として

$$\sum_{m,n<X} \frac{a_m \overline{a_n}}{[m,n]} \tag{7.3.3}$$

が現れる．つまり，この様な文脈にて考察するならば，最適な緩衝 Dirichlet 多項式つまり積分 (7.3.2) の値を最小とする係数 $\{a_n\}$ を定めることは，Selberg の篩操作にて $\Omega(p) = \{0\}$ の場合と同一となる．最適係数は，(7.1.28) より

$$a_n \sim \mu(n)\frac{\log X/n}{\log X}. \tag{7.3.4}$$

これは，Euler 積により示唆された (3.3.1) の係数に酷似する．Selberg [92] はこの様な経験 [88] の後に (7.1.16) に想到したのであろう．彼自身の解説 [91][93][94] は興味深い．なお，この考察から Selberg は論文 [92] の第2主定理として

$$N(\alpha, T+U) - N(\alpha, T) \ll \frac{U}{\alpha - \frac{1}{2}}, \quad U \geq T^{1/2+\varepsilon}, \tag{7.3.5}$$

を得た．特に，(1.3.12) と比較し，領域

$$\left|\sigma - \frac{1}{2}\right| < \frac{\xi(|t|)}{\log |t|}, \quad |t| \geq 2, \tag{7.3.6}$$

に殆ど全ての複素零点が含まれることとなる．但し，$\xi(x)$ は x と共に発散する任意の単調増加函数である．また，第 1 主定理は (1.7.5) の後に触れた評価 $N_0(T) \gg T \log T$ である．その証明には，緩衝因子

$$N_X(s) = \sum_{n<X} \frac{\beta_n}{n^s}, \quad \beta_n = \alpha_n \frac{\log X/n}{\log X}, \tag{7.3.7}$$

が用いられている．但し，

$$(\zeta(s))^{-1/2} = \prod_p \left(\sum_{\ell=0}^{\infty} \binom{\frac{1}{2}}{\ell} \frac{(-1)^\ell}{p^{\ell s}}\right)$$
$$= \sum_{n=1}^{\infty} \frac{\alpha_n}{n^s}, \quad \mathrm{Re}\, s > 1, \tag{7.3.8}$$

である．函数 $Z(t)|N_X(\frac{1}{2}+it)|^2$ の極短区間における積分値の統計つまり分散が考察対象となる．ここに，$Z(t)$ は (1.7.16) にて定義されたものである．Selberg の選択 (7.3.7)–(7.3.8) が自然なものであることは (7.3.2)–(7.3.4) からみてとれよう．

第8章　平均素数定理

8.1　素数定理 V

　前節までの議論は，篩問題の文脈において「加法的指標」を活用する，或は加法的 L^2-不等式を経由し調和解析の援用をはかる，という考えの上に立つと観ることができよう．本節にては，次章において展開する篩法と zeta 及び L-函数論との融合を念頭におき，「乗法的指標」即ち Dirichlet 指標を含む L^2-不等式に移行する．勿論これは Dirichlet による算術級数の乗法的な扱いに雛形がある．加法的な機構が乗法的なものに移されることにより Euler 積を核とする zeta-函数論が如何に豊かな拡張を獲得したかを思うがよい．本節以降にてはより広い機構にて同様な拡張を考察する訳である．それにより，単に篩評価ばかりではなく，既に本節にて示す様に素数の漸近的分布そのものに目覚ましい帰結がもたらされるのである．結語的に言うならば Hoheisel の着想を乗法的 L^2-不等式をもって外挿し，「拡張された Riemann 予想」を包括的に回避する道を獲得することとなる．この極めて魅惑的な理論は Linnik の築いた礎の上に Rényi により拓かれたのである．

　先ず，補題 7.3, (7.2.40), を乗法的な機構に移し替える．上記諸準備の後にはそれはしかし容易である．なお，もはや双対不等式を示す必要は無かろう．

　補題 8.1　任意の複素数列 $\{a_n\}$ について

$$\sum_{\substack{qr<Q \\ (q,r)=1}} \mu^2(r) H(r,f) \frac{q}{\varphi(q)} \sum_{\chi \bmod q}^* \Big| \sum_{M \leq n < M+N} a_n \Psi_r(n,\Omega) \chi(n) \Big|^2$$
$$\leq (N+2Q^2) \sum_{M \leq n < M+N} |a_n|^2. \qquad (8.1.1)$$

但し，$\sum^*$ は原始指標への和の制限を意味する．また，任意の $T \geq 1$ につき

$$\sum_{\substack{qr<Q \\ (q,r)=1}} \mu^2(r) H(r,f) \frac{q}{\varphi(q)} \sum_{\chi \bmod q}^* \int_{-T}^{T} \Big| \sum_{n=1}^{\infty} a_n \Psi_r(n,\Omega) \chi(n) n^{it} \Big|^2 dt$$
$$\ll \sum_{n=1}^{\infty} (n+Q^2 T) |a_n|^2. \qquad (8.1.2)$$

但し，右辺は有界であると仮定する．

[証明] 後段は不等式 (3.1.7) と (8.1.1) とを組み合わせ容易に得られる．前段であるが，補題 4.2 により，原始指標 $\chi \bmod q$ につき

$$\sum_{M \leq n < M+N} a_n \chi(n) = \frac{1}{G_{\overline{\chi}}} \sum_{h \bmod q} \overline{\chi}(h) \sum_{M \leq n < M+N} a_n e\Big(\frac{h}{q}n\Big). \qquad (8.1.3)$$

よって，

$$\sum_{\chi \bmod q}^* \Big| \sum_{M \leq n < M+N} a_n \Psi_r(n) \chi(n) \Big|^2$$
$$\leq \frac{1}{q} \sum_{\chi \bmod q} \Big| \sum_{h \bmod q} \overline{\chi}(h) \sum_{M \leq n < M+N} a_n \Psi_r(n) e\Big(\frac{h}{q}n\Big) \Big|^2$$
$$= \frac{\varphi(q)}{q} \sum_{\substack{h \bmod q \\ (h,q)=1}} \Big| \sum_{M \leq n < M+N} a_n \Psi_r(n) e\Big(\frac{h}{q}n\Big) \Big|^2. \qquad (8.1.4)$$

不等式 (7.2.40) を用い，(8.1.1) を得る．証明を終わる．

本節にて実際に応用されるものは，(8.1.1)–(8.1.2) の特別の場合である次の 2 不等式である．

$$\sum_{q<Q} \sum_{\chi \bmod q}^{*} \Big| \sum_{M \leq n < M+N} a_n \chi(n) \Big|^2 \ll (N + Q^2) \sum_{M \leq n < M+N} |a_n|^2, \quad (8.1.5)$$

$$\sum_{q<Q} \sum_{\chi \bmod q}^{*} \int_{-T}^{T} \Big| \sum_{n=1}^{\infty} a_n \chi(n) n^{it} \Big|^2 dt \ll \sum_{n=1}^{\infty} (n + Q^2 T) |a_n|^2. \quad (8.1.6)$$

以後の議論の関心は「多くの算術級数」中に現れる素数の平均的な分布にある．つまり，公差 q が x と共に変動する場合に，函数 $\pi(x;q,l)$ 乃至 $\psi(x;q,l)$ は集団としてはどの様な振る舞いをなすか．これを明示式 (4.5.3) から観るならば，第 3 章の議論を Dirichlet L-函数の集団に拡張すべきこととなる．勿論，分解 (4.1.8) により，原始指標に付随する L-函数のみを考察すれば足る．そこで，$L(s,\chi)$ の非自明零点 $\rho = \beta + i\gamma$ の内，$\alpha \leq \beta, |\gamma| \leq T$ となるものの個数を $N(\alpha,T;\chi)$ とし，原始的な χ についてそれらの和を考察する．評価 (3.3.16) の拡張を求めたい．この目的のためには，先ず，評価 (3.1.16)，補題 3.5 及び 3.6 を拡張せねばならない．

補題 8.2 任意の $Q, T \geq 2$，複素数列 $\{c(n)\}$ 及び集合 $S_\chi = \{s_j : j = 1, 2, \ldots\}$ につき，仮定

$$\mathrm{Re}\, s_j \geq 0, \quad |\mathrm{Im}\, s_j| \leq T, \quad |\mathrm{Im}\,(s_j - s_k)| \geq 1,\ j \neq k, \quad (8.1.7)$$

のもとに，

$$\sum_{Q \leq q < 2Q} \sum_{\chi \bmod q}^{*} \sum_{s \in S_\chi} \Big| \sum_{N \leq n < 2N} c(n) \chi(n) n^{-s} \Big|^2$$
$$\ll (N + Q^2 T) \log N \sum_{N \leq n < 2N} |c(n)|^2. \quad (8.1.8)$$

[証明] 補題 3.3 の証明の対応部分の自然な拡張にて示される．評価 (3.1.2) に代わり (8.1.6) が用いられる．詳細を省いてよかろう．

補題 8.3 任意の $Q, T \geq 2$ 及び $|\eta - \frac{1}{2}| \leq (\log QT)^{-1}$ について，

$$\sum_{Q \leq q < 2Q} \sum_{\chi \bmod q}^{*} \int_{-T}^{T} |L(\eta + it, \chi)|^4 dt \ll Q^2 T (\log QT)^6. \quad (8.1.9)$$

仮定
$$|L(\tfrac{1}{2}+it_{j,\chi},\chi)|\geq V>0,$$
$$|t_{j,\chi}|\leq T,\quad 1\leq j\leq J_\chi;\quad |t_{j,\chi}-t_{j',\chi}|\geq 1,\quad j\neq j', \tag{8.1.10}$$
のもとに
$$\sum_{Q\leq q<2Q}\sideset{}{^*}\sum_{\chi\bmod q} J_\chi \ll Q^2 T V^{-4}\log^7 QT. \tag{8.1.11}$$

[証明] 後半は補題 3.6 の証明に沿えば済む．また，前半は補題 3.5 の証明を適宜拡張すれば足りる故，要点のみを示す．指標 $\chi \bmod q$ は (8.1.9) にある通りとする．定義 (1.1.15) により，
$$\frac{1}{2\pi i}\int_{(2)} L^2(w+\xi,\chi)\Gamma(w)(QT)^w dw$$
$$=\sum_{n=1}^\infty \frac{d(n)\chi(n)}{n^\xi}e^{-n/(QT)},\quad \xi=\eta+it. \tag{8.1.12}$$

積分路を $\operatorname{Re} w=-\tfrac{3}{4}$ に移し，函数等式 (4.2.10) を $L(s,\chi)=\lambda(s,\chi)L(1-s,\overline{\chi})$ と書き，
$$L^2(\xi,\chi)=\sum_{n=1}^\infty \frac{d(n)\chi(n)}{n^\xi}e^{-n/(QT)}$$
$$+\frac{1}{2\pi i}\int_{(-\tfrac{3}{4})}\lambda^2(w+\xi,\chi)\Gamma(w)(QT)^w\Big(\sum_{n=1}^\infty \frac{d(n)\overline{\chi(n)}}{n^{1-w-\xi}}\Big)dw. \tag{8.1.13}$$

積分項を分割し，
$$\frac{1}{2\pi i}\int_{(a)}\lambda^2(w+\xi,\chi)\Gamma(w)(QT)^w\Big(\sum_{n<QT}\frac{d(n)\overline{\chi(n)}}{n^{1-w-\xi}}\Big)dw$$
$$+\frac{1}{2\pi i}\int_{(b)}\lambda^2(w+\xi,\chi)\Gamma(w)(QT)^w\Big(\sum_{n\geq QT}\frac{d(n)\overline{\chi(n)}}{n^{1-w-\xi}}\Big)dw. \tag{8.1.14}$$

但し，$a=-(\log QT)^{-1}$，且つ $b=-\tfrac{1}{2}-2(\log QT)^{-1}$．ここで，
$$\lambda^2(w+\xi,\chi)\Gamma(w)(QT)^w\ll\begin{cases}e^{-|w|}\log QT & \operatorname{Re} w=a,\\ e^{-|w|}(QT)^{1/2} & \operatorname{Re} w=b.\end{cases} \tag{8.1.15}$$

つまり，

$$|L(\xi,\chi)|^2 \ll \Big|\sum_{n=1}^{\infty} \frac{d(n)\chi(n)}{n^\xi} e^{-n/(QT)}\Big|$$

$$+ (\log QT) \int_{(a)} \Big|\sum_{n<QT} \frac{d(n)\overline{\chi(n)}}{n^{1-w-\xi}}\Big| e^{-|w|}|dw|$$

$$+ (QT)^{1/2} \int_{(b)} \Big|\sum_{n\geq QT} \frac{d(n)\overline{\chi(n)}}{n^{1-w-\xi}}\Big| e^{-|w|}|dw| \qquad (8.1.16)$$

を得る．両辺を 2 乗し，区間 $-T \leq t \leq T$ にて積分し，(8.1.6) を用いる．証明を終わる．

定理 8.1 条件 $Q, T \geq 2$, $\frac{1}{2} \leq \alpha \leq 1$ のもとに，

$$\sum_{Q\leq q<2Q}\sideset{}{^*}\sum_{\chi \bmod q} N(\alpha,T;\chi) \ll (Q^2 T)^{3(1-\alpha)/(2-\alpha)} (\log QT)^{11}. \qquad (8.1.17)$$

[証明] 先ず，(4.4.16) により $\alpha \geq \frac{1}{2} + (\log QT)^{-1}$ としてよい．緩衝因子 (3.3.1) を

$$M_X(s,\chi) = \sum_{n<X} \frac{\mu(n)\chi(n)}{n^s}, \quad X \geq 2, \qquad (8.1.18)$$

に置き換える．これより，$L(s,\chi)$ の任意の非自明零点 $\rho = \beta + i\gamma$, $\beta \geq \alpha$, と任意の $Y \geq 2$ について

$$e^{-1/Y} = -\sum_{n\geq X} \frac{a(n)\chi(n)}{n^\rho} e^{-n/Y}$$

$$+ \frac{1}{2\pi i} \int_{(2)} M_X(s+\rho,\chi) L(s+\rho,\chi) \Gamma(s) Y^s ds. \qquad (8.1.19)$$

但し，$a(n)$ は (3.3.2) にある通り．また，$(QT)^\varepsilon \leq X \leq Y \leq (QT)^A$ と仮定する．勿論，T は充分大とする．このとき，(3.3.8)–(3.3.10) にならい，

$$|U_1(\rho,\chi)| + |U_2(\rho,\chi)| \geq \frac{1}{2}, \tag{8.1.20}$$

$$U_1(\rho,\chi) = -\sum_{X \leq n < Y \log^2 QT} \frac{a(n)\chi(n)}{n^\rho} e^{-n/Y}, \tag{8.1.21}$$

$$U_2(\rho,\chi) = \frac{1}{2\pi} \int_{-\log^2 QT}^{\log^2 QT} M_X(\tfrac{1}{2}+i(\gamma+t),\chi) L(\tfrac{1}{2}+i(\gamma+t),\chi)$$
$$\times \Gamma(\tfrac{1}{2}-\beta+it) Y^{1/2-\beta+it} dt. \tag{8.1.22}$$

次に, $\mathcal{R}(\chi)$ は領域 $\{\alpha \leq \sigma \leq 1, |t| \leq T\}$ 内に含まれる $L(s,\chi)$ の非自明零点の代表元集合であり, $\mathcal{R}(\chi) \ni \rho, \rho'$, $\rho \neq \rho'$, であるならば $|\rho - \rho'| \geq \log^3 QT$ となるものとする. 評価 (4.4.21) により

$$N(\alpha, 2T; \chi) - N(\alpha, T; \chi) \ll |\mathcal{R}(\chi)| \log^4 QT. \tag{8.1.23}$$

更に, 条件 $|U_\nu(\rho,\chi)| \geq \frac{1}{4}$, $\nu = 1, 2$, を満たす $\mathcal{R}(\chi)$ の部分集合を $\mathcal{R}_\nu(\chi)$ とする. 補題 8.2 を用い,

$$\sum_{Q \leq q < 2Q} \sideset{}{^*}\sum_{\chi \bmod q} |\mathcal{R}_1(\chi)|$$
$$\ll \sum_{Q \leq q < 2Q} \sideset{}{^*}\sum_{\chi \bmod q} \sum_{\rho \in \mathcal{R}_1(\chi)} |U_1(\rho,\chi)|^2$$
$$\ll \log^3 QT \max_{X \leq N < Y \log^2 T} (N + Q^2 T) e^{-N/Y} \sum_{N \leq n < 2N} \frac{d^2(n)}{n^{2\alpha}}$$
$$\ll (Y^{2(1-\alpha)} + Q^2 T X^{1-2\alpha}) \log^7 QT. \tag{8.1.24}$$

一方, (3.3.13) にならい,

$$|\mathcal{R}_2(\chi)| \ll Y^{2(1-2\alpha)/3} \log^2 QT \int_T^{2T} |L(\tfrac{1}{2}+it,\chi) M_X(\tfrac{1}{2}+it,\chi)|^{4/3} dt \tag{8.1.25}$$

より, (8.1.6) 及び (8.1.9) を援用し,

$$\sum_{Q \leq q < 2Q} \sideset{}{^*}\sum_{\chi \bmod q} |\mathcal{R}_2(\chi)| \ll (Q^2 T)^{1/3} (X + Q^2 T)^{2/3} Y^{2(1-2\alpha)/3} \log^5 QT. \tag{8.1.26}$$

以上から, $X = Q^2 T$, $Y = (Q^2 T)^{3/(4-2\alpha)}$ とおき, 証明を終わる.

定理 8.1 のもたらす素数分布への帰結「Bombieri –Vinogradov, A.I., の平均素数定理」には驚くべきものがある.

定理 8.2 （素数定理 V） 常数 $A > 0$ を任意にとり,
$$Q = x^{1/2}(\log x)^{-A-16} \tag{8.1.27}$$
とするならば, 定義 (5.2.13) のもとに, 充分大なる x について
$$\sum_{q \leq Q} \max_{(q,l)=1} \max_{y \leq x} |E(y;q,l)| \ll \frac{x}{\log^A x}. \tag{8.1.28}$$

[証明] 函数 $\psi(y;q,l)$ について同様な結論を導けば済む. 定義 (4.5.1) 及び注意 (4.5.2) から, $q \leq Q$ とし,
$$\psi(y;q,l) - \frac{1}{\varphi(q)}\psi(y) = \frac{1}{\varphi(q)} \sum_{\substack{\chi \bmod q \\ \text{非単位指標}}} \overline{\chi(l)}\psi(y,\chi^*) + O(\log^2 x). \tag{8.1.29}$$

よって,
$$\max_{(q,l)=1} \max_{y \leq x} \left| \psi(y;q,l) - \frac{1}{\varphi(q)}\psi(y) \right|$$
$$\ll \frac{\log x}{q} \sum_{\substack{k|q \\ k \geq 3}} \sum_{\chi \bmod k}^{*} \max_{y \leq x} |\psi(y,\chi)| + \log^2 x. \tag{8.1.30}$$

但し, 容易な評価 $\varphi(q)^{-1} \ll (\log 2q)/q$ を用いた. 従って,
$$\sum_{q \leq Q} \max_{(q,l)=1} \max_{y \leq x} \left| \psi(y;q,l) - \frac{1}{\varphi(q)}\psi(y) \right|$$
$$\ll (\log x)^3 \max_{3 \leq K \leq Q} \frac{1}{K} \sum_{K \leq k < 2K} \sum_{\chi \bmod k}^{*} \max_{y \leq x} |\psi(y,\chi)| + Q\log^2 x. \tag{8.1.31}$$

以下この二重和を評価する. このために, $K_0 = (\log x)^{2A}$ とし, $K \leq K_0$ の場合を先ず考察する. 第 4.5 節の終結部の示唆が具体化する. 定理 4.6 により
$$\sum_{K \leq k < 2K} \sum_{\chi \bmod k}^{*} \max_{y \leq x} |\psi(y,\chi)| \ll x\exp(-c(\log x)^{1/2}), \quad K \leq K_0. \tag{8.1.32}$$

但し, 常数 $c > 0$ は A により定まる. つまり, $K \leq K_0$ なる部分は無視できる. 従って, $K_0 \leq K$ と仮定し議論を進めてよいが, 更に, 例外指標は存在せぬも

のとして一般性を失わない．何故ならば，定理 4.3 により $K \leq k < 2K$ なる範囲に例外原始実指標 $\chi_1 \bmod k$ は高々1個のみ存在するが，(8.1.31) への χ_1 の寄与は $O(\psi(x)K_0^{-1})$ であり，やはり無視できるのである．従って，(4.5.4) にて $T = [y]$ とし，

$$\psi(y,\chi) = -\sum_{|\gamma|<y} \frac{y^\rho}{\rho} + O((\log ky)^2), \quad \chi \bmod k. \tag{8.1.33}$$

よって，$(\log K)^{-1} \ll |\rho|$ 及び (4.4.21) に注意し，

$$\max_{y \leq x} |\psi(y,\chi)| \ll \sum_{|\gamma|<x} \frac{x^\beta}{|\rho|} + \log^2 x$$

$$\ll \sum_{\substack{|\gamma|<x \\ \frac{1}{2} \leq \beta}} \frac{x^\beta}{|\rho|} + x^{1/2} \log^2 x. \tag{8.1.34}$$

更に，

$$\sum_{\substack{U \leq |\gamma| < 2U \\ \frac{1}{2} \leq \beta}} \frac{x^\beta}{|\rho|} \ll \frac{1}{U} \int_1^{\frac{1}{2}} x^\alpha dN(\alpha, U; \chi)$$

$$\ll \frac{\log x}{U} \int_{\frac{1}{2}}^1 N(\alpha, U; \chi) x^\alpha d\alpha + x^{1/2} \log^2 x. \tag{8.1.35}$$

従って，定理 8.1 により，$K_0 \leq K \leq Q$ につき，

$$\frac{1}{K} \sum_{K \leq k < 2K} \sum_{\chi \bmod k}^* \max_{y \leq x} |\psi(y,\chi)|$$

$$\ll (\log x)^{13} \max_{1 \leq U \leq x} \frac{1}{U} \int_{\frac{1}{2}}^1 K^{-1}(K^2 U)^{3(1-\alpha)/(2-\alpha)} x^\alpha d\alpha + Qx^{1/2} \log^3 x$$

$$\ll (\log x)^{13} \int_{\frac{1}{2}}^1 K^{(4-5\alpha)/(2-\alpha)} x^\alpha d\alpha + Qx^{1/2} \log^3 x. \tag{8.1.36}$$

この積分は

$$\ll \int_{\frac{4}{5}}^1 K_0^{(4-5\alpha)/(2-\alpha)} x^\alpha d\alpha + \int_{\frac{1}{2}}^{\frac{4}{5}} Q^{(4-5\alpha)/(2-\alpha)} x^\alpha d\alpha$$

$$\ll xK_0^{-1} + x^{1/2}(Q + x^{3/8}). \tag{8.1.37}$$

定理の証明を終わる.

即ち, (5.2.16) が成就したのである. 定理 8.2 は平均とはいえ「拡張された Riemann 予想」がもたらすものに匹敵する. この予想のもとにては, (4.5.34) からみえる様に, (8.1.28) は $Q = x^{1/2}(\log x)^{-A-1}$ として成立する. 勿論, この比較は (8.1.28) なる定式化の上にてのみ意味を有する. しかしながら, 再度強調するが, 篩法との結合という観点からみるならば, 定理 8.2 は正に拡張された Riemann 予想の回避を可能とするものである. Bohr–Landau による Riemann 予想の統計的証左 (3.1.1) に始まり, Hoheisel の着想, Linnik の L^2-篩法を経て, 定理 8.2 に達した. 素数分布論における最も壮快な道程の一つと言えよう.

上記にては定理 8.1 を用いたが, Bombieri 及び Vinogradov, A.I., の証明は各々の零点密度評価による. 前者の応用結果は定理 8.2 とほぼ同様であるが, 後者の結果には条件 $Q = x^{1/2-\varepsilon}$ が課せられている. 篩問題への応用上は両者には特段の隔たりはない. 定理 8.2 に彼らの名が冠せられている理由である. 零点密度評価については, Bombieri の議論は L^2-不等式を経由するものであり, 上記と大略同様である. 一方, Vinogradov の主たる手段は Linnik による別の統計的手法「分散法」である. その詳細は本書第 2 巻にゆずる. 保型形式のスペクトル理論と結合するとき「分散法」は (8.1.28) の一種の改良を与えるからである. つまり (8.1.28) なる定式化に変更を加えるならば, $Q = x^{1/2+\eta}$, $\eta > 0$, なる領域へ踏み込むことは可能なのである. Linnik による二つの方法が素数分布論に刮目すべき帰結を同時にもたらすのである.

定理 8.2 にある算術級数内にての一様分布性は, 素数列に限られて観察される現象ではない. 次に示す有用な「拡張原理」により様々な数列について定理 8.2 の類似を得ることができる.

先ず, 定義であるが, $\mathbb{N}$ 上の函数 f について

$$E_f(x,\chi) = \sum_{n<x} f(n)\chi(n),$$
$$E_f(x;q,l) = \sum_{\substack{n<x \\ n \equiv l \bmod q}} f(n) - \frac{1}{\varphi(q)} \sum_{\substack{n<x \\ (n,q)=1}} f(n) \qquad (8.1.38)$$

とおく．函数 f が「U-類」であるとは，次の 3 条件が充たされていることとする．

(1) いずれかの整数 k 及び $c>0$ につき

$$f(n) \ll d_k(n)(\log 2n)^c. \qquad (8.1.39)$$

(2) 任意の常数 $A, B>0$ につき，非単位指標 χ の導手が $(\log x)^A$ 以下であるならば

$$E_f(x,\chi) \ll \frac{x}{(\log x)^B}. \qquad (8.1.40)$$

(3) 任意の常数 $A>0$, につき常数 $B=B(A)>0$ が存在し，

$$\sum_{q \leq x^{1/2}(\log x)^{-B}} \max_{(q,l)=1} \max_{y \leq x} |E_f(y;q,l)| \ll \frac{x}{\log^A x}. \qquad (8.1.41)$$

補題 8.4 函数 f, g が共に U-類であるならば，それらの Dirichlet 合成積

$$(f*g)(n) = \sum_{d|n} f(d)g(n/d) \qquad (8.1.42)$$

もまた U-類である．

[証明] 積 $f*g$ について (1) が充たされることは自明である．また，(2) については，分解

$$E_{f*g}(x,\chi) = \sum_{m<x^{1/2}} f(m)\chi(m)E_g(x/m,\chi)$$
$$+ \sum_{n<x^{1/2}} g(n)\chi(n)E_f(x/n,\chi) - E_f(x^{1/2},\chi)E_g(x^{1/2},\chi) \qquad (8.1.43)$$

に注意すれば済む．次に (3) について考察するが，先ず，一般に区間 $[R, 2R]$ の特性函数を δ_R とし，

$$E_{f*g}(y;q,l) = \sum_{M,N} \Delta_{M,N}(y;q,l), \tag{8.1.44}$$

$$\Delta_{M,N}(y;q,l) = \sum_{\substack{mn<y \\ mn \equiv l \bmod q}} \delta_M(m)\delta_N(n)f(m)g(n)$$

$$- \frac{1}{\varphi(q)} \sum_{\substack{mn<y \\ (mn,q)=1}} \delta_M(m)\delta_N(n)f(m)g(n). \tag{8.1.45}$$

ここで, M, N は数列 $\{2^\nu : \nu = 0, 1, 2, \ldots\}$ に属し, $y < x$ により $MN < x$. また, 明らかに $x^{1/3} \leq y < x$ としてよい. つまり,

$$\max_{(q,l)=1} \max_{y<x} |E_{f*g}(y;q,l)|$$
$$\ll \sum_{\substack{M,N \\ x^{1/3} \leq MN < x}} \max_{(q,l)=1} \max_{y<x} |\Delta_{M,N}(y;q,l)| + O(x^{1/3+\varepsilon}). \tag{8.1.46}$$

更に, 任意の $D > 0$ をもって

$$(\log x)^D \leq M, N < \frac{x}{(\log x)^D} \tag{8.1.47}$$

と制限してよい. 何故ならば, $n\bar{n} \equiv 1 \bmod q$ とし,

$$\Delta_{M,N}(y;q,l) = \sum_{\substack{n<y \\ (n,q)=1}} \delta_N(n)g(n)$$

$$\times \{E_f(\min(2M, y/n); q, l\bar{n}) - E_f(\min(M, y/n); q, l\bar{n})\} \tag{8.1.48}$$

である故, $N < (\log x)^D$ なる部分は f についての仮定 (3) 及び g についての仮定 (1) にて処理される. 同様に $M < (\log x)^D$ なる部分も扱うことができる.

次に,

$$\sum_{Q \leq q < 2Q} \max_{(q,l)=1} \max_{y<x} |\Delta_{M,N}(y;q,l)|$$

$$\leq \sum_{Q \leq q < 2Q} \frac{1}{\varphi(q)} \max_{y<x} \sum_{\substack{\chi \bmod q \\ \chi \neq \chi_q}} |\Delta_{M,N}(y,\chi)|. \tag{8.1.49}$$

但し, 前出のとおり χ_q は法 q に対する単位指標であり, また

$$\Delta_{M,N}(y,\chi) = \sum_{mn<y} \delta_M(m)\delta_N(n)f(m)g(n)\chi(mn). \qquad (8.1.50)$$

仮定 (2) を考慮し，指標 χ の導手は $(\log x)^A$ 以上であるとしてよい．実際，明らかに函数 $\delta_M f$, $\delta_N g$ は共に (2) を充たす故，(8.1.43) と同様に議論すればよい．つまり，(8.1.49) は

$$\leq \sum_{r<2Q/(\log x)^A} \frac{1}{\varphi(r)} \sum_{Q/r \leq q < 2Q/r} \frac{1}{\varphi(q)} \max_{y<x} \sum_{\chi \bmod q}^{*} |\Delta_{M,N}(y,\chi_r\chi)|. \qquad (8.1.51)$$

問題は条件 (8.1.47) 及び $Q > (\log x)^A$ のもとに

$$\frac{1}{Q} \sum_{Q \leq q < 2Q} \sum_{\chi \bmod q}^{*} \max_{y<x} |\Delta_{M,N}(y,\chi_r\chi)| \qquad (8.1.52)$$

を評価することに帰着されたとしてよい．近似式 (1.5.1) を用いるならば，$c>0$ を充分大とし $T=x^c$ につき，(8.1.52) は

$$\ll 1 + \frac{1}{Q} \sum_{Q \leq q < 2Q} \sum_{\chi \bmod q}^{*} \int_{a-iT}^{a+iT} |F(s,\chi_r\chi)G(s,\chi_r\chi)| \frac{|ds|}{|s|}. \qquad (8.1.53)$$

但し，$a = (\log x)^{-1}$, $F(s,\chi) = \sum_n \delta_M(m)f(m)\chi(m)m^{-s}$ であり，$G(s,\chi)$ も同様．不等式 (8.1.6) を援用し，

$$\ll 1 + \frac{(\log x)^b}{Q} \Big((M+Q^2)(N+Q^2)MN \Big)^{1/2}. \qquad (8.1.54)$$

常数 b は条件 (1) のみにて定まる．以上をまとめ，補題の証明を終わる．

例えば，約数函数 $d_k(n)$ は函数 $f(n) \equiv 1$ の k-重合成積である故，U-類である．また，函数 $\Lambda(n)$ からも興味深い U-類を生成できる．更に，素数の集合の特性函数を $\Lambda^{(0)}$ とするならば，任意の $N_1,\ldots,N_J > 1$ について，

$$(\delta_{N_1}\Lambda^{(0)}) * (\delta_{N_2}\Lambda^{(0)}) * \cdots * (\delta_{N_J}\Lambda^{(0)}) \qquad (8.1.55)$$

もまた U-類である．これより，任意の区間 I_j について数列

$$\{p_1 p_2 \cdots p_J : p_j \in I_j, 1 \leq j \leq J\} \qquad (8.1.56)$$

は U-類である．

8.2 双子素数予想及び Goldbach 予想

定理 8.2 は,統計的ながらも拡張された Riemann 予想と同等な手段を与える.この事実がもたらす著しい帰結を,Rosser の一次元篩との組み合わせにて示す.Chen による次の定理である.

定理 8.3 記号 P_ℓ は高々 ℓ 個の素因数を有する自然数を表すものとする.充分大なる $x > 0$ につき,

$$|\{p < x : p + 2 = P_2\}| > C_0 \prod_{p \neq 2} \left(1 - \frac{1}{(p-1)^2}\right) \frac{x}{(\log x)^2}. \quad (8.2.1)$$

また,充分大なる任意の自然数 N につき

$$|\{p : 2N = p + P_2\}| > C_0 \prod_{p \neq 2} \left(1 - \frac{1}{(p-1)^2}\right) \prod_{\substack{p | N \\ p \neq 2}} \left(\frac{p-1}{p-2}\right) \frac{2N}{(\log N)^2}. \quad (8.2.2)$$

ここに,$C_0 > 0.689517$.

[証明] 比較的扱い易い前者のみを証明する.後者については僅かな変更で済む.実際,各々の篩問題に含まれる剰余関係は $p + 2 \equiv 0 \bmod d$, $2N - p \equiv 0 \bmod d$, $\mu(d) \neq 0$,であり,d の素因数への制限に差があるのみである.

証明の方針は簡明と言える.先ず,$(n, P(x^{1/10})) = 1$ なる $n < x$ につき

$$W(n) = 1 - \frac{1}{2} \sum_{\substack{p_1 | n \\ x^{1/10} \leq p_1 < x^{1/3}}} 1 \\ - \frac{1}{2} \sum_{\substack{p_1 | n \\ x^{1/10} \leq p_1 < x^{1/3}}} \sum_{\substack{n = p_1 p_2 p_3 \\ x^{1/3} \leq p_2 < (x/p_1)^{1/2}}} 1 \quad (8.2.3)$$

を観察する.勿論,p_1, p_2, p_3 は素数である.仮に $W(n) = 1$ であるならば,右辺の第 1 和は空である故,$(n, P(x^{1/3})) = 1$.条件 $n < x$ より $n = P_2$.また,$W(n) = \frac{1}{2}$ であるならば第 1 和は空ではありえず且つ第 2 和は空である.この場合,$p_1 | n$, $x^{1/10} \leq p_1 < x^{1/3}$,なる p_1 は唯 1 個であり,$n = p_1 p$, $x^{1/3} \leq p$,

或は $n = p_1p_2p_3$, $x^{1/3} \leq p_2, p_3$ である. 後者の場合, $p_2 \leq p_3$ とするならば, $x^{1/3} \leq p_2 < (x/p_1)^{1/2}$. しかし, 第2和は空である故, これは不可能である. 以上にて, $W(n) > 0$ である全ての場合を尽くし, 且つそのとき $n = P_2$.

従って, $\mathcal{A} = \{p+2 : p < x - 2\}$ とし,

$$|\{p < x : P_2 = p + 2\}| \geq |\mathcal{S}(\mathcal{A}, x^{1/10})| - \mathcal{V}_1 - \mathcal{V}_2. \tag{8.2.4}$$

但し,

$$\mathcal{V}_1 = \frac{1}{2} \sum_{x^{1/10} \leq p_1 < x^{1/3}} |\mathcal{S}(\mathcal{A}_{p_1}, x^{1/10})|. \tag{8.2.5}$$

且つ

$$\mathcal{V}_2 = \frac{1}{2} \Big| \Big\{ p < x - 2 : p + 2 = p_1p_2p_3, \\ x^{1/10} \leq p_1 < x^{1/3} \leq p_2 < (x/p_1)^{1/2} \Big\} \Big|. \tag{8.2.6}$$

不等式 (8.2.4) の右辺の第 $1, 2$ 項には定理 6.1 の $r = 0, 1$ を各々用いる. 一方, $\mathcal{V}_2$ については

$$\mathcal{A}^* = \Big\{ p_1p_2p_3 - 2 : p_1p_2p_3 < x, \\ x^{1/10} \leq p_1 < x^{1/3} \leq p_2 < (x/p_1)^{1/2} \Big\} \tag{8.2.7}$$

とし, 自明な不等式

$$\mathcal{V}_2 \leq \frac{1}{2} |\mathcal{S}(\mathcal{A}^*, x^{1/2}(\log x)^{-B})| + x^{1/2} \tag{8.2.8}$$

を経由して評価する. 但し, B は充分大なる常数である.

先ず, 定理 6.1, $r = 0$, 及び定理 8.2 により

$$|\mathcal{S}(\mathcal{A}, x^{1/10})\}| \geq (1 - o(1))\phi_0(5)V(x^{1/10})\operatorname{li}(x). \tag{8.2.9}$$

つまり, 定理 6.1 にて $z = x^{1/10}$, $D = x^{1/2}(\log x)^{-B}$ とし, 定理 8.2 を援用した. 等式 (5.2.14) に注意し,

$$|\mathcal{S}(\mathcal{A}, x^{1/10})\}| \geq (1 - o(1))20e^{-c_E}\phi_0(5) \frac{x}{(\log x)^2} \prod_{p \neq 2} \Big(1 - \frac{1}{(p-1)^2}\Big). \tag{8.2.10}$$

次に, 定理 6.1, $r = 1$, により

$$|\mathcal{S}(\mathcal{A}_{p_1}, x^{1/10})| \le (1+o(1))\phi_1\left(5 - 10\frac{\log p_1}{\log x}\right)V(x^{1/10})\frac{\mathrm{li}(x)}{p_1 - 1}$$
$$+ \sum_{\substack{d|P(x^{1/10}) \\ dp_1 < x^{1/2}(\log x)^{-B}}} \max_{l \bmod dp_1} |E(x-2; dp_1, l)|. \quad (8.2.11)$$

実際,$d|P(x^{1/10})$, $x^{1/10} \le p_1 < x^{1/3}$, であるとき

$$|(\mathcal{A}_{p_1})_d| = \pi(x-2; -2, dp_1)$$
$$= \frac{1}{\varphi(d)} \cdot \frac{\mathrm{li}(x)}{(p_1-1)} + E(x-2, -2; dp_1). \quad (8.2.12)$$

定理 8.2 により,

$$\mathcal{V}_1 \le (1+o(1))\frac{x}{(\log x)^2}\prod_{p \ne 2}\left(1 - \frac{1}{(p-1)^2}\right)\Phi,$$
$$\Phi = 10e^{-c_E}\sum_{x^{1/10} \le p_1 < x^{1/3}} \frac{1}{p_1}\phi_1\left(5 - 10\frac{\log p_1}{\log x}\right). \quad (8.2.13)$$

従って, $\phi_0(5)$, Φ を評価せねばならない. 定義 (6.1.3)–(6.1.4) から,

$$\begin{aligned}
\phi_0(s) &= 0, \quad 0 < s \le 2, \\
\phi_1(s) &= \frac{2e^{c_E}}{s}, \quad 0 < s \le 3, \\
\phi_0(s) &= \frac{2e^{c_E}}{s}\log(s-1), \quad 2 < s \le 4, \\
\phi_1(s) &= \frac{2e^{c_E}}{s} + \frac{2e^{c_E}}{s}\int_2^{s-1}\log(\xi-1)\frac{d\xi}{\xi}, \quad 3 < s \le 5, \\
\phi_0(s) &= \frac{2e^{c_E}}{s}\log(s-1) \\
&\quad + \frac{2e^{c_E}}{s}\int_3^{s-1}\frac{dt}{t}\int_2^{t-1}\log(\xi-1)\frac{d\xi}{\xi}, \quad 4 < s \le 6.
\end{aligned} \quad (8.2.14)$$

よって,

$$20e^{-c_E}\phi_0(5) = 8\log 4 + 8\int_3^4 \frac{dt}{t}\int_2^{t-1}\log(\xi-1)\frac{d\xi}{\xi}. \quad (8.2.15)$$

また,

$$\Phi = 10e^{-c_E} \int_{x^{1/10}}^{x^{1/3}} \phi_1\Big(5 - 10\frac{\log w}{\log x}\Big)\frac{d\pi(w)}{w}$$

$$= (1+o(1))10e^{-c_E} \int_3^{10} \phi_1(5-10/u)\frac{du}{u}$$

$$= (1+o(1))4\Big(\log 8 + \int_5^{10} \frac{du}{u-2}\int_2^{4-10/u}\log(\xi-1)\frac{d\xi}{\xi}\Big)$$

$$= (1+o(1))4\Big(\log 8 + 5\int_3^4 \frac{dt}{t(5-t)}\int_2^{t-1}\log(\xi-1)\frac{d\xi}{\xi}\Big). \quad (8.2.16)$$

即ち,

$$|\mathcal{S}(\mathcal{A}, x^{1/10})| - \mathcal{V}_1 \geq (1-o(1))\frac{x}{(\log x)^2}\prod_{p\neq 2}\Big(1 - \frac{1}{(p-1)^2}\Big)$$

$$\times 4\Big(\log 2 - \int_3^4 \frac{2t-5}{5-t}\frac{dt}{t}\int_2^{t-1}\log(\xi-1)\frac{d\xi}{\xi}\Big). \quad (8.2.17)$$

この二重積分の値は $0.02977269\ldots$ である.

一方, $\mathcal{V}_2$ については補題 8.4 に続く注意 (8.1.56) を援用する. このために, 数列 $\mathcal{A}^*$ を拡大し

$$\mathcal{A}^{**} = \bigsqcup_{J < x^{1/3}} \Big\{ p_1 p_2 p_3 - 2 : p_1 p_2 p_3 < x,$$

$$J \leq p_1 < J\lambda, \, x^{1/3} \leq p_2 < (x/J)^{1/2} \Big\} \quad (8.2.18)$$

と置き換える. 但し, C を充分大とし, $\lambda = \exp((\log x)^{-C})$, $J = x^{1/10}\lambda^j$, $j = 0, 1, 2, \ldots$, とする. 定理 6.1, $r=1$, によるならば, 容易に

$$\mathcal{V}_2 \leq (1+o(1))2e^{-c_E}\phi_1(1)\frac{x}{\log x}\prod_{p\neq 2}\Big(1 - \frac{1}{(p-1)^2}\Big)|\mathcal{A}^{**}|. \quad (8.2.19)$$

定理 1.4 を用い,

$$|\mathcal{A}^{**}| = (1+o(1))\sum_{x^{1/10}\leq p_1 < x^{1/3}}\sum_{x^{1/3}\leq p_2 < (x/p_1)^{1/2}} \frac{x}{p_1 p_2 \log(x/p_1 p_2)}$$

$$= (1+o(1))x\int_{x^{1/10}}^{x^{1/3}}\frac{d\pi(\xi)}{\xi}\int_{x^{1/3}}^{(x/\xi)^{1/2}}\frac{d\pi(\eta)}{\eta\log(x/\xi\eta)}$$

$$= (1+o(1))x \int_{x^{1/10}}^{x^{1/3}} \frac{d\xi}{\xi \log \xi} \int_{x^{1/3}}^{(x/\xi)^{1/2}} \frac{d\eta}{\eta \log \eta \log(x/\xi\eta)}$$

$$= (1+o(1))\frac{x}{\log x} \int_3^{10} \int_{2u/(u-1)}^3 \frac{dvdu}{uv - u - v}. \tag{8.2.20}$$

つまり,

$$\mathcal{V}_2 \leq (1+o(1))\frac{4x}{(\log x)^2} \prod_{p \neq 2} \left(1 - \frac{1}{(p-1)^2}\right)$$

$$\times \int_2^9 (\log(2u-1) - \log(u+1)) \frac{du}{u}. \tag{8.2.21}$$

この積分の値は $0.49099520\ldots$ である. 以上をまとめ (8.2.1) を得る. 定理の証明を終わる.

8.3 付 記

第 8.1 節は基本的に Bombieri [27] による. 但し, 上記には後の進展が相当に加味されている. 彼自身の講義録 [1] を参照せよ. Vinogradov, A.I., の結果 [104] は (8.1.28) より多少弱い. しかし, 第 8.2 節の文脈にては差は無い.

平均素数定理の原型は Rényi [85] にあるが, 彼はここにある通りに議論した訳ではない. しかし, 実質的には L-函数の零点分布に付き大略かく推論し原型を得ている. 彼はそれを Brun の定理 5.1 と組み合わせ, 或る絶対常数 ℓ_0 が存在し全ての自然数 $N \geq 2$ に対し

$$2N = p + P_{\ell_0} \tag{8.3.1}$$

なる表現が可能である, というまことに破天荒な事実を証明したのである. 拡張された Riemann 予想無くしてこの様な事実を打ち立てることはそれまでは夢であった. しかし, 次章にて述べる Linnik の最小素数定理は既に樹立されており, (4.5.35) への「一切の仮定無き接近」は果たされていたのである. つまり, 成すべきことは Linnik の考察を「多数の法」に拡張することであった. Linnik のもとにて学ぶ中 Rényi はその鍵が large sieve にあることを発見したのである. Montgomery [12, Chap. 12] を参照せよ.

なお，著者は Rényi と Turán のもとにて学ぶべく 1970 年 1 月末日に陸路 Budapest に到着したのであるが，その翌日 Rényi は死去した．享年 48 歳．

Rényi [85] 以後 1965 年の Bombieri による転換点の直前に至るまでの経緯は Barban [25] に詳しい．その後については Montgomery [12, Chap. 15, 17] をみよ．更には Bombieri [1] の増補部分も参照せよ．

Linnik [11] の「分散法」$Dispersion\ Method$ にては，与えられた算術的な問題の「算術的摂動」を考え，それらの統計的な挙動つまり分散の評価を通し問題の解決に迫る．関連して，Motohashi [75] による補題 8.4 につき重要な注意を述べておく．仮定 (3) は勿論 L^2-不等式 (8.1.5) の援用を念頭においた上でのものである．つまり，(8.1.49) の左辺を評価するにあたり (8.1.5) とは異なる手段を用い算術級数の「水準」を (8.1.41) にあるものよりも拡大できる可能性は否定できない．委細を省略するが，その様な手段として分散法が浮上するのである．例えば，素数列の場合にはこの文脈に沿い Bombieri–Friedlander–Iwaniec [28] により分散法の有効性が限定的ながら確かめられている．本書第 2 巻の目的とするところである．Vinogradov, A.I., の方法との関係については議論を要するが，分散法にこそ定理 8.2 を超える術がある，と映る．

Chen [37] による定理 8.3 は目覚ましいものではあるが，何らかの理論的な進展をもたらした上のものではない．上記の証明とは異なり，彼は (8.2.4) の右辺の前 2 項に Jurkat–Richert [61] の一次元篩を，第 3 項には Selberg の篩を用いた．第 3 項の評価にては数列 $\mathcal{A}^*$ に移るが，ここに Chen の着想があるといえる．なお，$\mathcal{A}^*$ への「平均素数定理」の拡張は Chen 自身が行っているが，簡明な補題 8.4 を用いれば済む．

一方，函数 $W(n)$ に類するものを一般に「重み」といい，手順 (8.2.4) は「重み付き篩」の一つである．この機知に富む技巧は Kuhn [66] に始まる．詳しくは Greaves [2, Chap. 5] をみよ．なお，定理 8.3 の証明に数値積分を必要とするが，その様な手段を採らずして証明できぬものであろうか．

定理 8.2 の証明のみを目的とするならば，零点密度評価 (8.1.17) の援用を回避し，直接的且つ簡易な証明が可能である．同様の技巧を定理 9.1 の証明にて用いる故，詳細は例えば Bombieri [1, Sec. 7] 或は Vaughan [103] に譲る．

基本は

$$-\frac{L'}{L}(s,\chi) = -\frac{L'}{L}(s,\chi)(L(s,\chi)M_X(s,\chi)-1)^2$$
$$+ L'(s,\chi)L(s,\chi)M_X(s,\chi)^2 - 2L'(s,\chi)M_X(s,\chi) \quad (8.3.2)$$

なる自然な分解である．ここに，$M_X(s,\chi)$ は (8.1.18) にある通り．近似式 (1.5.1) を適用するが，下行は非単位指標である χ については正則性により積分路を臨界線上に移動でき，評価 (8.1.9) を応用することとなる．一方，右辺の第 1 項には (8.1.6) が応用される．しかし，同じ手法を定理 3.2 の証明に用いることはできない．既に第 1.7 節にて示唆したことであるが，零点密度理論の勝る点である．なお，(3.3.7) を含むべく (8.1.17) を改良することは容易である．

第9章 最小素数定理

9.1 L^2-不等式 III

　Dirichlet L-函数の例外零点に関する Linnik の発見とその帰結である「短い」算術級数中の素数検出に焦点を絞り，篩法と L-函数論との密接不可分な関係を示す．本節にては，基本となる乗法的 L^2-不等式を示す．

　篩法は何故に zeta 及び L-函数の非自明零点について知見を与えるのか．Brun の着想を採るならば，篩法はつまりは素数にて大となり他所にては小となる実効的な数論的函数の構成法である．その根底には，素因数分解の一意性或は Euler 積がある．これは，Eratosthenes の方法や或はその近代的な定式化である Buchstab の等式 (5.3.1)–(5.3.3) のよって立つところでもある．一方，zeta-函数の複素零点において大となる函数の構成に Euler 積に関係する緩衝因子 (3.3.1) が用いられることを想起するがよい．第3章の補題は，それら大なる値が稀であるべきことを量的に示す手段である．両者は相俟って零点密度評価をもたらし，Hoheisel の着想をもって短区間内における素数の検出が行われる．つまり，素数の集合そのものではなく，それと双対にありながらもより柔軟な解釈を許す複素零点の集合に「解析的な篩」ともいうべき手法が応用される訳である．更に本来の篩法に視点を戻すならば，前章にて展開された L^2-篩理論の基本手段の一つはまさに補題 3.2 である．従って，近代的な篩法がこれら函数の零点分布理論と密接な関連を持つことは自然である．

　他方，篩の実効性とは，(5.2.7) にある如く素数の検出をなすと同時にそれが比較的に稀な事象であると量的に示すべきことが求められていることを指す．しかし，この論法にては素数そのものの検出はおしなべて困難であり，素数に

類似する整数の検出に留めざるを得ない．その典型例は (5.2.10) である．では如何にしてより素数に近い状態を獲得するか．これは，前提 (5.2.8) を解除し，例えば一次元篩の場合には (6.1.7) の右辺の「非自明な」評価を目指すことである．条件 (5.2.6) における篩係数の水準をできる限り大にすべし．まさに zeta 及び L-函数の理論或は解析的整数論のよって立つもの全ての効力が試される場面である．前章にて論述された「双子素数予想」「Goldbach 予想」等の古典的難問は字句通り試金石である．篩問題に端を発し，例えば素数列が算術級数中に如何に分布しているかが焦点となり，そのためには非自明零点のより精妙な分布を知る必要があり，そこに篩法の思想が援用され，得られた知見である定理 8.1 は篩問題に還流され進展をもたらす．斯くして，「L-函数の集団」と篩法との効果的な結合を計ることが素数分布論の使命となる．実際，近代的な篩法と L-函数論はこの様な不可分な機序を次第に明瞭にしつつ発展して来たのである．前章に続き，以下にてこの思考を更に押し進める．

先ず，着想 (7.2.46) を具体化し，補題 8.1 の類似を求める．以後の応用に必要な限度を念頭におき函数 f に条件を課す．

$$\text{函数 } f \text{ は非負，乗法的，且つ } f(n) \ll d_k(n). \tag{9.1.1}$$

$$\text{全ての素数 } p \text{ につき} \quad F_p = \sum_{l=0}^{\infty} f(p^l) p^{-l} \geq 1 + A p^{-\alpha}. \tag{9.1.2}$$

$$\sum_{n<N} \chi(n) f(n) = E_\chi \mathcal{F} F_q^{-1} N + O(D q^\beta N^\gamma), \quad N \geq 1. \tag{9.1.3}$$

但し，$k \geq 0$，$A > 0$，$\alpha \geq 1$，$\mathcal{F} > 0$，$D \geq 0$，$0 \leq \beta, \gamma < 1$ は全て f により固定され，指標 χ は法 q に属し，$F_q = \prod_{p|q} F_p$ 且つ E_χ は単位指標のとき 1 その他にて 0．

和 $Y_f(N; \lambda)$ の計算に入るが，仮定

$$\lambda(d) = 0, d \geq z; \quad |\mu(d)| \geq |\lambda(d)|, \tag{9.1.4}$$

のもとに進める．後に定める λ はこれを充たす．先ず，

$$Y_f(N; \lambda) = \sum_{d_1, d_2 < z} \lambda(d_1) \lambda(d_2) \sum_{n<N/d} f(dn), \quad d = [d_1, d_2]. \tag{9.1.5}$$

条件 (9.1.4) により, $\mu([d_1, d_2]) \neq 0$. ここで, 乗法的函数 f_1 を

$$\Bigl(\sum_n \frac{f_1(n)}{n^s}\Bigr)\Bigl(\sum_n \frac{f(n)}{n^s}\Bigr) = 1, \quad \sigma:\text{充分大}, \tag{9.1.6}$$

により定義する. 条件 (9.1.1) から評価 $f_1(n) \ll n^\varepsilon$ が容易に従う. このとき,

$$f(dn) = \mu(d) \sum_{u|(n,d^\infty)} f\Bigl(\frac{n}{u}\Bigr) f_1(du), \quad \mu(d) \neq 0, \tag{9.1.7}$$

である. 実際, 収束性を度外視し,

$$\sum_n \frac{f(dn)}{n^s} = \Bigl(\sum_{(n,d)=1} \frac{f(n)}{n^s}\Bigr) \prod_{p|d} \Bigl(p^s \Bigl(\sum_{l=0}^\infty \frac{f(p^l)}{p^{ls}} - 1\Bigr)\Bigr)$$

$$= \Bigl(\sum_n \frac{f(n)}{n^s}\Bigr) \prod_{p|d} \Bigl(p^s \Bigl(1 - \Bigl(\sum_{l=0}^\infty \frac{f(p^l)}{p^{ls}}\Bigr)^{-1}\Bigr)\Bigr)$$

$$= \mu(d) \Bigl(\sum_n \frac{f(n)}{n^s}\Bigr) \prod_{p|d} \Bigl(p^s \Bigl(\sum_{l=0}^\infty \frac{f_1(p^l)}{p^{ls}} - 1\Bigr)\Bigr)$$

$$= \mu(d) \Bigl(\sum_n \frac{f(n)}{n^s}\Bigr) \Bigl(\sum_{n|d^\infty} \frac{f_1(dn)}{n^s}\Bigr). \tag{9.1.8}$$

従って, (9.1.3), $\chi \equiv 1$, から

$$\sum_{n<N/d} f(dn) = \mu(d) \sum_{\substack{u<N/d \\ u|d^\infty}} f_1(du) \Bigl\{\mathcal{F}\frac{N}{du} + O\Bigl(D\Bigl(\frac{N}{du}\Bigr)^\gamma\Bigr)\Bigr\}. \tag{9.1.9}$$

この主項は

$$\mathcal{F}N \frac{\mu(d)}{d} \Bigl(\sum_{u|d^\infty} - \sum_{\substack{u \geq N/d \\ u|d^\infty}}\Bigr) \frac{f_1(du)}{u}$$

$$= \mathcal{F}N \prod_{p|d} (1 - F_p^{-1}) + O\Bigl(\mathcal{F}\Bigl(\frac{N}{d}\Bigr)^\gamma \sum_{u|d^\infty} \frac{|f_1(du)|}{u^\gamma}\Bigr). \tag{9.1.10}$$

つまり,

$$\sum_{n<N/d} f(dn) = \mathcal{F}N \prod_{p|d}(1-F_p^{-1})$$
$$+ O\Big((\mathcal{F}+D)\Big(\frac{N}{d}\Big)^\gamma \sum_{u|d^\infty} \frac{|f_1(du)|}{u^\gamma}\Big). \quad (9.1.11)$$

式 (9.1.5) に挿入し,
$$Y_f(N;\lambda) = \mathcal{F}N \sum_{d_1,d_2<z} \lambda(d_1)\lambda(d_2) \prod_{p|d_1d_2}(1-F_p^{-1})$$
$$+ O((\mathcal{F}+D)N^\gamma z^{2(1-\gamma)+\varepsilon}). \quad (9.1.12)$$

右辺に現れた λ に関する 2 次形式 $Y_f^*(\lambda)$ を Selberg の方法にて対角化する. 等式

$$\prod_{p|d_1d_2}(1-F_p^{-1}) = \prod_{p|d_1}(1-F_p^{-1}) \prod_{p|d_2}(1-F_p^{-1}) \prod_{p|(d_1,d_2)}(1-F_p^{-1})^{-1}$$
$$= \prod_{p|d_1}(1-F_p^{-1}) \prod_{p|d_2}(1-F_p^{-1}) \sum_{\substack{d|d_1\\d|d_2}} \prod_{p|d}(F_p-1)^{-1} \quad (9.1.13)$$

を用い,
$$Y_f^*(\lambda) = \sum_{d<z} \frac{\mu^2(d)}{K(d)} \xi(d)^2, \quad \xi(d) = \sum_{\substack{g<z\\g\equiv 0 \bmod d}} \lambda(g) F_g^{-1} K(g). \quad (9.1.14)$$

但し,
$$K(d) = \prod_{p|d}(F_p-1). \quad (9.1.15)$$

逆変換
$$\lambda(d) = \frac{F_d}{K(d)} \sum_{g<z/d} \mu(g)\xi(dg) \quad (9.1.16)$$

により境界条件 $\lambda(1)=1$ を変換し
$$Y_f^*(\lambda) = \frac{1}{G(z)} + \sum_{d<z} \frac{\mu^2(d)}{K(d)}\Big(\xi(d) - \frac{\mu(d)}{G(z)}K(d)\Big)^2. \quad (9.1.17)$$

但し,

$$G(R) = \sum_{g<z} \mu^2(g) K(g). \tag{9.1.18}$$

最適な λ は

$$\lambda(d) = \mu(d) \frac{F_d}{G(z)} \sum_{\substack{g<z/d \\ (g,d)=1}} \mu^2(g) K(g). \tag{9.1.19}$$

このとき

$$Y_f^*(\lambda) = \frac{1}{G(z)}. \tag{9.1.20}$$

且つ，(7.1.30)–(7.1.31) と同様に (9.1.4) の成立を確かめることができる．また，同じく

$$\sum_{\substack{g<z \\ (g,d)=1}} \mu^2(g) K(g) \geq G(z) F_d^{-1}. \tag{9.1.21}$$

斯くして，(7.2.34) の類似

$$\begin{aligned} \sum_{d|n} \lambda(d) &= \frac{1}{G(z)} \sum_{r<z} \mu^2(r) K(r) \Phi_r(n), \\ \Phi_r(n) &= \frac{\mu((n,r))}{K((n,r))} \end{aligned} \tag{9.1.22}$$

を得る．函数 $\Phi_r(n)$ は乗法的であることを特に注意しておく．

補題 9.1 条件 (9.1.1)–(9.1.3) 及び定義 (9.1.15), (9.1.22) のもとに，任意の複素数列 $\{a_n\}$, $N \ll M$, について

$$\sum_{\substack{q<Q;\, r<z \\ (q,r)=1}} \mu^2(r) K(r) F_q \sum_{\chi \bmod q}^* \left| \sum_{M \leq n < M+N} a_n \chi(n) \Phi_r(n) f(n)^{1/2} \right|^2$$
$$\leq \left(\mathcal{F} N + O(Z_f(M;Q,z)) \right) \sum_{M \leq n < M+N} |a_n|^2. \tag{9.1.23}$$

但し，

$$Z_f(M;Q,z) = M^\gamma z^{1+\varepsilon}(\mathcal{F} + D Q^{2(1+\beta)+\varepsilon})(z^{\alpha-2\gamma} + z^{\alpha/2-\gamma}). \tag{9.1.24}$$

また，任意の $T \geq 1$ について，

$$\sum_{\substack{q<Q;\,r<z \\ (q,r)=1}} \mu^2(r) K(r) F_q \sum_{\chi \bmod q}^* \int_{-T}^{T} \Big| \sum_{n=1}^{\infty} a_n \chi(n) \Phi_r(n) f(n) n^{it} \Big|^2 dt$$

$$\ll \sum_{n=1}^{\infty} \big(\mathcal{F}n + T Z_f(n; Q, z)\big) f(n) |a_n|^2. \tag{9.1.25}$$

右辺は収束するものと仮定する.

[証明] 後半は不等式 (3.1.7) と前半との組み合わせにて容易に得られる. 従って, 双対原理により次式の評価を考察すれば済む. 任意の複素数列 $\{b(r, \chi)\}$ をもって,

$$J = \sum_{M \leq n < M+N} f(n) \Big| \sum_{\substack{q<Q;\,r<z \\ (q,r)=1}} \mu^2(r)(K(r)F_q)^{1/2} \Phi_r(n) \sum_{\chi \bmod q}^* b(r,\chi)\chi(n) \Big|^2$$

$$= \sum_{\substack{q,q'<Q;\,r,r'<z \\ (q,r)=(q',r')=1}} \mu^2(r)\mu^2(r')\{K(r)K(r')F_q F_{q'}\}^{1/2}$$

$$\times \sum_{\chi \bmod q,\, \chi' \bmod q'}^* b(r,\chi) \overline{b(r',\chi')}$$

$$\times \Big(S(M+N, \chi\overline{\chi'}; r, r') - S(M, \chi\overline{\chi'}; r, r') \Big). \tag{9.1.26}$$

但し,

$$S(x, \chi; r, r') = \sum_{n<x} \chi(n) \Phi_r(n) \Phi_{r'}(n) f(n). \tag{9.1.27}$$

この和を評価するために, 函数

$$\sum_{n=1}^{\infty} \chi(n) \Phi_r(n) \Phi_{r'}(n) f(n) n^{-s} \tag{9.1.28}$$

を導入する. 因子 $\Phi_r(n) \Phi_{r'}(n)$ は n に無関係な上界にて評価される. 実際,

$$|\Phi_r(n)| \leq \prod_{p|r} \frac{F_p}{F_p - 1}. \tag{9.1.29}$$

よって, (9.1.28) は領域 $\mathrm{Re}\, s > 1$ にて絶対収束である. また, $\mu(r)\mu(r') \neq 0$ と仮定できる故, 分解

$$\left(\sum_{(n,rr')=1}\chi(n)f(n)n^{-s}\right)\left(\sum_{n\mid\left(\frac{[r,r']}{(r,r')}\right)^{\infty}}\chi(n)\Phi_r(n)\Phi_{r'}(n)f(n)n^{-s}\right)$$
$$\times\left(\sum_{n\mid(r,r')^{\infty}}\chi(n)\Phi_r(n)\Phi_{r'}(n)f(n)n^{-s}\right)$$
$$=\mathrm{F}_1\mathrm{F}_2\mathrm{F}_3 \tag{9.1.30}$$

を有する. 更に, 函数

$$F(s,\chi)=\prod_p F_p(s,\chi), \quad F_p(s,\chi)=\sum_{l=0}^{\infty}\chi(p^l)f(p^l)p^{-ls}, \tag{9.1.31}$$

を用いるならば, $\mathrm{Re}\,s$ を充分大とし

$$\begin{aligned}\mathrm{F}_1 &= F(s,\chi)\prod_{p\mid rr'}F_p(s,\chi)^{-1},\\ \mathrm{F}_2 &= \prod_{p\mid\frac{[r,r']}{(r,r')}}\left(1-(F_p-1)^{-1}(F_p(s,\chi)-1)\right),\\ \mathrm{F}_3 &= \prod_{p\mid(r,r')}\left(1+(F_p-1)^{-2}(F_p(s,\chi)-1)\right).\end{aligned} \tag{9.1.32}$$

そこで,

$$\begin{aligned}\mathrm{F}_1\mathrm{F}_2\mathrm{F}_3 &= F(s,\chi)A_{r,r'}(s,\chi),\\ A_{r,r'}(s,\chi) &= \sum_{n\mid(rr')^{\infty}}\chi(n)f_2(n)n^{-s},\end{aligned} \tag{9.1.33}$$

とおくならば,

$$\Phi_r(n)\Phi_{r'}(n)f(n)=\sum_{d\mid(n,(rr')^{\infty})}f\left(\frac{n}{d}\right)f_2(d). \tag{9.1.34}$$

この表示と条件 (9.1.3) により, 指標 $\chi \bmod q$ について

$$\begin{aligned}S(x,\chi;r,r') =& \mathcal{F}E_\chi F_q^{-1}A_{r,r'}(1,\chi)x\\ &+O\Big((\mathcal{F}E_\chi F_q^{-1}+Dq^\beta)x^\gamma\sum_{d\mid(rr')^{\infty}}\frac{|f_2(d)|}{d^\gamma}\Big).\end{aligned} \tag{9.1.35}$$

ここで, (9.1.6), (9.1.32) 及び (9.1.33) から,

$$\sum_{d|(rr')^\infty} \frac{|f_2(d)|}{d^\gamma} = \prod_{p|rr'} \Big(\sum_{l=0}^\infty \frac{|f_1(p^l)|}{p^{l\gamma}}\Big) \prod_{p|\frac{[r,r']}{(r,r')}} \Big(1 + (F_p-1)^{-1} \sum_{l=1}^\infty \frac{f(p^l)}{p^{l\gamma}}\Big)$$
$$\times \prod_{p|(r,r')} \Big(1 + (F_p-1)^{-2} \sum_{l=1}^\infty \frac{f(p^l)}{p^{l\gamma}}\Big)$$
$$\ll \frac{(rr')^\varepsilon}{K(r)K(r')[r,r']^\gamma}. \tag{9.1.36}$$

また，χ が法 q についての単位指標であり，且つ $(q, rr') = 1$ であるとき，
$$A_{r,r'}(1,\chi) = \frac{\delta_{r,r'}}{K(r)}. \tag{9.1.37}$$

以上を (9.1.26) に挿入する．主項は
$$\mathcal{F}N \sum_{\substack{q<Q;\, r<z \\ (q,r)=1}} \sum_{\chi \bmod q}^* \mu^2(r)|b_r(\chi)|^2. \tag{9.1.38}$$

残余項は
$$\ll \mathcal{F}M^\gamma z^\varepsilon \sum_{\substack{q<Q;\, r,r'<z \\ (q,rr')=1}} \sum_{\chi \bmod q}^* \frac{\mu^2(r)\mu^2(r')|b(r,\chi)b(r',\chi)|}{(K(r)K(r'))^{1/2}[r,r']^\gamma}$$
$$+ DM^\gamma z^\varepsilon \sum_{\substack{q,q'<Q;\, r,r'<z \\ (q,r)=(q',r')=1}} (qq')^\beta \{F_q F_{q'}\}^{1/2}$$
$$\times \sum_{\chi \bmod q,\, \chi' \bmod q'}^* \frac{\mu^2(r)\mu^2(r')|b(r,\chi)b(r',\chi')|}{(K(r)K(r'))^{1/2}[r,r']^\gamma}$$
$$\ll (\mathcal{F} + DQ^{2(\beta+1)+\varepsilon})M^\gamma z^\varepsilon \sum_{\substack{q<Q;\, r<z \\ (q,r)=1}} \sum_{\chi \bmod q}^* \mu^2(r) r^{\alpha/2} |b_r(\chi)|^2$$
$$\times \sum_{r'<z} \frac{\mu^2(r')(r')^{\alpha/2}}{[r,r']^\gamma}. \tag{9.1.39}$$

ここで，条件 (9.1.2) により $K(r) \gg r^{-\alpha-\varepsilon}$ であることを用いた．最後尾の和は

$$r^{-\gamma}\sum_{r'<z}\mu^2(r')(r')^{\alpha/2-\gamma}\sum_{d|(r,r')}d^\gamma\prod_{p|d}(1-p^{-\gamma})$$
$$=r^{-\gamma}\sum_{d|r}d^\gamma\prod_{p|d}(1-p^{-\gamma})\sum_{\substack{r'<z\\r'\equiv 0\bmod d}}\mu^2(r')(r')^{\alpha/2-\gamma}$$
$$\ll r^{-\gamma}z^{\alpha/2-\gamma+1+\varepsilon}. \tag{9.1.40}$$

多少の整理をし，補題 9.1 の証明を終わる．

補題 9.2 集合 $S_\chi = \{s_j : j = 1, 2, \ldots\}$ について

$$\operatorname{Re} s_j \geq 0, \quad |\operatorname{Im} s_j| \leq T, \quad |\operatorname{Im}(s_j - s_k)| \geq \tau > 0, \ j \neq k, \tag{9.1.41}$$

と仮定する．このとき，条件 (9.1.1)–(9.1.3) 及び定義 (9.1.15), (9.1.22), (9.1.24) のもとに，任意の複素数列 $\{a_n\}$ について

$$\sum_{\substack{q<Q;\, r<z\\(q,r)=1}}\mu^2(r)K(r)F_q\sum_{\chi\bmod q}^{*}\sum_{s\in S_\chi}\Big|\sum_{n=1}^{\infty}a_n\chi(n)\Phi_r(n)f(n)^{1/2}n^{-s}\Big|^2$$
$$\ll \sum_{n=1}^{\infty}(\tau^{-1}+\log n)\big(\mathcal{F}n+O(TZ_f(n;Q,z))\big)|a_n|^2. \tag{9.1.42}$$

但し，右辺は収束するものとする．

[証明] 等式 (3.1.19) と同様に，任意の $g \in C^1[0,\tau]$ 及び $0 \leq x \leq \tau$ について，

$$\tau g(x) = \int_0^\tau g(y)dy + \int_0^x yg'(y)dy + \int_x^\tau (y-\tau)g'(y)dy. \tag{9.1.43}$$

等式 (3.1.18) 及び (9.1.25) を援用し，証明を終わる．

9.2 素数定理 VI

定理 8.2 は一群の篩問題への応用から観る限り，拡張された Riemann 予想を回避する手段となる．しかしながら，法が比較的大，即ち何らかの定数 $c > 0$ をもって $q \approx x^c$ となる個々の算術級数における素数の検出については手段と

はならない．本節にては，補題 9.1 の応用として，法が比較的大且つ「短い」算術級数全てについて素数の検出を可能とする平均素数定理を証明する．当然ながら，法について課せられた一様性は前章におけるよりも遥かに厳しい．

この問題の原型は，算術級数中に現れる「最小素数」の位置を問うものであり，それ自体は歴史的には定理 8.2 よりも以前，Linnik により解決されている．即ち，任意の $(q,l) = 1$ について

$$\pi(q^{\mathcal{L}};q,l) > 0 \tag{9.2.1}$$

となる絶対常数 $\mathcal{L} > 0$ が存在する．拡張された Riemann 予想の帰結 (4.5.35) と或はより相応しくは定理 1.5 と比較するがよい．この目的のために Linnik は L-函数の零点に関し困難を極める議論を展開したが，その中心には Brun–Titchmarsh 定理 (5.2.19) の応用がある．本節及び次節の議論の目的は，この篩評価と L-函数論との融合を前面に引き出し，篩法にて理論の透明化を計ることにある．なお且つ，Linnik の定理 (9.2.1) を深める．

注意である．これまでの議論展開に沿うのであるならば，本来は次節の議論の後に素数分布に向かうべきであろう．しかし，ここでは敢えて零点密度評価を回避し直接的な道を採ることとする．補題 9.1 が関わる機序をより明確にできるからである．しかし，具体論に移るまえに，前節に続き多少の準備を更に行わねばならない．

前節の始めにて言及した因子 $M_X(s)$, (3.3.1), の緩衝効果とはつまりは函数 $\zeta(s)M_X(s) - 1$ の Dirichlet 級数展開が区間 $[1,X]$ に入る番号の項を含まない，という平明な事実にある．その様な展開を有する函数の値は，一般的には小であろう．然るに，複素零点にてはこの特定の函数は「異常に大」なる値 -1 をとる．従って，複素零点は $\operatorname{Re} s > \frac{1}{2}$ にては稀であろう，という論法であった．これと L^2-篩との結合を以下にてはかるのであるが，そのためには $M_X(s)$ を補題 9.1 の援用に適うべく且つ緩衝効果を保ちつつ改造せねばならない．次の 3 補題はこの要請に応えるものである．以下にては条件 (9.1.1)–(9.1.3) を仮定する．函数 $\Phi_r(n)$ の乗法性を定義 (9.1.22) の直後に注意したが，その帰結は次に含まれる．

補題 9.3 条件 $\mu^2(r) = 1$, $\xi_d \ll \mu^2(d)$ のもとに，

$$\sum_{n=1}^{\infty} \chi(n)\Phi_r(n)f(n)\Big(\sum_{d|n}\xi_d\Big)n^{-s} = F(s,\chi)M_r(s,\chi;\xi). \qquad (9.2.2)$$

但し，

$$M_r(s,\chi;\xi) = \frac{1}{K(r)} \sum_{d=1}^{\infty} \xi_d \mu((r,d))$$
$$\times \prod_{p|d}(1 - F_p(s,\chi)^{-1}) \prod_{\substack{p\nmid d \\ p|r}}(F_p(s,\chi)^{-1}F_p - 1). \qquad (9.2.3)$$

[証明] 分解

$$\Phi_r(dn) = \Phi_r(d)\Phi_u(n), \quad u = \frac{r}{(r,d)}, \qquad (9.2.4)$$

により，(9.2.2) の左辺は

$$\sum_{d=1}^{\infty} \chi(d)\xi_d \Phi_r(d)d^{-s} \sum_{n=1}^{\infty} \chi(n)\Phi_u(n)f(dn)n^{-s}. \qquad (9.2.5)$$

函数 Φ_u の乗法性により，内部の和は

$$\Big(\sum_{(n,d)=1} \chi(n)\Phi_u(n)f(n)n^{-s}\Big)\Big(\sum_{n|d^{\infty}} \chi(n)\Phi_u(n)f(dn)n^{-s}\Big). \qquad (9.2.6)$$

しかし，$n|d^{\infty}$ であるならば $\Phi_u(n) = 1$. 従って，積 (9.2.6) は

$$d^s \overline{\chi}(d) \prod_{p\nmid d}(1 + \Phi_u(p)(F_p(s,\chi) - 1)) \prod_{p|d}(F_p(s,\chi) - 1)$$
$$= d^s \overline{\chi}(d) F(s,\chi) \prod_{\substack{p\nmid d \\ p|r}}(F_p - 1)^{-1} \prod_{p|d}(1 - F_p(s,\chi)^{-1})$$
$$\times \prod_{\substack{p\nmid d \\ p|r}}(F_p(s,\chi)^{-1}F_p - 1). \qquad (9.2.7)$$

証明を終わる．

補題 9.4 変数 $v > 1$ 及び常数 $\vartheta > 0$ をもって，

$$\Lambda_d^{(k)} = \frac{1}{k!}(\vartheta \log v)^{-k} \sum_{j=0}^{k}(-1)^{k-j}\binom{k}{j}\lambda_d^{(j,k)} \tag{9.2.8}$$

とおく. 但し,

$$\lambda_d^{(j,k)} = \begin{cases} \mu(d)\left(\log \dfrac{v^{1+j\vartheta}}{d}\right)^k & d < v^{1+j\vartheta}, \\ 0 & d \geq v^{1+j\vartheta}. \end{cases} \tag{9.2.9}$$

このとき,

$$\Lambda_d^{(k)} = \mu(d), \quad d < v. \tag{9.2.10}$$

且つ, 任意の常数 $c > 0$ をもって $\omega \geq 1 + c/\log v$ とするならば,

$$\sum_{n=1}^{\infty} d_k(n)\Big(\sum_{d|n}\Lambda_d^{(k)}\Big)^2 n^{-\omega} \ll 1. \tag{9.2.11}$$

[証明] 先ず, $d < v$ であるならば, (9.2.8) の和は

$$\mu(d)\sum_{l=0}^{k}(-1)^{k-l}\binom{k}{l}(\log v)^l(\log d)^{k-l}\sum_{j=0}^{k}(-1)^{k-j}\binom{k}{j}(1+j\vartheta)^l. \tag{9.2.12}$$

この内部和は $[(d/dx)^l e^x(e^{\vartheta x}-1)^k]_{x=0}$ に等しい故, $l=k$ のとき $k!\vartheta^k$ 且つ $l<k$ のとき 0 である. 従って, (9.2.10) を得る. 次に, $\xi(d) = \mu(d)(\log v/d)^k$, $d<z$, 且つ $\xi(d)=0$, $d \geq v$, とし,

$$P = \sum_{n=1}^{\infty} d_k(n)\Big(\sum_{d|n}\xi(d)\Big)^2 n^{-\eta}, \quad \eta = 1 + \frac{c}{\log v}, c > 0, \tag{9.2.13}$$

の評価を行う. 平方を開き和の順序を交換し

$$\begin{aligned}P &= \zeta(\eta)^k \sum_{d_1,d_2<z}\xi(d_1)\xi(d_2)\prod_{p|d_1d_2}\left(1-\left(1-\frac{1}{p^\eta}\right)^k\right)\\ &= \zeta(\eta)^k Q.\end{aligned} \tag{9.2.14}$$

Selberg の方法にて, Q を対角化し,

$$Q = \sum_{d<v}\mu^2(d)\prod_{p|d}\left(1-\frac{1}{p^\eta}\right)^k\left(1-\left(1-\frac{1}{p^\eta}\right)^k\right)\big\{R_d(v/d)\big\}^2. \tag{9.2.15}$$

但し,

$$R_d(x) = \sum_{\substack{u<x \\ (u,d)=1}} \mu(u) \Big(\log \frac{x}{u}\Big)^k \prod_{p|u}\Big(1 - \Big(1-\frac{1}{p^\eta}\Big)^k\Big). \qquad (9.2.16)$$

函数

$$\sum_{\substack{u=1 \\ (u,d)=1}}^{\infty} \frac{\mu(u)}{u^s} \prod_{p|u}\Big(1 - \Big(1-\frac{1}{p^\eta}\Big)^k\Big) = \frac{U_d(s,\eta)}{\zeta(s+\eta)^k} \qquad (9.2.17)$$

を用いるならば,

$$R_d(x) = \frac{k!}{2\pi i} \int_{2-i\infty}^{2+i\infty} \frac{U_d(s,\eta)}{\zeta(s+\eta)^k} \frac{x^s}{s^{k+1}} ds. \qquad (9.2.18)$$

ここに

$$U_d(s,\eta) = \prod_{p|d} \Big(1 - \frac{1}{p^{s+\eta}}\Big)^{-k}$$
$$\times \prod_{p\nmid d} \Big(1 - \frac{1}{p^{s+\eta}}\Big)^{-k} \Big(1 - \frac{1}{p^s}\Big(1 - \Big(1-\frac{1}{p^\eta}\Big)^k\Big)\Big). \qquad (9.2.19)$$

この Euler 積は領域 $\mathrm{Re} > -\frac{1}{2}$ にて絶対収束する. 評価 (1.5.23) に注意し, 積分路を左方向に適宜移動し,

$$R_d(x) = k! \operatorname*{Res}_{s=0} \frac{U_d(s)}{\zeta(s+\eta)^k} \frac{x^s}{s^{k+1}} + O\Big(\prod_{p|d}\Big(1+p^{-1/2}\Big)^k\Big)$$
$$\ll \prod_{p|d}\Big(1+p^{-1/2}\Big)^k \sum_{\nu=0}^{k} ((\eta-1)\log x)^\nu. \qquad (9.2.20)$$

等式 (9.2.15) に挿入し $Q \ll (\log v)^k$, 更に $P \ll (\log v)^{2k}$. 補題の証明を終わる.

補題 9.5 条件 (9.1.1)–(9.1.3) 及び $v > (\mathcal{F}+D)^\varepsilon$ のもとに,

$$\sum_{r<v^{1+k\vartheta}} \mu^2(r) K(r) M_r(1,1;\Lambda^{(k)})^2 \ll \frac{1}{\mathcal{F}\log v}. \qquad (9.2.21)$$

[証明] 定義 (9.1.15), (9.2.3), (9.2.8) が用いられる. 先ず,

$$M_r(1,1;\Lambda^{(k)}) = \frac{\mu(r)}{K(r)} \sum_{\substack{d<v^{1+k\vartheta} \\ d\equiv 0 \bmod r}} \Lambda_d^{(k)} \prod_{p|d}(1-F_p^{-1}). \tag{9.2.22}$$

そこで，(9.2.21) の左辺を H とするならば，Selberg の対角化法を逆方向に用い，

$$H = \sum_{r<v^{1+k\vartheta}} \frac{\mu^2(r)}{K(r)} \left(\sum_{\substack{d<v^{1+k\vartheta} \\ d\equiv 0 \bmod r}} \Lambda_d^{(k)} \prod_{p|d}(1-F_p^{-1}) \right)^2$$

$$= \sum_{d_1,d_2<v^{1+k\vartheta}} \Lambda_{d_1}^{(k)} \Lambda_{d_2}^{(k)} \prod_{p|d_1 d_2}(1-F_p^{-1}). \tag{9.2.23}$$

式 (9.1.12) と比較し

$$\sum_{n<N} f(n) \Big(\sum_{d|n} \Lambda_d^{(k)} \Big)^2 = \mathcal{F}HN + O((\mathcal{F}+D)N^\gamma v^{2(1+k\vartheta)(1-\gamma)+\varepsilon}). \tag{9.2.24}$$

従って，部分和法により任意の $b>0$, $\omega>1$ について

$$\sum_{n>v^b} f(n) \Big(\sum_{d|n} \Lambda_d^{(k)} \Big)^2 n^{-\omega}$$
$$= (\omega-1)^{-1}\mathcal{F}Hv^{b(1-\omega)} + O((\mathcal{F}+D)v^{b(\gamma-\omega)+2(1+k\vartheta)(1-\gamma)+\varepsilon}). \tag{9.2.25}$$

ここで，$\omega = 1 + (\log v)^{-1}$ とし，b を充分大とするならば，右辺は

$$e^{-b}H\mathcal{F}\log v + O(v^{-\varepsilon}). \tag{9.2.26}$$

然るに，条件 (9.1.1) 及び補題 9.3 により左辺は有界である．証明を終わる．

 以上の準備のもとに，算術級数中の素数分布の議論に進む．このために先ず，充分大なる $Q>0$ について，

$$\begin{aligned}\mathcal{Z}(Q) = \Big\{ &\rho = \beta + i\gamma : L(\rho,\chi) = 0, \\ &0 < \beta < 1, |\gamma| \leq Q^{10}; \chi \bmod q, 1 \leq q < Q \Big\}\end{aligned} \tag{9.2.27}$$

と定義する．定理 4.3 によれば，絶対常数 $0 < \kappa \leq 1$ が存在し，高々一個の原始実指標 χ_1 に付随する $L(s,\chi_1)$ の実根 β_1 を除き，

である．また，定義

$$\chi_1 \colon Q\text{-例外指標} \iff 1 - \frac{\kappa}{2\log Q} < \beta_1 \le 1 - \frac{1}{Q} \qquad (9.2.29)$$

を導入する．この β_1 の上限は (4.5.28) から従う．

この様な理解のもとに，補題 4.6 を再記する．領域

$$1 - \frac{\kappa}{\log Q} \le \sigma, \quad |t| \le Q^{10}, \qquad (9.2.30)$$

において，任意の指標 $\chi \bmod q$, $q < Q$, について一様に

$$\frac{L'}{L}(s,\chi) + O(\log Q) = \begin{cases} 0 & \chi \ne \chi_0, \chi_1, \\ \dfrac{1}{s - \beta_1} & \chi = \chi_1, \\ -\dfrac{1}{s - 1} & \chi = \chi_0. \end{cases} \qquad (9.2.31)$$

但し，χ_0 は単位指標である．特に，ここで，任意の指標 $\chi \bmod q$, $q < Q$, について

$$\frac{L'}{L}(\sigma_0 + it, \chi) \ll \log Q, \quad |t| \le Q^{10}, \qquad (9.2.32)$$

であることに注意する．但し，

$$\sigma_0 = \begin{cases} 1 - \kappa(4\log Q)^{-1} & Q\text{-例外指標無し,} \\ 1 - \kappa(\log Q)^{-1} & Q\text{-例外指標有り.} \end{cases} \qquad (9.2.33)$$

更に，

$$\widetilde{\psi}(x,\chi) = \begin{cases} \displaystyle\sum_{n<x} \chi(n)\Lambda(n) & \chi \ne \chi_0, \chi_1, \\ \displaystyle\sum_{n<x} \chi_1(n)\Lambda(n) + \dfrac{x^{\beta_1}}{\beta_1} & \chi = \chi_1, \\ \displaystyle\sum_{n<x} \Lambda(n) - x & \chi = \chi_0, \end{cases} \qquad (9.2.34)$$

と定義する．

定理 9.1（素数定理 VI）　絶対常数 $a_0, a_1, a_2 > 0$ が存在し，条件

$$Q^{a_0} < \frac{x}{Q} < y < x \leq \exp((\log Q)^2) \tag{9.2.35}$$

のもとに

$$\sum_{q<Q} \sum_{\chi \bmod q}^{*} |\widetilde{\psi}(x,\chi) - \widetilde{\psi}(x-y,\chi)| \leq a_1 \Delta_Q y \exp\left(-a_2 \frac{\log x}{\log Q}\right). \tag{9.2.36}$$

但し,

$$\Delta_Q = \begin{cases} 1 & Q\text{-例外指標無し}, \\ (1-\beta_1)\log Q & Q\text{-例外指標有り}. \end{cases} \tag{9.2.37}$$

特に, $q^{a_0} \leq x \leq \exp((\log q)^2)$ であるとき, 任意の既約類 $l \bmod q$ について,

$$\left|\psi(x;q,l) - \frac{x}{\varphi(q)} - \chi_1(l)\frac{x^{\beta_1}}{\varphi(q)\beta_1}\right|$$
$$\leq a_1 \Delta_{q+1} \exp\left(-a_2 \frac{\log x}{\log q}\right)\frac{x}{\varphi(q)} + \nu(q)\log x. \tag{9.2.38}$$

但し, 法 q についての指標の中に $(q+1)$-例外指標 χ_1 にて誘導されるものが存在する場合のみ χ_1-項は現れる. 更に, $\nu(q)$ は q の相異なる素因数の個数である.

[注意] Linnik の最小素数定理 (9.2.1) は主張 (9.2.38) に含まれる.

[証明] 定理の後半は容易である. 法 q の各指標を誘導する原始指標は相異なる故, (4.5.2) に注意し, $Q = q+1$, $y = x-1$ とし, 法が q の約数となる原始指標のみについて (9.2.36) を用いれば済む. そこで, 専ら前半を議論する. 当然ながら, 全ての指標の法は Q 以下である.

乗法的函数

$$f(n) = \begin{cases} 1 & Q\text{-例外指標無し}, \\ \sum_{d|n} \chi_1(d) d^{-\delta} & Q\text{-例外指標有り}, \ \delta = 1-\beta_1. \end{cases} \tag{9.2.39}$$

を導入する. 条件 (9.1.1)–(9.1.3) について, 例外指標が存在する場合を考察する. 先ず, (9.1.1) は $k=2$ として充たされている. 条件 (9.1.2) については,

$$F_p = \left(1 - \frac{1}{p}\right)^{-1}\left(1 - \frac{\chi_1(p)}{p^{1+\delta}}\right)^{-1} > \left(1 - \frac{1}{p^{2(1+\delta)}}\right)^{-1} \tag{9.2.40}$$

より従う. また (9.1.3) については,

$$\sum_{n<N} \chi(n)f(n) = E_\chi L(1+\delta,\chi_1)F_q^{-1}N + O((q_1q^2)^{1+\varepsilon}N^{2/3+\varepsilon}). \qquad (9.2.41)$$

但し，q, q_1 は各々指標 χ, χ_1 の法である．実際，函数 $F(s,\chi)$ に (1.5.1)，$T = N^{1/3}$, を応用し，左辺は

$$\frac{1}{2\pi i}\int_{a-iT}^{a+iT} L(s,\chi)L(s+\delta,\chi\chi_1)\frac{N^s}{s}ds + O\left(N^{2/3+\varepsilon}\right). \qquad (9.2.42)$$

但し，$a = 1 + (\log QN)^{-1}$．評価 (4.3.4) に注意する．積分路を $\operatorname{Re} s = (\log QN)^{-1}$ 上に平行移動し (9.2.41) を得る．特に，$\chi = \chi_1$ となる場合，$L(s+\delta,\chi\chi_1)$ は $s = 1-\delta$ にて極を有するが，それは $L(1-\delta,\chi) = 0$ により，打ち消される．勿論, (9.2.41) の残余項の評価は極めて弱いものである．しかし，目下の目的には充分である．例外指標が存在せぬ場合は省略してよかろう．

つまり，(9.1.1)–(9.1.3) 及び補題 9.1 は，(9.2.39) のもとに，

$$k = 2, \alpha = 2+\varepsilon, \beta = 2+\varepsilon, \gamma = \frac{2}{3}+\varepsilon, D = q_1^{1+\varepsilon}, \qquad (9.2.43)$$

$$Z_f(M;Q,z) = (M^{2/3}Q^7z^{5/3})^{1+\varepsilon}, \qquad (9.2.44)$$

$$\mathcal{F} = \begin{cases} 1 & Q\text{-例外指標無し,} \\ L(1+\delta,\chi_1) & Q\text{-例外指標有り,} \end{cases} \qquad (9.2.45)$$

をもって成立する．

次に，補題 9.1 に含まれる篩効果を (9.2.39) のもとにみる．これは (9.1.18) にて定義された $G(z)$ を下から評価することであり，

$$G(z) \gg \Delta_Q^{-1}\mathcal{F}\log Q, \quad z = Q^2. \qquad (9.2.46)$$

実際，例外指標が存在せぬ場合には，(7.1.36)–(7.1.37) より従う．また，例外指標が存在する場合は，自明な不等式

$$G(z) \geq z^{-2\delta}\sum_{g<z}\mu^2(g)K(g)g^{2\delta} \qquad (9.2.47)$$

及び函数

$$\sum_{g=1}^\infty \mu^2(g)K(g)g^{2\delta-s} = \zeta(s+1-2\delta)L(1+s-\delta,\chi_1)B(s) \qquad (9.2.48)$$

を用いる．ここに，$B(s)$ はその Euler 積展開から，領域 $\sigma > -\frac{1}{2}+\varepsilon$ にて絶対収束且つ有界であり，$B(2\delta) = 1$. 近似式 (1.5.1)，$T = z^{1/5}$，により (9.2.47) の和は

$$\frac{1}{2\pi i}\int_{a-iT}^{a+iT}\zeta(s+1-2\delta)L(1+s-\delta,\chi_1)B(s)\frac{z^s}{s}ds + O(z^{-1/5+\varepsilon}). \quad (9.2.49)$$

但し，$a = 2\delta + (\log q_1 z)^{-1}$. 積分路を $\operatorname{Re} s = -\frac{1}{3}$ 上に平行移動し (9.2.41) と同様に，

$$\sum_{g<z}\mu^2(g)K(g)g^{2\delta} = \frac{z^{2\delta}}{2\delta}L(1+\delta,\chi_1) + O(q_1^{1/3+\varepsilon}z^{-1/5+\varepsilon}). \quad (9.2.50)$$

左辺は 1 より大である故，

$$G(z) \approx \delta^{-1}L(1+\delta,\chi_1), \quad z = Q^2. \quad (9.2.51)$$

特に，(9.2.46) を得る．

さて，(4.5.5) と (9.2.30)–(9.2.34) とを組み合わせ，積分路を適宜移動し，$x \leq \exp((\log Q)^2)$ について，

$$\widetilde{\psi}(s,\chi) = -\frac{1}{2\pi i}\int_{\sigma_0-iU}^{\sigma_0+iU}\frac{L'}{L}(s,\chi)\frac{x^s}{s} + O\left(\frac{x}{Q^9}\right), \quad U = Q^{10}. \quad (9.2.52)$$

式変形を加え，

$$\widetilde{\psi}(x,\chi) = -\frac{1}{2\pi i}\int_{\sigma_0-iU}^{\sigma_0+iU}\frac{L'}{L}(s,\chi)(Y_r(s,\chi))^2\frac{x^s}{s}ds$$
$$+ \frac{1}{2\pi i}\int_{\sigma_0-iU}^{\sigma_0+iU}W_r(s,\chi)\frac{x^s}{s}ds + O\left(\frac{x}{Q^9}\right). \quad (9.2.53)$$

但し，等式 (9.2.2) を (9.2.39) により特殊化し，

$$Y_r(s,\chi) = F(s,\chi)M_r(s,\chi;\Lambda^{(2)}) - 1, \quad (9.2.54)$$

$$W_r(s,\chi) = (Y_r(s,\chi) - 1)M_r(s,\chi;\Lambda^{(2)})L'(s,\chi)L_1(s,\chi), \quad (9.2.55)$$

$$L_1(s,\chi) = \begin{cases} 1 & Q\text{-例外指標無し}, \\ L(s+\delta,\chi\chi_1) & Q\text{-例外指標有り}, \end{cases} \quad (9.2.56)$$

とした．ここで，更に

$$v = Q^{35}, \quad \vartheta = \varepsilon \quad (9.2.57)$$

とする．等式 (9.2.53) の第 2 積分にて，積分路を $\operatorname{Re} s = (\log Q)^{-2}$ 上に平行移動する．新たな積分路上にて簡易な評価として，$W_r(s,\chi) \ll Q^{120}$．つまり，条件 $x \geq Q^{130}$ のもとに

$$\widetilde{\psi}(x,\chi) = -\frac{1}{2\pi i}\int_{\sigma_0-iU}^{\sigma_0+iU} \frac{L'}{L}(s,\chi)(Y_r(s,\chi))^2 \frac{x^s}{s}ds + O\Big(\frac{x}{Q^9}\Big). \qquad (9.2.58)$$

従って，(9.2.32)–(9.2.33) を考慮し，

$$|\widetilde{\psi}(x,\chi) - \widetilde{\psi}(x-y,\chi)|$$
$$\ll y(\log Q)\exp\Big(-\frac{\kappa}{4}\frac{\log x}{\log Q}\Big)\int_{-U}^{U}|Y_r(\sigma_0+it,\chi)|^2 dt + O\Big(\frac{x}{Q^9}\Big). \qquad (9.2.59)$$

両辺に $\mu^2(r)K(r)F_q$ を乗じ，$r < z$，$(r,q) = 1$，につき加え，その後，原始指標 $\chi \bmod q$，$q < Q$，につき加える．左辺は変数 r を含まぬ故，

$$\sum_{q<Q}F_q G_q(z)\sum_{\chi \bmod q}^{*}|\widetilde{\psi}(x,\chi) - \widetilde{\psi}(x-y,\chi)|$$
$$\ll \Psi y(\log Q)\exp\Big(-\frac{\kappa}{4}\frac{\log x}{\log Q}\Big) + \frac{x}{Q^6}. \qquad (9.2.60)$$

但し，

$$G_q(z) = \sum_{\substack{r<z \\ (r,q)=1}}\mu^2(r)K(r), \qquad (9.2.61)$$

$$\Psi = \sum_{\substack{q<Q;\, r<z \\ (q,r)=1}}\mu^2(r)F_q K(r)\sum_{\chi \bmod q}^{*}\int_{-U}^{U}|Y_r(\sigma_0+it,\chi)|^2 dt. \qquad (9.2.62)$$

よって，(9.1.21) 及び (9.2.46) を用い，

$$\sum_{q<Q}\sum_{\chi \bmod q}^{*}|\widetilde{\psi}(x,\chi) - \widetilde{\psi}(x-y,\chi)|$$
$$\ll \Psi \mathcal{F}^{-1}\Delta_Q y\exp\Big(-\frac{\kappa}{4}\frac{\log x}{\log Q}\Big) + \frac{x}{Q^6}. \qquad (9.2.63)$$

つまり，問題は

$$\Psi \ll \mathcal{F} \qquad (9.2.64)$$

を示すことに帰着された．

このために，Mellin 逆変換

$$X_r^{(1)}(s,\chi) = \frac{1}{2\pi i}\int_{2-i\infty}^{2+i\infty} Y_r(s+w,\chi)\Gamma(w)V^w dw, \quad V = Q^{65}, \quad (9.2.65)$$

を導入する．但し，$s = \sigma_0 + it$, $|t| \leq U$. 等式 (9.2.2) 及び (9.2.10) により，

$$X_r^{(1)}(s,\chi) = \sum_{n\geq v}\chi(n)f(n)\Phi_r(n)\Big(\sum_{d|n}\Lambda_d^{(2)}\Big)n^{-s}e^{-n/V}. \quad (9.2.66)$$

積分路を $\operatorname{Re} w = -\sigma_0$ に移動し，

$$X_r^{(1)}(s,\chi) = Y_r(s,\chi) + X_r^{(2)}(s,\chi) + O(Q^{-6}). \quad (9.2.67)$$

但し，

$$X_r^{(2)}(s,\chi) = E_\chi \mathcal{F}F_q^{-1}M_r(1,\chi;\Lambda^{(2)})\Gamma(1-s)V^{1-s}. \quad (9.2.68)$$

よって，

$$\Psi \ll \Psi^{(1)} + \Psi^{(2)} + Q^{-3}. \quad (9.2.69)$$

勿論，$\Psi^{(j)}$ は Ψ の定義 (9.2.62) にて Y_r を $X_r^{(j)}$ に置き換えたものである．

補題 9.1, (9.1.25), を援用し (9.2.29), (9.2.44), (9.2.51), (9.2.57) より，

$$\Psi^{(1)} \ll \sum_{n\geq v}(\mathcal{F}n + (Q^{31/3}n^{2/3})^{1+\varepsilon})f(n)\Big(\sum_{d|n}\Lambda_d^{(2)}\Big)^2 n^{-2\sigma_0}e^{-2n/V}$$

$$\ll \mathcal{F}\sum_{n\geq v}d(n)\Big(\sum_{d|n}\Lambda_d^{(2)}\Big)^2 n^{1-2\sigma_0}e^{-2n/V}. \quad (9.2.70)$$

実際，$n \geq v$ であるならば，$\mathcal{F}n \gg (Q^{31/3}n^{2/3})^{1+\varepsilon}$. 詳しくは，(9.2.51) にて $G(z) \geq 1$ である故，$\mathcal{F}^{-1} \ll \delta^{-1}$, 且つ (9.2.29) から $\delta^{-1} \ll Q$ であることに注意する．下行の和を $n \leq V^2$ に制限し，指数 $1-2\sigma_0$ を $-1-(\log Q)^{-1}$ へと減少させる．補題 9.4, (9.2.11), により，$\Psi^{(1)} \ll \mathcal{F}$ を得る．残るは $\Psi^{(2)}$ であるが，

$$\int_{\sigma_0-iU}^{\sigma_0+iU}|\Gamma(1-s)|^2|ds| \ll \log Q. \quad (9.2.71)$$

つまり，

$$\Psi^{(2)} \ll \mathcal{F}^2 (\log Q) \sum_{r<z} \mu^2(r) K(r) |M_r(1,1;\Lambda^{(2)})|^2. \tag{9.2.72}$$

補題 9.5 により, 再び $\Psi^{(2)} \ll \mathcal{F}$ を得る. よって, (9.2.64) が示された. 定理の証明を終わる.

9.3　Linnik 現象

　例外零点は存在せず, と期待されるが, この問題は解析的整数論にて最も困難なものの一つとして残されたままである. 一方, β_1 の存在は $\mathcal{Z}(Q)$ 全体に奇妙な現象を引き起こすのである. これは, 虚 2 次体の類数の漸近的な振る舞いを研究する中にて Deuring と Heilbronn により発見され, それ故彼らの名が冠されている. Linnik はこの現象を量的に把握することに成功し, その成果をもって算術級数中の素数分布, とりわけ「最小素数」について目覚ましい結論 (9.2.1) を得たのである. 本節にては Deuring–Heilbronn 現象についての Linnik の結果, つまり「Linnik 現象」とすべきものの証明を行う. Linnik 自身の議論は複雑を極めるが, L^2-篩の全面的な応用により見通しの良い状態となることは前節と同様である. 実際, 議論は前節のそれと重複するところ大である.

　Linnik の結果は次の通りである. 変数 Q に付随する例外指標 χ_1 及び例外零点 β_1 は (9.2.29) により定義されているものとする. このとき, 常数 κ の値を適宜とり直すならば, 任意の $\rho \in \mathcal{Z}(Q), \rho \neq \beta_1$ について

$$\beta < 1 - \frac{\kappa}{\log Q} \log\left(\frac{2e\kappa}{(1-\beta_1)\log Q}\right). \tag{9.3.1}$$

例外零点 β_1 についての状況がいわば悪化するほどに, $\mathcal{Z}(Q)$ の他の元は直線 $\mathrm{Re}\, s = 1$ の左方より深くに押しやられることとなる. 例えば, $\beta_1 > 1 - Q^{-\xi}$, $\xi > 0$, であるならば, $\beta < 1 - \frac{1}{2}\kappa\xi$ となり,「拡張された」準 Riemann 予想の成立に近い事態である. 例外指標の存在を字句通りに特徴づける帰結と言えよう.

　実は, Linnik 現象は Dirichlet L-函数の集団に特異なものではなく, Euler

積表示を有する函数全てについて原理的には成立すべきもの,と映る.この視点を示唆するために,多少の一般化を加味し (9.3.1) を証明する.

函数 f は (9.2.39) の下段にて定義されたものとし,乗法的函数 h につき,収束性は度外視し,

$$\begin{aligned}
F(s,h) &= \prod_p F_p(s,h), \\
F_p(s,h) &= \sum_{l=0}^{\infty} f(p^l)h(p^l)p^{-ls}, \\
H(s) &= \prod_p H_p(s), \\
H_p(s) &= \sum_{l=0}^{\infty} h(p^l)p^{-ls}, \\
H(s,\chi_1) &= \prod_p H_p(s,\chi_1), \\
H_p(s,\chi_1) &= \sum_{l=0}^{\infty} \chi_1(p^l)h(p^l)p^{-ls}
\end{aligned} \qquad (9.3.2)$$

とおく.次を仮定する.

(A) ある $k \geq 0$ をもって $h(n) \ll d_k(n)$,

(B) 常数 $\frac{1}{2} < \eta < 1$, $\gamma \geq 0$ が存在し,函数 $H(s)$ 及び $H(s,\chi_1)$ は領域 $\mathrm{Re}\, s > \eta$ にて正則且つ $\ll (Q|s|)^\gamma$,

(C) 全ての素数 p につき函数 $H_p(s)$, $H_p(s,\chi_1)$, 及び $F_p(s,h)$ は領域 $\mathrm{Re}\, s > \eta$ にて零点を有しない.

勿論,条件 (C) は充分大なる全ての p について充たされている.また,$H(s)$ は $\mathrm{Re}\, s > 1$ にて零点を有しない.

定理 9.2 条件 (A)–(C) のもとに,$H(\rho) = 0$ なる ρ を集合 $\mathcal{Z}(Q)$ に含める.このとき,やはり (9.3.1) が成立する.

[証明] 先ず,補題 9.3 にならい,

$$\sum_{n=1}^{\infty} h(n)f(n)\Phi_r(n)\Big(\sum_{d|n}\xi_d\Big)n^{-s} = F(s,h)M_r(s,h;\xi). \tag{9.3.3}$$

但し,

$$M_r(s,h;\xi) = \frac{1}{K(r)}\sum_{d=1}^{\infty}\xi_d\mu((r,d))$$
$$\times \prod_{p|r}(1-F_p(s,h)^{-1})\prod_{\substack{p\nmid d \\ p|r}}(F_p(s,h)^{-1}F_p - 1). \tag{9.3.4}$$

指標 χ を函数 h にて置き換え,記号を流用したが混乱は無かろう.次に,

$$W_0(s) = \prod_{p<P_0}\frac{F_p(s,h)}{H_p(s)H_p(s+\delta,\chi_1)},$$
$$W_1(s) = \prod_{p\geq P_0}\frac{F_p(s,h)}{H_p(s)H_p(s+\delta,\chi_1)}, \tag{9.3.5}$$

とするならば,

$$F(s,h) = H(s)H(s+\delta,\chi_1)W_0(s)W_1(s). \tag{9.3.6}$$

ここに P_0 は充分大なる任意の常数である.函数 $W_1(s)$ は領域 $\operatorname{Re} s > \frac{1}{2}$ にて明らかに正則且つ有界であり,函数 $W_0(s)$ は条件 (C) から領域 $\operatorname{Re} s > \eta$ にて同様である.従って,条件 (B) から函数 $F(s,h)$ は領域 $\operatorname{Re} s > \eta$ にて正則.

ここで,常数 A は充分大,$a = 2k^2$ とし,

$$z = Q,\ v = Q^A,\ \vartheta = 1,\ \xi_d = \Lambda_d^{(a)} \tag{9.3.7}$$

とおく.この特殊化のもとに積分

$$U_r = \frac{1}{2\pi i}\int_{2-i\infty}^{2+i\infty} F(\rho+w,h)M_r(\rho+w,h;\Lambda^{(a)})\Gamma(w)V^w dw \tag{9.3.8}$$

を考察する.但し,充分大なる C をもって $V = Q^C$,且つ $H(\rho) = 0$,$\rho = \nu + i\tau$,

$$\frac{1}{2}(\eta+1) \leq \nu \leq 1,\quad |\tau| \leq Q^{10}. \tag{9.3.9}$$

勿論,

$$U_r = e^{-1/V} + \sum_{n \geq v} \Phi_r(n) f(n) h(n) \Big(\sum_{d|n} \Lambda_d^{(a)} \Big) n^{-\rho} e^{-n/V} \qquad (9.3.10)$$

である. 等式 (9.3.6) は $\operatorname{Re} s > \eta$ にて成立している故, $F(\rho, h) = 0$ でもある. そこで, (9.3.8) における積分路を $\operatorname{Re} w = -\frac{2}{3}(\nu - \eta)$ に移動するならば, $U_r \ll V^{-(\nu-\eta)/2}$ を得る. つまり,

$$\frac{1}{2} \leq \Big| \sum_{v \leq n \leq V^2} \Phi_r(n) f(n) h(n) \Big(\sum_{d|n} \Lambda_d^{(a)} \Big) n^{-\rho} e^{-n/V} \Big|. \qquad (9.3.11)$$

両辺を平方し, $\mu^2(r) K(r)$ を乗じ, 更に $r < z$ につき加え

$$\frac{G_1(z)}{\log Q} \ll \sum_{\substack{v \leq N < V^2 \\ N = 2^m}} \sum_{r < z} \mu^2(r) K(r)$$
$$\times \Big| \sum_{N \leq n < 2N} \Phi_r(n) f(n) h(n) \Big(\sum_{d|n} \Lambda_d^{(a)} \Big) n^{-\rho} e^{-n/V} \Big|^2. \ (9.3.12)$$

但し, $G_1(z)$ は (9.2.61), $q = 1$, にて定義されている. 補題 9.1 により, (9.2.70) と同様に

$$\frac{G_1(z)}{\log Q} \ll \mathcal{F} V^{2(1-\nu)} \sum_{n=1}^{\infty} f(n) |h(n)|^2 \Big(\sum_{d|n} \Lambda_d^{(a)} \Big)^2 n^{-1-1/\log Q}. \qquad (9.3.13)$$

条件 (A) と補題 9.4 から

$$\frac{G_1(z)}{\log Q} \ll \mathcal{F} V^{2(1-\nu)}. \qquad (9.3.14)$$

従って, (9.2.51) により,

$$\frac{1}{\delta \log Q} \ll V^{2(1-\nu)} \qquad (9.3.15)$$

を得る. 特に $h = \chi \bmod q$, $3 \leq q < Q$, とするならば, 条件 (A)–(C) は明らかに充たされる故, 定理の証明を終わる. なお, $h = 1$ つまり $H(s) = \zeta(s)$ の場合が残るが, 下記 (9.3.23) に関する議論に含まれることを注意し, 詳細を略す. 定理の証明を終わる.

Linnik は最小素数定理 (9.2.1) を証明するにあたり (9.3.1) に加え, 現在彼の名を冠されている零点密度評価を援用した. それを多少拡張して述べるなら

ば，絶対常数 $c_0 > 0$ が存在し，$Q \geq 1$，$\frac{1}{2} \leq \alpha \leq 1$ について一様に，

$$|\mathcal{Z}(\alpha, Q)| \ll Q^{c_0(1-\alpha)}. \tag{9.3.16}$$

但し，$\mathcal{Z}(\alpha, Q)$ は (9.2.27) にて定義された零点の集合 $\mathcal{Z}(Q)$ の内，半平面 $\mathrm{Re}\, s \geq \alpha$ に含まれるものである．定理 4.3 と調和のとれた結果である．以下にて，更に (9.3.1) を含む次の零点密度評価を示す．

定理 9.3 定義 (9.2.29) のもとに，

$$\mathcal{Z}^*(\alpha, Q) = \begin{cases} \mathcal{Z}(\alpha, Q) & Q\text{-例外指標無し}, \\ \mathcal{Z}(\alpha, Q) \setminus \{\beta_1\} & Q\text{-例外指標有り}, \end{cases} \tag{9.3.17}$$

とする．このとき，絶対常数 c_1 が存在し，$\frac{1}{2} \leq \alpha \leq 1$ について一様に

$$|\mathcal{Z}^*(\alpha, Q)| \ll Q^{c_1(1-\alpha)} \Delta_Q. \tag{9.3.18}$$

但し，Δ_Q の定義は (9.2.37) にある通り．

[証明] 例外指標 χ_1 が存在するものとして議論する．他の場合は省略する．また，$\alpha < 1 - \kappa(\log Q)^{-1}$ と仮定してよい．各辺の長さ $(1-\alpha)$ の正方形領域 $\alpha \leq \sigma \leq 1$，$n(1-\alpha) \leq t \leq (n+1)(1-\alpha)$，$n = 0, \pm 1, \pm 2, \ldots$ に沿い $\mathcal{Z}^*(\alpha, Q)$ を分割する．補題 4.7 を援用し，$\mathcal{Z}^*(\alpha, Q)$ の部分集合 $\mathcal{Z}_0^*(\alpha, Q) = \{\rho_j : j = 1, 2, \ldots, J\}$ を

$$|\mathcal{Z}^*(\alpha, Q)| \ll ((1-\alpha)\log Q) J, \tag{9.3.19}$$

且つ

$$L(\rho_j, \chi^{(j)}) L(\rho_j + \delta, \chi_1 \chi^{(j)}) = 0, \tag{9.3.20}$$

$$|\mathrm{Im}\,(\rho_j - \rho_k)| \geq 1 - \alpha, \quad j \neq k, \quad \chi^{(j)} = \chi^{(k)}, \tag{9.3.21}$$

となる様に定める．つまり，原始指標 $\chi^{(j)}$ を各 ρ_j について (9.3.20) を充たすべく定め，また同一の指標に対応する零点については虚部の重なりは無い．奇数番，偶数番の正方形領域を区別して扱うがよい．

次に，$h(n) = \chi^{(j)}(n) \not\equiv 1$ とし，変数 v, V, z の採り方は (9.2.66) におけるものを流用するならば，(9.3.11) から直ちに

$$\frac{1}{2} \leq \Big| \sum_{v \leq n \leq V^2} \Phi_r(n) f(n) \chi^{(j)}(n) \Big(\sum_{d|n} \Lambda_d^{(2)} \Big) n^{-\rho_j} e^{-n/V} \Big|. \qquad (9.3.22)$$

一方,整函数 $L(s,\chi_1)L(s+\delta,\chi_1^2)$ は勿論 $\zeta(s+\delta)$ と零点を共有する.つまり,$\zeta(\rho_l) = 0$, $\rho_l \in \mathcal{Z}_0^*(\alpha, Q)$, について

$$\frac{1}{2} \leq \Big| \sum_{v \leq n \leq V^2} \Phi_r(n) f(n) \chi_1(n) \Big(\sum_{d|n} \Lambda_d^{(2)} \Big) n^{-\rho_l + \delta} e^{-n/V} \Big| \qquad (9.3.23)$$

としてよい.不等式 (9.3.22), (9.3.23) を充たす $\mathcal{Z}_0^*(\alpha, Q)$ の元の個数を各々 J_1, J_2 とするならば, $J = J_1 + J_2$.

そこで, (9.3.22) の両辺を平方し, $\mu^2(r) K(r) F_q$ を乗じ, $r < z$, $(r,q) = 1$, につき加える.但し, $\chi^{(j)} \bmod q$. 次に (9.1.21) に注意し,全ての組 $\{\rho_j, \chi^{(j)}\}$, $\chi^{(j)} \not\equiv 1$, について加える.補題 9.2 及び 9.4 を援用し, (9.3.13) と同様に,

$$G_1(z) J_1 \ll \mathcal{F}((1-\alpha)^{-1} + \log Q) \sum_{n=1}^{\infty} \Big(\sum_{d|n} \Lambda_d^{(2)} \Big)^2 n^{1-2\alpha} e^{-n/V}$$

$$\ll \mathcal{F} V^{2(1-\alpha)} \log Q. \qquad (9.3.24)$$

従って, (9.2.51) により

$$J_1 \ll V^{2(1-\alpha)} \Delta_Q. \qquad (9.3.25)$$

同様の議論により J_2 も評価される.定理の証明を終わる.

9.4 付　　　記

Linnik の記念碑的論文 [69] を今再び読むに,正しく *formidable* (H. Davenport).彼が生前ある若き友人に語ったところでは,『1941 年,私は病気除隊され,独軍による Leningrad 封鎖を前にして東方の Kazan に移送された.その地の一病室にて我が国最大の悲劇の中まとめた論文である』

本章は Motohashi [14] [76] [78] による.「最小素数定理」の諸々に対する著者の困惑は, Rodosskii [87] による簡易化とされる Pracher [17, Kap. X] にては一向に解消せず.続く Turán [100] 及び Knapowski [65] の議論にて多少

の緩和．更に Fogels [43], Gallagher [45] と簡易化はされたものの，それらはやはり Turán の冪和法 [20] に基があり，不透明感は拭えず．基本手段は次の深い不等式である．任意の $1 \leq N \leq K$ と複素数 $z_1, \ldots, z_N$ に対し，整数 $k \in [K, 2K)$ が存在し

$$|z_1^k + \cdots + z_N^k| \geq (|z_1|/50)^k. \tag{9.4.1}$$

証明は容易とは言い難く，応用の道筋も快適にはあらず．この様な状況の中，Selberg [96] の注意がなされた．不等式 (8.1.1) にて $\Omega(p) = \{0\}$ としたものから評価

$$\sum_{q<Q} \sum_{\chi \bmod q}^{*} N(\alpha, T; \chi) \ll (Q^5 T^3)^{(1+\varepsilon)(1-\alpha)} \tag{9.4.2}$$

が従う．未発表の草稿もある．著者は [76] にて Selberg の篩 ($\Omega(p) = \{0\}$) の「最適化」の中に補題 8.1 を捉え，その観点から補題 9.1 に達し，上記に展開された L^2-篩法による Linnik 理論の再構成を得たのである．Linnik が用いた函数論からの手法や他者が援用した Turán の手法が L^2-篩に置き換えられたと言えよう．なお，Jutila [63] を参照せよ．

Linnik の議論 [69] にては，評価 (5.2.19) が重要な手段として使われている．この事実は，函数 $L(s, \chi)$, $\chi \bmod q$, $q \geq 3$, について

$$\text{Viggo Brun 領域}: \quad 1 - c\frac{\log \log q}{\log q} < \sigma < 1 \tag{9.4.3}$$

と彼が記したことに端的に現れている．Turán の方法による議論にてもこの点は同様である．篩法と L-函数論の回合．著者はこの不思議を理解すべく篩理論に向かった．解析的手段のみにては如何な進まぬ処を篩法により切り抜けることができる．つまりは Euler 積の活用なのではあるが，依然として言い知れぬ魅惑を感じる．

補題 9.4 は重要である．Selberg [90] に始まる ($k=2$)．Graham [47] による初等的な扱いがある．よって，例えば定理 9.3 を函数論から切り離して議論することも可能である．定理 2.4 及び 4.5 も同様である．Motohashi [80][14] をみよ．

定理 9.1 の証明は Motohashi [78][14] による．定理の内容そのものは Gallagher [45] に初出であるが，Fogels [43] に原型がある．これらと比較し本証明は極めて簡明と言える．なお，Linnik の定理 (9.2.1) に現れる「Linnik 常数」$\mathcal{L}$ の具体的な計算が幾つか行われているが省略する．

「Linnik 現象」(9.3.1) は，現今唯一の例外零点に関する「実効的且つ量的」な結果であろう．勿論，素数分布論の要求するところからの判断である．

定理 9.2 は初出である．条件 (A) (B) (C) を充たす何らかの L-函数にて例えば点 $s = 1$ において零点を有するものが存在するならば，例外零点は存在せずとなる．定理 9.3 は Bombieri [1, Théorème 14] と実質同一な結果であるが，証明は著しく異なる．Selberg の評価 (9.4.2) の如く定式化することは勿論可能であるが，ここではあくまでも「例外零点因子」Δ_Q の効果を明確にすることが目的である．定理 9.3 と明示式 (4.5.4) により定理 9.1 を導くことは容易である．

ここで，(6.4.4) に続いて述べたことを詳らかにしておく．函数 $f(n)$ は (9.2.39) の下行にて定義されたものとする．定義 (9.1.19) を用い，

$$I(N) = \sum_{n<N} f(n) \Big(\sum_{d|n} \lambda(d) \Big)^2 \tag{9.4.4}$$

を考察する．第 9.1 節の議論によれば，充分大なる常数 $c > 0$ をもって，条件 $N \geq z^c = Q^{2c}$ のもとに $I(N) \ll \delta N$．一方，

$$\begin{aligned} I(N) &\geq \sum_{z \leq p < N} f(p) \\ &\geq \pi(N) - \pi(z) - \sum_{\substack{p<N \\ \chi_1(p)=-1}} 1. \end{aligned} \tag{9.4.5}$$

従って，$\chi_1 \bmod q_1$ とするならば，仮定 (6.4.4) は

$$\begin{aligned} I(N) &\geq (1 - o(1)) \frac{N}{\log N} - \frac{1}{2} \varphi(q_1) \cdot (2 - \alpha) \frac{N}{\varphi(q_1) \log N} \\ &> \frac{\alpha}{3} \frac{N}{\log N} \end{aligned} \tag{9.4.6}$$

を意味する．つまり，$\delta \gg (\log Q)^{-1}$ を得，χ_1 が例外指標であるとの仮定に矛盾する．勿論，定義 (9.2.29) にて κ のとり方を再調整する必要はある．この証明から明らかな様に，例えば，殆ど全ての既約剰余類について (6.4.4) を得れば済む．

第10章 一次元篩 II

10.1 篩残余項の構造

Brun が目指した篩法の達成可能域は第 5 章以降前章までの議論にてうかがえることであろう．この文脈をたどるならば，「残余項」の評価を考察すべきときである．定理 8.3 の証明が示す様に，そこにこそ素数分布論の醍醐味があろう．しかし，それ故にまた，触れるべき領域，技法の多様さは例えば「分散法」を経由し尖点型式のスペクトル理論等をも含み広大となる．そこで，本章にては，応用上最も基礎的と思われる一次元篩 (6.1.7) の残余項の構造に焦点を絞り論述する．結果の一つとして，短区間における素数の存在につき定理 3.2 の重要な改良を得ることとなる．

先ずは，極めて原理的な発見が成されていることを述べねばならない．即ち，Selberg の篩における篩係数は残余項の制御に非自明にかかわり得る．驚くべき事実といえよう．何故ならば，着想 (7.1.16)，$\Omega(p) = \{0\}$，を例えば区間 $[M, M+N)$ に適用する場合，これら篩係数は (7.1.18) における主項の係数 S の最適値のみを求めて構成され，残余項 R の制御は「水準」の設定のほかは不問とされているからである．実際，最適な篩係数 (7.1.28) は残余項とは無関係に (7.1.26) のみから定められている．にもかかわらず，かく定められた篩係数の構造には，意外にも残余項内部の打ち消し合いをも引き起こす機構が含まれているのである．この事実は (7.2.33) へ向かう議論を思い起こすならば更に印象を深めよう．即ち，そこにおける因子 $N + 2z^2$ は条件 $z = o(N^{1/2})$ 或は水準条件 $D = o(N)$ を誘導するが，(7.2.48) の最良性から，一般的にはこの水準を超えることはあり得ないのである．それは，(7.2.48) に続く注意を考慮して

も同様であり，結果として臨界的な (7.3.1) を越える評価は期待の外となろう．

然るに，Selberg の篩は実は評価

$$\pi(x;q,l) \leq (2+o(1))\frac{x}{\varphi(q)\log(x/q^{1/2})}, \quad q \leq x^{2/5}, \qquad (10.1.1)$$

をもたらす．勿論 $(q,l) = 1$ とする．つまり，

$$水準：(x/q^{1/2})^{1-\varepsilon} \qquad (10.1.2)$$

を条件 $q \leq x^{2/5}$ のもとに達成できる．これは，(7.3.1) に対応する自然な水準 $(x/q)^{1-\varepsilon}$ の $q^{(1-\varepsilon)/2}$ 倍である．

証明であるが，先ず $z > 1$ は後に定めるべきものとし，

$$\pi(x;q,l) \leq \sum_{\substack{n<x \\ n\equiv l \bmod q}} \left(\sum_{d|n}\lambda(d)\right)^2 + \frac{z}{q} + 1. \qquad (10.1.3)$$

但し，(7.1.28) を参照し，$(d,q) = 1$ について

$$\lambda(d) = \mu(d)\frac{d}{\varphi(d)}\frac{G_{dq}(z/d)}{G_q(z)}, \quad G_d(y) = \sum_{\substack{m<y \\ (m,d)=1}}\frac{\mu^2(m)}{\varphi(m)}. \qquad (10.1.4)$$

勿論，(7.1.32) から $|\lambda(d)| \leq \mu^2(d)$ である．変数 x を充分大とし，$\eta = 1/\log x$ とおくならば，(10.1.3) の右辺の和は Riesz 平均の応用により，

$$\leq \eta^{-1}\int_x^{xe^\eta}\sum_{\substack{n<w \\ n\equiv l \bmod q}}\left(\sum_{d|n}\lambda(d)\right)^2\frac{dw}{w}$$

$$= \frac{1}{2\pi\eta i}\int_{(2)}\left\{\sum_{\substack{n \\ n\equiv l \bmod q}}\left(\sum_{d|n}\lambda(d)\right)^2 n^{-s}\right\}((xe^\eta)^s - x^s)\frac{ds}{s^2}$$

$$= \frac{1}{2\pi\eta i\varphi(q)}\sum_{\chi \bmod q}\overline{\chi}(l)\int_{(2)}L(s,\chi)D(s,\chi)((xe^\eta)^s - x^s)\frac{ds}{s^2}. \qquad (10.1.5)$$

ここに，

$$D(s,\chi) = \sum_{d_1,d_2<z} \frac{\chi([d_1,d_2])}{[d_1,d_2]^s}\lambda(d_1)\lambda(d_2)$$
$$= \sum_{d<z}\frac{\chi(d)}{d^s}\prod_{p|d}\left(1-\frac{\chi(p)}{p^s}\right)\left\{\sum_{m<z/d}\frac{\chi(m)}{m^s}\lambda(dm)\right\}^2. \quad (10.1.6)$$

次に, (10.1.5) の最右辺にて, 積分路を垂直線 (η) に移動し,

$$\frac{x}{q}D(1,\chi_q)(1+O(\eta))$$
$$+\frac{1}{2\pi i \eta \varphi(q)}\sum_{\chi \bmod q}\overline{\chi}(l)\int_{(\eta)}L(s,\chi)D(s,\chi)\left((xe^\eta)^s - x^s\right)\frac{ds}{s^2}. \quad (10.1.7)$$

但し, χ_q は法 q についての単位指標である. 等式 (4.1.8) 及び評価 (4.3.4) を用いた. これらに加えて函数等式 (4.2.10) を参照し, 第 2 項は

$$\ll q^{-1/2+\varepsilon}\eta^{-1}\int_{(\eta)}\sum_{\chi \bmod q}|D(s,\chi)||s|^{-3/2}|ds|. \quad (10.1.8)$$

対角化 (10.1.6) により

$$\ll q^{-1/2}(qxz)^\varepsilon \sum_{d<z}\int_{(\eta)}\sum_{\chi \bmod q}\left|\sum_{m<z/d}\frac{\chi(m)}{m^s}\lambda(dm)\right|^2|s|^{-3/2}|ds|$$
$$\ll q^{-1/2}(qxz)^\varepsilon \sum_{d<z}\left(\frac{z}{d}+q\right)\frac{z}{d}\int_{(\eta)}|s|^{-3/2}|ds|$$
$$\ll q^{-1/2}(qxz)^\varepsilon(z^2+qz). \quad (10.1.9)$$

直交関係式 (4.1.4) より容易に従う不等式

$$\sum_{\chi \bmod q}\left|\sum_{M\leq n<M+N}a_n\chi(n)\right|^2 \leq (N+\varphi(q))\sum_{M\leq n<M+N}|a_n|^2 \quad (10.1.10)$$

を用いた. 勿論, $\{a_n\}$ は任意である.

以上をまとめ, (10.1.2), $q \leq x^{2/5}$, を仮定するとき, (10.1.3) の和は

$$\leq \frac{x}{q}D(1,\chi_q)(1+O(\eta))+O((x/q)^{1-\varepsilon}). \quad (10.1.11)$$

一方, (7.1.36)–(7.1.37) から

$$D(1,\chi_q) = \frac{1}{G_q(z)} \leq \frac{q}{\varphi(q)\log z}. \quad (10.1.12)$$

従って, (10.1.1) を得る.

水準 (10.1.2) は (10.1.9) から従うのであるが, 後者は対角化 (10.1.6) と指標の直交性 (10.1.10) の帰結である. 一方, 対角化は, (10.1.3) における篩係数が, (5.2.2) なる定式化のもとにて,

$$\rho_1(d) = \mu(d) \sum_{[d_1,d_2]=d} \lambda(d_1)\lambda(d_2) \qquad (10.1.13)$$

なる「内部」構造を持つことに専ら因っている. つまり, (5.2.5) における記号を流用するならば, 篩残余項が特殊な双一次形式

$$R(\mathcal{A}, z; \rho_1) = \sum_{d_1<z} \sum_{d_2<z} \lambda(d_1)\lambda(d_2) R_{[d_1,d_2]} \qquad (10.1.14)$$

の形態を取るが故に, 水準 (10.1.2) が到達可能と成るのである. 注意すべきは, (10.1.9) にては篩係数 $\lambda(d)$ の具体的な表示 (10.1.4) は必要ではなく単に評価のみを要する, という点である. 即ち, (10.1.14) そのものではなく, 例えば

$$\sup_{a,b} \left| \sum_{m<D^{1/2}} \sum_{n<D^{1/2}} a_m b_n R_{[m,n]} \right|, \quad D = z^2, \qquad (10.1.15)$$

を考察すれば充分である. 但し, $a = \{a_m\}$, $b = \{b_n\}$ は $|a_m|, |b_n| \leq 1$ なる任意の数列である. 各 $R_{[m,n]}$ がその絶対値にて現れぬ故, 打ち消し合いが起こり得る訳である.

対するに Rosser の篩の場合にても (10.1.15) に相当する事実は成立するのであろうか. 定義 (5.3.20) から定まる篩係数 $\rho_r(d)$ に (10.1.13) に類似する内部構造を認めることは外見上困難である.

しかしながら, 第 6.4 節の冒頭にある様に, Buchstab の等式 (5.3.2) を経由する反復に対し Rosser の篩は全体としては不変である, という事実に着目するならば, (10.1.14) 乃至 (10.1.15) に対応する双一次形式の構造を篩残余項に見出すことは可能である. これを説明するために, 区間 $[z_1, z)$, $2 \leq z_1 < z$, を小区間に細分し

$$[z_1, z) = \bigsqcup I \qquad (10.1.16)$$

とする. 各区間は $I = [u, v)$ なるものとし, $(I) = v$ と定義する. 区間の個数は,

次節にて明らかとなるが，$O(\log \log z)$ と仮定できる．等式 (5.3.2)，$z_0 = z_1$，の右辺の分解

$$|\mathcal{S}(\mathcal{A},z)| = |\mathcal{S}(\mathcal{A},z_1)| - \sum_{I}\sum_{p\in I}|\mathcal{S}(\mathcal{A}_p,p)| \qquad (10.1.17)$$

が従う．そして，各 $\mathcal{S}(\mathcal{A}_p,p)$, $p \in I$, に Rosser の篩を適用する．但し，篩係数の水準は $D/(I)$ とする．細分 (10.1.16) を適宜とるならば，主項は (6.1.3)–(6.1.4) により漸近的には変化しない．しかし，残余項については，多少の整理の後，

$$\sup_{I}\Big|\sum_{p\in I}\sum_{n<D/(I)}c_n R_{pn}\Big| \qquad (10.1.18)$$

なるものを考察することとなる．勿論，$|c_n| = |\mu(n)|$．やはり一種の双一次形式が出現する．

注目すべきは，(10.1.18) に至る操作は反復できるという事実である．反復操作は有限回にて終了し，細部の議論を度外視するならば，Rosser の篩の残余項の評価は

$$\sup_{K}\Big|\sum_{d\in K}R_d\Big| \qquad (10.1.19)$$

なるものの扱いに帰着する，と予想されよう．但し，K は小区間列の直積からなり，$d\in K$ は d の素因数が各々の小区間に含まれることを意味する．各 R_d はその絶対値にては現れず，従って上記同様に打ち消し合いを期待できよう．積 K の個数は $\exp([\text{小区間 } I \text{ の個数}]\cdot \log 2)$ つまり $O(\log z)$ 程度と仮定できる．また，積 K は任意ではなく，当然に Rosser の篩係数の構造 (5.3.20) を引き継ぐ．一次元篩の場合は $\beta = 2$ であり，仮に積

$$K = I_1 I_2 \cdots I_l, \quad (I_1) > (I_2) > \cdots > (I_l), \qquad (10.1.20)$$

が (10.1.19) に現れるならば，

$$(I_1)(I_2)\cdots(I_{l-1})(I_l)^2 < D \qquad (10.1.21)$$

を意味する．但し D は (5.3.20) にある通り．実際，$l \equiv r \bmod 2$ のとき因子 (I_l) の冪を 3 としてこの不等式は成り立つ．また，$l \equiv r-1 \bmod 2$ のときは，

$(I_1)(I_2)\cdots(I_{l-2})(I_{l-1})^3 < D$ となり，(10.1.21) がやはり成立する．次節の補題 10.3 にて示されるが，条件 $D \geq z^2$ のもとに，(10.1.21) より

$$(I_{j_1})(I_{j_2})\cdots(I_{j_k}) < M, \quad (I_{j_{k+1}})\cdots(I_{j_l}) < N, \quad MN = D, \quad (10.1.22)$$

なる $\{I_j\}$ の分類が従う．ここに，M, N は任意に定められたものである．即ち，観察 (10.1.18) は，定理 6.1 における残余項の評価が

$$\sup_{a,b}\Big|\sum_{m<M}\sum_{n<N} a_m b_n R_{mn}\Big|, \quad MN = D, \quad (10.1.23)$$

なる双一次形式のそれに帰着されるであろうことを強く示唆している．勿論，(10.1.15) におけると同じく，$|a_m|, |b_n| \leq 1$ である．

Selberg の篩に関する (10.1.15) と Rosser の一次元篩に関する (10.1.23)．これらのみをもって比較するのは勿論尚早ではあるが，後者の柔軟性には刮目すべきものがある．次節にて主張 (10.1.23) が本質的に成立することを証明する．

10.2　一次元篩の残余項

先ず，上記の反復操作を厳密に構成する．細分 (10.1.16) のもとに，集合としての直積 (10.1.20) を構成し $\nu(K) = l$ と書く．また，$I < K$ とは $(I) < \min_{j \leq l}(I_j)$ とする．整数 d について $d \in K$ とは $d = p_1 p_2 \cdots p_l$, $p_j \in I_j$，なる素因数分解の存在を意味するものとする．勿論，1 は空積 $\emptyset$ にのみ含まれ，$\nu(\emptyset) = 0$．注意であるが，一般的には積 K を構成する因子の区間には重複もあり得るものとする．第 5 章の定義を流用し，(5.3.8) の拡張として次を得る．全ての積 K からなる集合上の函数 λ について，$\varkappa(\emptyset) = 1$ となるものを採る．仮定 (10.1.20) のもとに

$$\Theta(K) = \varkappa(I_1)\varkappa(I_1 I_2)\cdots \varkappa(I_1 I_2 \cdots I_l); \quad \Theta(\emptyset) = 1, \quad (10.2.1)$$

$$\Psi(K) = \Theta(I_1 I_2 \cdots I_{l-1}) - \Theta(I_1 I_2 \cdots I_l); \quad \Psi(\emptyset) = 0 \quad (10.2.2)$$

とする．このとき，K を (10.1.20) を充たすもの及び空積に限るならば，

$$|\mathcal{S}(\mathcal{A},z)| = \sum_K (-1)^{\nu(K)} \Theta(K) \sum_{d \in K} |\mathcal{S}(\mathcal{A}_d, z_1)|$$
$$+ \sum_K \sum_{I<K} (-1)^{\nu(K)} \Theta(KI) \sum_{\substack{p'<p \\ p,p' \in I}} \sum_{d \in K} |\mathcal{S}(\mathcal{A}_{dpp'}, p')|$$
$$+ \sum_K (-1)^{\nu(K)} \Psi(K) \sum_{d \in K} |\mathcal{S}(\mathcal{A}, p(d))|. \tag{10.2.3}$$

証明であるが，(5.3.4) を模倣し

$$|\mathcal{S}(\mathcal{A},z)| = |\mathcal{S}(\mathcal{A}, z_1)| - \sum_I \varkappa(I) \sum_{p \in I} |\mathcal{S}(\mathcal{A}_p, p)|$$
$$- \sum_I (1 - \varkappa(I)) \sum_{p \in I} |\mathcal{S}(\mathcal{A}_p, p)|. \tag{10.2.4}$$

各 $p \in I$ につき，

$$|\mathcal{S}(\mathcal{A}_p, p)| = |\mathcal{S}(\mathcal{A}_p, z_1)| - \sum_{\substack{p'<p \\ p' \in I}} |\mathcal{S}(\mathcal{A}_{pp'}, p')| - \sum_{I'<I} \sum_{p' \in I'} |\mathcal{S}(\mathcal{A}_{pp'}, p')|$$
$$= |\mathcal{S}(\mathcal{A}_p, z_1)| - \sum_{\substack{p'<p \\ p' \in I}} |\mathcal{S}(\mathcal{A}_{pp'}, p')| - \sum_{I'<I} \varkappa(I \cdot I') \sum_{p' \in I'} |\mathcal{S}(\mathcal{A}_{pp'}, p')|$$
$$- \sum_{I'<I} (1 - \varkappa(I \cdot I')) \sum_{p' \in I'} |\mathcal{S}(\mathcal{A}_{pp'}, p')|. \tag{10.2.5}$$

等式 (10.2.4) の右辺のはじめの二重和に挿入し，

$$|\mathcal{S}(\mathcal{A},z)| = |\mathcal{S}(\mathcal{A}, z_1)| - \sum_I \varkappa(I) \sum_{p \in I} |\mathcal{S}(\mathcal{A}_p, z_1)|$$
$$+ \sum_I \varkappa(I) \sum_{\substack{p'<p \\ p,p' \in I}} |\mathcal{S}(\mathcal{A}_{pp'}, p')| - \sum_I (1 - \varkappa(I)) \sum_{p \in I} |\mathcal{S}(\mathcal{A}_p, p)|$$
$$+ \sum_{I_2 < I_1} \varkappa(I_1)(1 - \varkappa(I_1 I_2)) \sum_{\substack{p_1 \in I_1 \\ p_2 \in I_2}} |\mathcal{S}(\mathcal{A}_{p_1 p_2}, p_2)|$$
$$+ \sum_{I_2 < I_1} \varkappa(I_1) \varkappa(I_1 I_2) \sum_{\substack{p_1 \in I_1 \\ p_2 \in I_2}} |\mathcal{S}(\mathcal{A}_{p_1 p_2}, p_2)|. \tag{10.2.6}$$

これは，次の等式の $l = 2$ なる場合である.

$$
\begin{aligned}
|\mathcal{S}(\mathcal{A}, z)| = & \sum_{\substack{K \\ \nu(K) < l}} (-1)^{\nu(K)} \Theta(K) \sum_{d \in K} |\mathcal{S}(\mathcal{A}_d, z_1)| \\
& + \sum_{\substack{K \\ \nu(K) < l-1}} \sum_{I < K} (-1)^{\nu(K)} \Theta(KI) \sum_{\substack{p' < p \\ p, p' \in I}} \sum_{d \in K} |\mathcal{S}(\mathcal{A}_{dpp'}, p')| \\
& + \sum_{\substack{K \\ \nu(K) \leq l}} (-1)^{\nu(K)} \Psi(K) \sum_{d \in K} |\mathcal{S}(\mathcal{A}_d, p(d))| \\
& + (-1)^l \sum_{\substack{K \\ \nu(K) = l}} \Theta(K) \sum_{d \in K} |\mathcal{S}(\mathcal{A}_d, p(d))|.
\end{aligned} \qquad (10.2.7)
$$

最後尾の $|\mathcal{S}(\mathcal{A}_d, p(d))|$ を

$$
|\mathcal{S}(\mathcal{A}_d, z_0)| - \sum_{\substack{p < p(d) \\ pd \in K}} |\mathcal{S}(\mathcal{A}_{dp}, p)| - \sum_{I < K} \varkappa(KI) \sum_{p \in I} |\mathcal{S}(\mathcal{A}_{dp}, p)|
$$
$$
- \sum_{I < K} (1 - \varkappa(KI)) \sum_{p \in I} |\mathcal{S}(\mathcal{A}_{dp}, p)| \qquad (10.2.8)
$$

に置き換え，l についての帰納法により (10.2.7) を得る. 変数 l を充分大にとり，(10.2.3) の証明を終わる.

次に，(5.3.11) 及び (5.3.19)，にならい，函数 $\varkappa_r$ を集合

$$
\left\{
\begin{aligned}
& K = I_1 I_2 \cdots I_l : \quad I_1 > I_2 > \cdots > I_l, \\
& l \equiv r + 1 \bmod 2 \text{ 或は} \\
& l \equiv r \bmod 2 \text{ 且つ } (I_1)(I_2)\cdots(I_{l-1})(I_l)^{\beta+1} < D
\end{aligned}
\right\} \qquad (10.2.9)
$$

の特性函数とする. また，この特殊化を (10.2.1)–(10.2.2) に加えて各々を Θ_r, Ψ_r の定義とする. これらは，集合

$$
\left\{
\begin{aligned}
& K = I_1 I_2 \cdots I_l : \quad I_1 > I_2 > \cdots > I_l, \\
& (I_1)(I_2)\cdots(I_{2k+r-1})(I_{2k+r})^{\beta+1} < D, \ 1 \leq 2k + r \leq l
\end{aligned}
\right\} \qquad (10.2.10)
$$

及び

$$\left\{\begin{array}{l} K = I_1 I_2 \cdots I_l : \quad I_1 > I_2 > \cdots > I_l, \\ l \equiv r \bmod 2, \; \Theta_r(I_1 I_2 \cdots I_{l-1}) = 1 \\ \text{且つ } (I_1)(I_2) \cdots (I_{l-1})(I_l)^{\beta+1} \geq D \end{array}\right\} \tag{10.2.11}$$

の特性函数である．等式 (10.2.3) より直ちに

$$\begin{aligned} |\mathcal{S}(\mathcal{A}, z)| = & \sum_K (-1)^{\nu(K)} \Theta_r(K) \sum_{d \in K} |\mathcal{S}(\mathcal{A}_d, z_1)| \\ & + \sum_K \sum_{I < K} (-1)^{\nu(K)} \Theta_r(KI) \sum_{\substack{p' < p \\ p, p' \in I}} \sum_{d \in K} |\mathcal{S}(\mathcal{A}_{dpp'}, p')| \\ & + (-1)^r \sum_K \Psi_r(K) \sum_{d \in K} |\mathcal{S}(\mathcal{A}, p(d))|. \end{aligned} \tag{10.2.12}$$

両辺に $(-1)^r$ を乗じ，第 3 行全体及び第 2 行の $\nu(K) \equiv r \bmod 2$ なる部分を棄てる．自明な不等式 $|\mathcal{S}(\mathcal{A}_{dpp'}, p')| \leq |\mathcal{S}(\mathcal{A}_{dpp'}, z_1)|$ を用い，更に条件 $p' < p$ も外す．斯くして，次を得る．

補題 10.1 函数 Θ_r は (10.2.10) にて定義されたものとする．このとき，

$$\begin{aligned} (-1)^r |\mathcal{S}(\mathcal{A}, z)| \geq & (-1)^r \sum_K (-1)^{\nu(K)} \Theta_r(K) \sum_{d \in K} |\mathcal{S}(\mathcal{A}_d, z_1)| \\ & - \sum_{\substack{K \\ \nu(K) \equiv r+1 \bmod 2}} \sum_{I < K} \Theta_r(KI) \sum_{p, p' \in I} \sum_{d \in K} |\mathcal{S}(\mathcal{A}_{dpp'}, z_1)|. \end{aligned} \tag{10.2.13}$$

[注意] 条件 $p, p' \in I$ は勿論 $p = p'$ なる場合も含む．これまでの議論にては，数列 $\mathcal{A}_a$ は専ら $\mu(a) \neq 0$ なる場合のみが考察の対象であった．不等式 (10.2.13) は，つまり，今後はこの暗々裏の仮定を行わないことを意味する．定義 (5.1.5) はそのまま流用される．

不等式 (10.2.13) の右辺に現れる $|\mathcal{S}(\mathcal{A}_d, z_1)|$, $|\mathcal{S}(\mathcal{A}_{dpp'}, z_1)|$ に対し (5.2.4) 及び定理 5.1 を応用し，第 6 章に沿い議論するならば，定理 6.1 において残余項を (10.1.19) 乃至それに近似するものに置き換えることができるであろう．これを目的とし，先ず条件 (6.1.1) を仮定の上，函数 ϕ_r は (6.1.3)–(6.1.4) にて定義されたものとする．定義 (10.2.10), $\beta = 2$, のもとに Θ_r を定め (10.2.13)

を用いる．細分 (10.1.16) については，

$$z = z_1 z_2^J, \quad I = [z_1 z_2^{j-1}, z_1 z_2^j), \quad 1 \le j \le J, \tag{10.2.14}$$

とする．変数 z_1, z_2 は充分大と仮定する．また，

$$z = D^{1/s}, \quad 2 \le s < \infty. \tag{10.2.15}$$

補題 6.3 の拡張として，次を示す．

補題 10.2 仮定 (6.1.1)，及び (10.2.14)–(10.2.15) のもとに，

$$V(z)\phi_r\Big(\frac{\log D}{\log z}\Big) = V(z_1) \sum_K (-1)^{\nu(K)} \Theta_r(K) \sum_{d \in K} \frac{\omega(d)}{d} \phi_{r+\nu(d)}\Big(\frac{\log D/d}{\log z_1}\Big)$$
$$+ O\Big(V(z) \frac{(\log z)^2 (\log z_2)}{\log^3 z_1} \log\Big(\frac{\log z}{\log z_1}\Big)\Big). \tag{10.2.16}$$

[証明]　先ず，

$$d \in K, \quad \Theta_r(K) = 1 \tag{10.2.17}$$

として議論するが，このとき

$$V(p(d))\phi_{r+\nu(d)}\Big(\frac{\log D/d}{\log p(d)}\Big) = V(z_1)\phi_{r+\nu(d)}\Big(\frac{\log D/d}{\log z_1}\Big)$$
$$- \sum_{I<K} \varkappa_r(KI) \sum_{p \in I} \frac{\omega(p)}{p} V(p)\phi_{r+\nu(d)+1}\Big(\frac{\log D/dp}{\log p}\Big)$$
$$+ O\Big(\nu(d) V(p(d)) \frac{\log p(d)}{\log^2 z_1} \log z_2\Big). \tag{10.2.18}$$

但し，$p(d)$ は d の最小素因数である．勿論，$\varkappa_r$ は (10.2.9)，$\beta = 2$，により定義されている．実際，(10.2.17) から

$$\phi_{r+\nu(d)+1}\Big(\frac{\log D/d\xi}{\log \xi}\Big) \ll 1, \quad \xi < p(d), \tag{10.2.19}$$

である故，補題 6.3 の証明におけると同様に

$$V(p(d))\phi_{r+\nu(d)}\Bigl(\frac{\log D/d}{\log p(d)}\Bigr) = V(z_1)\phi_{r+\nu(d)}\Bigl(\frac{\log D/d}{\log z_1}\Bigr)$$
$$-\sum_{z_1 \le p < p(d)} \frac{\omega(p)}{p} V(p) \phi_{r+\nu(d)+1}\Bigl(\frac{\log D/dp}{\log p}\Bigr)$$
$$+ O\Bigl(V(p(d))\frac{\log p(d)}{\log^2 z_1}\Bigr). \tag{10.2.20}$$

ここで,仮に $r+\nu(d) \equiv 0 \bmod 2$ であるならば,p についての和は

$$\sum_{I<K} \varkappa_r(KI) \sum_{p \in I} \frac{\omega(p)}{p} V(p) \phi_{r+\nu(d)+1}\Bigl(\frac{\log D/dp}{\log p}\Bigr)$$
$$+ O\Bigl(\sum_{\substack{p<p(d) \\ pd \in K}} \frac{\omega(p)}{p} V(p)\Bigr). \tag{10.2.21}$$

何故ならば,$\varkappa_r(KI)=1$ である.残余項は仮定 (6.1.1) により,

$$\ll V(p(d)) \log p(d) \frac{\log z_2}{\log^2 z_1}. \tag{10.2.22}$$

一方,$r+\nu(d) \equiv 1 \bmod 2$ であるならば,考察下の和は

$$\sum_{\substack{I<K \\ (K)(I)^3 < D}} \sum_{p \in I} + \sum_{\substack{I<K \\ (K)(I)^3 \ge D}} \sum_{p \in I} + \sum_{\substack{p<p(d) \\ pd \in K}} \tag{10.2.23}$$

と分解される.ここに,$K = I_1 I_2 \cdots I_l$ のとき $(K) = (I_1)(I_2) \cdots (I_l)$.第 1 和は (10.2.21) にて残余項を欠くものと同じく表現できる.また,第 3 和は (10.2.22) にて評価される.そこで,第 2 和の評価を行う.これは

$$\sum_{\substack{I<K \\ (K)(I)^3 \ge D}} \sum_{\substack{p \in I \\ p^3 < D/d,\, p<p(d)}} \frac{\omega(p)}{p} V(p) \phi_0\Bigl(\frac{\log d/dp}{\log p}\Bigr) \tag{10.2.24}$$

に等しい.中間値の定理により

$$\phi_0\Bigl(\frac{\log d/dp}{\log p}\Bigr) = \phi_0\Bigl(\frac{\log d/dp}{\log p}\Bigr) - \phi_0(2)$$
$$\ll \frac{\log(D/dp^3)}{\log p} \ll \nu(d) \frac{\log z_2}{\log z_1}. \tag{10.2.25}$$

何故ならば,

$$p^3 dz_2^{\nu(d)+3} \geq (I)^3(K) \geq D. \tag{10.2.26}$$

従って，(10.2.24) は

$$\ll \nu(d) \frac{\log z_2}{\log z_1} \sum_{z_1 \leq p < p(d)} \frac{\omega(p)}{p} V(p)$$

$$\ll \nu(d) \frac{\log z_2}{\log^2 z_1} V(p(d)) \log p(d). \tag{10.2.27}$$

以上から，(10.2.18) を得る．

同様に

$$V(z)\phi_r\Big(\frac{\log D}{\log z}\Big) = V(z_1)\phi_r\Big(\frac{\log D}{\log z_1}\Big)$$
$$- \sum_I \varkappa_r(I) \sum_{p \in I} \frac{\omega(p)}{p} \phi_{r+1}\Big(\frac{\log D/p}{\log p}\Big) V(p)$$
$$+ O\Big(V(z) \frac{\log z \log z_2}{\log^2 z_1}\Big). \tag{10.2.28}$$

右辺の二重和の部分に (10.2.18) を反復適用する．無限反復の後，(10.2.16) の右辺の和と共に，次の残余が生じる．

$$\ll \frac{\log z_2}{\log^2 z_1} \sum_{d|P(z_1,z)} (\nu(d)+1) \frac{\omega(d)}{d} V(p(d)) \log p(d)$$
$$\ll V(z) \frac{\log z \log z_2}{\log^2 z_1} \sum_{l=0}^{\infty} \frac{l+1}{l!} \Big(\sum_{z_1 \leq p < z} \frac{\omega(p)}{p} \Big)^l$$
$$\ll V(z) \frac{(\log z)^2 (\log z_2)}{\log^3 z_1} \log\Big(\frac{\log z}{\log z_1}\Big). \tag{10.2.29}$$

但し，第 1 行にては $p(1) = z$．また，第 2 行への移行には (6.1.1) 及び不等式

$$\sum_{\substack{d|P(z_1,z) \\ \nu(d)=l}} \frac{\omega(d)}{d} \leq \frac{1}{l!} \Big(\sum_{z_1 \leq p < z} \frac{\omega(p)}{p} \Big)^l \tag{10.2.30}$$

を用いた．補題の証明を終わる．

　補題 10.1 と 10.2 とを組み合わせ，定理 6.1 の残余項の構造を考察する．このために，細分 (10.2.14) にて

$$z_1 = z^{\tau^2}, \quad z_2 = z^{\tau^9}, \quad \tau = (\log \log z)^{-1/10}, \tag{10.2.31}$$

と設定する．勿論，これは (10.2.14) と共に z に制限を加えることとなるが，一般性を損なうものではない．また，補題 10.1 に続く注意に関連し，極めて弱い仮定

$$\sum_{u \leq p < v} \frac{\omega(p^2)}{p^2} \ll \frac{1}{\log \log u}, \quad 3 \leq u < v, \tag{10.2.32}$$

を導入する．

定理 5.1 により，$(d, P(z_1)) = 1$ 及び $H \geq 1$ なる場合について，一様に

$$(-1)^r \left\{ |\mathcal{S}(\mathcal{A}_d, z_1)| - \frac{\omega(d)}{d} XV(z_1)(1 + O(\exp(-\tfrac{1}{2} H \log H))) \right\}$$
$$\geq (-1)^r \sum_{\substack{f < z_1^H \\ f | P(z_1)}} \xi_f^{(r)} R_{df} \tag{10.2.33}$$

となる篩係数 $\{\xi_f^{(r)}\}$, $|\xi_f^{(r)}| \leq 1$, が存在する．ここでは

$$H = \tau^{-1} = (\log \log z)^{1/10} \tag{10.2.34}$$

とおく．一方，不等式 (10.2.13) を書き換え，

$$(-1)^r \left\{ |\mathcal{S}(\mathcal{A}, z)| - XV(z_1) \sum_K (-1)^{\nu(K)} \Theta_r(K) \sum_{d \in K} \frac{\omega(d)}{d} \right\}$$
$$\geq \sum_K (-1)^{\nu(K)+r} \Theta_r(K) \sum_{d \in K} \left(|\mathcal{S}(\mathcal{A}_d, z_1)| - \frac{\omega(d)}{d} XV(z_1) \right)$$
$$- \sum_{\substack{I < K \\ \nu(K) \equiv r+1 \bmod 2}} \Theta_r(KI) \sum_{p,p' \in I} \sum_{d \in K} \left(|\mathcal{S}(\mathcal{A}_{dpp'}, z_1)| - \frac{\omega(dpp')}{dpp'} XV(z_1) \right)$$
$$- \sum_{\substack{I < K \\ \nu(K) \equiv r+1 \bmod 2}} \Theta_r(KI) \sum_{p,p' \in I} \sum_{d \in K} \frac{\omega(dpp')}{dpp'} XV(z_1). \tag{10.2.35}$$

右辺に篩不等式 (10.2.33) を応用し，

$$(-1)^r \Big\{ |\mathcal{S}(\mathcal{A},z)| - XV(z_1) \sum_K (-1)^{\nu(K)} \Theta_r(K) \sum_{d \in K} \frac{\omega(d)}{d} \Big\}$$

$$\geq \sum_K (-1)^{r+\nu(K)} \Theta_r(K) \sum_{d \in K} \sum_{\substack{f < z_1^H \\ f | P(z_1)}} \xi_f^{(r+\nu(K))} R_{df}$$

$$- O(\exp(-\tfrac{1}{2} H \log H)) XV(z_1) \sum_K \Theta_r(K) \sum_{d \in K} \frac{\omega(d)}{d}$$

$$- \sum_{\substack{I < K \\ \nu(K) \equiv r+1 \bmod 2}} \Theta_r(KI) \sum_{p,p' \in I} \sum_{d \in K} \sum_{\substack{f < z_1^H \\ f | P(z_1)}} \xi_f^{(1)} R_{dpp'f}$$

$$- O(XV(z_1)) \sum_{\substack{I < K \\ \nu(K) \equiv r+1 \bmod 2}} \Theta_r(KI) \sum_{p,p' \in I} \sum_{d \in K} \frac{\omega(dpp')}{dpp'}. \qquad (10.2.36)$$

右辺の第 2 及び第 4 項は，(10.2.31) のもとに

$$\ll XV(z)\tau^6 \qquad (10.2.37)$$

と評価される．例えば第 4 項は，仮定 (6.1.1) 及び (10.2.32) により，

$$\ll XV(z_1) \max_I \Big\{ \sum_{p \in I} \frac{\omega(p^2)}{p^2} + \Big(\sum_{p \in I} \frac{\omega(p)}{p} \Big)^2 \Big\} \sum_{d | P(z_1,z)} \frac{\omega(d)}{d}$$

$$\ll XV(z_1) \tau^{10} V(z_1)/V(z). \qquad (10.2.38)$$

左辺の和は，補題 10.2 により，

$$XV(z) \Big\{ \phi_r\Big(\frac{\log D}{\log z}\Big) + O(\tau^2) \Big\}$$
$$+ O\Big\{ XV(z_1) \sum_{d | P(z_1,z)} \frac{\rho_r(d)\omega(d)}{d} \Big| 1 - \phi_{r+\nu(d)}\Big(\frac{\log D/d}{\log z_1}\Big) \Big| \Big\}. \qquad (10.2.39)$$

但し，ρ_r は (5.3.20)，$\beta = 2$，にて定義され，$\Theta_r(K) = 1$，$d \in K$，であるならば，$\rho_r(d) = 1$ となることを用いた．また，項 $O(\tau^2)$ は (10.2.16) の誤差項を (10.2.31) のもとに評価したものに対応する．この $d | P(z_1,z)$ についての和を評価するが，漸近式 (6.2.47) により，

$$V(z_1) \sum_{d|P(z_1,z)} \frac{\rho_r(d)\omega(d)}{d} \exp\Big(-\frac{\log D/d}{\log z_1}\Big)$$
$$= V(z_1) \sum_{\nu(d)<2F} + V(z_1) \sum_{\nu(d)\geq 2F} \tag{10.2.40}$$

を扱う．但し，
$$3^F = \tau^{-1}. \tag{10.2.41}$$

評価 (5.3.24) を援用し且つ (10.2.15) に注意し,

$$V(z_1)\sum_{\nu(d)<2F}$$
$$\leq V(z_1)\sum_{d|P(z_1,z)} \frac{\rho_r(d)\omega(d)}{d}\exp\Big(-\frac{3^{-F}\log D}{2\log z_1}\Big)$$
$$\ll V(z)\tau^{-4}\exp(-\tau^{-1}). \tag{10.2.42}$$

また，補題 6.4 により，(6.3.29) と同様に議論し,

$$V(z_1)\sum_{\nu(d)\geq 2F} \ll V(z)(\log\log z)^{-1/50}. \tag{10.2.43}$$

以上から，

$$(-1)^r\Big\{|\mathcal{S}(\mathcal{A},z)| - XV(z)\Big(\phi_r\Big(\frac{\log D}{\log z}\Big) + O((\log\log z)^{-1/50})\Big)\Big\}$$
$$\geq \sum_K (-1)^{r+\nu(K)}\Theta_r(K)\sum_{d\in K}\sum_{\substack{f<z_1^H \\ f|P(z_1)}} \xi_f^{(r+\nu(K))} R_{df}$$
$$- \sum_{\substack{I<K \\ \nu(K)\equiv r+1 \bmod 2}} \Theta_r(KI)\sum_{p,p'\in I}\sum_{d\in K}\sum_{\substack{f<z_1^H \\ f|P(z_1)}} \xi_f^{(1)} R_{dpp'f}. \tag{10.2.44}$$

この右辺を (10.1.23) の形式にまとめるために次の観察を行う.

補題 10.3 変数 $M, N \geq 1$ について $D = MN \geq z^2$ とする．このとき，

$\Theta_r(K) = 1$ であるならば，

$(K_1) < M, (K_2) < N$ なる分解 $K = K_1 K_2$ が存在する. \hfill (10.2.45)

また,

$$\Theta_r(KI) = 1, I < K, \nu(K) \equiv r+1 \bmod 2 \text{ であるならば}, \qquad (10.2.46)$$

同様な分解 $K = K_1 K_2$ が存在し,且つ次の何れかが成立する.

$$\begin{aligned} &\{(K_1)(I) < M, (K_2)(I) < N\}, \\ &\{(K_1)(I)^2 < M, (K_2) < N\}, \\ &\{(K_1) < M, (K_2)(I)^2 < N\}. \end{aligned} \qquad (10.2.47)$$

[証明] 先ず,$K = I_1 I_2 \cdots I_l$,$I_1 > I_2 > \cdots > I_l$,とする.勿論,$(I_1) < z \leq D^{1/2} \leq \max\{M, N\}$ である故,$(I_1) < M$ 或は $(I_1) < N$. そこで,既に $I_1 I_2 \cdots I_j = K_1^{(j)} K_2^{(j)}$,$(K_1^{(j)}) < M$, $(K_2^{(j)}) < N$,なる分解を得ているものと仮定する.条件 $\Theta_r(K) = 1$ のもとにては $(I_1) \cdots (I_j)(I_{j+1})^2 < D$, $j \leq l-1$,である故,$(K_1^{(j)})(I_{j+1}) < M$ であるか或は $(K_2^{(j)})(I_{j+1}) < N$. つまり,帰納法により (10.2.45) を得る.後半の主張については,条件 (10.2.46) のもとにては,$(K)(I)^3 < D$ であることに注意する.仮に (10.2.47) の第1の場合が成立せず,例えば,$(K_1) < M$,$(K_1)(I_1) \geq M$ であるならば,$(K_1) < M$, $(K_2)(I)^2 < N$ となり,(10.2.47) の第3の場合が成立する.主張の対称性にて,補題の証明を終わる.

不等式 (10.2.44) に戻り,

$$D = MN \geq z^2, \quad M, N \geq 1, \qquad (10.2.48)$$

と仮定する.補題 10.3,(10.2.45),により

$$\begin{aligned} &\sum_K \Theta_r(K) \Big| \sum_{d \in K} \sum_{\substack{f < z_1^H \\ f | P(z_1)}} \xi_f^{(r+\nu(K))} R_{df} \Big| \\ &= \sum_K \Theta_r(K) \Big| \sum_{d_1 \in K_1} \sum_{d_2 \in K_2} \sum_{\substack{f < z_1^H \\ f | P(z_1)}} \xi_f^{(r+\nu(K))} R_{d_1 d_2 f} \Big| \\ &\leq \max_{a,b} \Big| \sum_{m < Mz^\tau} \sum_{n < N} a_m b_n R_{mn} \Big| \Big(\sum_K 1 \Big). \end{aligned} \qquad (10.2.49)$$

ここに,a, b は (10.1.23) におけると同様である.一方,(10.2.44) の右辺の第

2 和は，(10.2.46)–(10.2.47) により，

$$\sum_{\substack{I<K \\ \nu(K)\equiv r+1 \bmod 2}} \Theta_r(KI) \sum_{p,p'\in I} \sum_{d_1\in K_1} \sum_{d_2\in K_2} \sum_{\substack{f<z_1^H \\ f|P(z_1)}} \xi_f^{(1)} R_{d_1 d_2 pp' f}. \quad (10.2.50)$$

ここで，例えば (10.2.47) の第 2 の場合が成立するならば，$d_1 pp' f < Mz^\tau$, $d_2 < N$ であり，(10.2.50) は (10.2.49) と同様に評価される．

以上の議論から，一次元篩に関する「Iwaniec の篩残余項」を得る．

定理 10.1 定義 (5.1.6)，仮定 (6.1.1)，(10.2.32) 及び $MN \geq z^2$ のもとに，充分大なる z について，

$$(-1)^{r-1}\left\{|\mathcal{S}(\mathcal{A},z)| - XV(z)\left(\phi_r\left(\frac{\log MN}{\log z}\right) + O((\log\log z)^{-1/50})\right)\right\}$$
$$< (\log z)\max_{a,b}\Big|\sum_{m<M}\sum_{n<N} a_m b_n R_{mn}\Big|. \quad (10.2.51)$$

但し，函数 ϕ_r は (6.1.3)–(6.1.4) により定義され，a, b は $|a_m|, |b_n| \leq 1$ なる任意の数列である．

[証明] 不等式 (10.2.44) の右辺に現れる K, I の個数は高々 2^{J+2} である．勿論，$J < \tau^{-9}$ である故，この個数は $\log z$ より小である．また，(10.2.49)–(10.2.50) により，(10.2.51) の右辺にて，M を Mz^τ とすべきであるが，ϕ_r は連続微分可能であることから (10.2.51) なる表現が許容される．証明を終わる．

10.3 素数定理 VII

定理 10.1 の応用は様々に考えられるが，ここでは「短区間における素数の存在」をとり上げる．具体的な応用の対象は，第 5.1 節の記法を用いるならば，

$$\pi(x) - \pi(x-y) = |\mathcal{S}(\mathcal{A}, x^{1/2})| \quad (10.3.1)$$

である．数列 $\mathcal{A}$ は (5.1.8) にて

$$y = x^\theta, \quad 0 < \theta < 1, \quad (10.3.2)$$

として定義され，ω, R_d は (5.1.9) にある通り．

Buchstab の等式 (5.3.3) により，
$$\pi(x) - \pi(x-y) = |\mathcal{S}(\mathcal{A}, z)| - \sum_{z \leq q < x^{1/2}} |\mathcal{S}(\mathcal{A}_q, q)|. \tag{10.3.3}$$

但し，以下 p, q 共に一般に素数を示す．ここで注目すべきは，Q がある範囲内にあるならば，和
$$\sum_{Q \leq q < 2Q} |\mathcal{S}(\mathcal{A}_q, q)| \tag{10.3.4}$$
を「$\frac{7}{12}$ より小なる θ」について漸近的に計算できることである．勿論，この事実は $\pi(x) - \pi(x-y)$ の下からの意味ある評価に関する限りにおいて，定理 3.2 を超える方策を暗示するものである．即ち，(10.3.3) の右辺第 1 項を (10.2.51)，$r = 0$，により下から評価し，和 (10.3.4) の漸近評価と組み合わせるならば，本質的な意味にて定理 3.2 を恐らくは凌駕できよう．そこで，先ず，
$$x^{1/3} < Q \leq x^{1/2}, \quad \theta > \frac{1}{2}, \tag{10.3.5}$$
と仮定する．このとき，(10.3.4) は，(5.2.18) を参照し，
$$\sum_{Q \leq q < 2Q} \left\{ \pi(x/q) - \pi((x-y)/q) \right\}$$
$$= \frac{1}{\log x/Q} \sum_{Q \leq q < 2Q} \left\{ \psi(x/q) - \psi((x-y)/q) \right\} + O(y(\log x)^{-2}). \tag{10.3.6}$$

勿論，函数 ψ は (1.3.3) にて定義される．定理 1.3 により
$$\sum_{Q \leq q < 2Q} \left\{ \psi(x/q) - \psi((x-y)/q) \right\}$$
$$= U(1)y - \sum_{\substack{\rho \\ |\gamma| < T}} U(\rho) \frac{x^\rho - (x-y)^\rho}{\rho} + O\left(\frac{x}{T} (\log x)^3 \right). \tag{10.3.7}$$

ここに，
$$U(s) = \sum_{Q \leq q < 2Q} \frac{1}{q^s}, \quad T = x^{1-\theta+\varepsilon}. \tag{10.3.8}$$

且つ ρ についての和は，定理 2.4 に注意し，

$$\ll y \int_0^{1-(\log T)^{-3/4}} x^{\alpha-1} \sum_{\substack{\beta > \alpha \\ |\gamma| < T}} |U(\rho)| \, d\alpha. \tag{10.3.9}$$

補題 3.10 により，条件

$$T^{4/5} \leq Q, \quad T^{11/5}(Q/T + T/Q) < x^{1-\eta} \tag{10.3.10}$$

のもとに，(10.3.9) は (10.3.7) にて残余項に吸収される．但し，η は充分小なるものの (3.3.29) 及び (10.3.8) に含まれる ε よりも充分大とする．つまり，条件

$$x^{(11-16\theta)/5+4\eta} \leq Q < x^{(6\theta-1)/5-2\eta}, \tag{10.3.11}$$

$$\frac{6}{11} + 2\eta \leq \theta < \frac{7}{12}, \tag{10.3.12}$$

のもとに，

$$\sum_{Q \leq q < 2Q} \left\{ \psi(x/q) - \psi((x-y)/q) \right\} = yU(1)(1 + O((\log x)^{-3})). \tag{10.3.13}$$

この漸近式の成立が (10.3.4) の直後にて述べたことに相当する．そこで，

$$z = x^{(11-16\theta)/5+4\eta}, \quad Z = x^{(6\theta-1)/5-2\eta} \tag{10.3.14}$$

とし，(10.3.6) により，

$$\sum_{z \leq q < Z} \left\{ \pi(x/q) - \pi((x-y)/q) \right\} = (C_2(\theta) + O(\eta)) \frac{y}{\log x},$$
$$C_2(\theta) = \log\left(\frac{(6\theta-1)(8\theta-3)}{3(1-\theta)(11-16\theta)} \right). \tag{10.3.15}$$

従って，(10.3.12) 及び (10.3.14) のもとに，

$$\pi(x) - \pi(x-y) = |\mathcal{S}(\mathcal{A}, z)| - (C_2(\theta) + O(\eta)) \frac{y}{\log x}$$
$$- \sum_{Z \leq q < x^{1/2}} |\mathcal{S}(\mathcal{A}_q, q)|. \tag{10.3.16}$$

右辺の第 1 項には，(5.1.9) に注意し定理 10.1 を援用する．条件 $MN \geq z^2$ のもとに

$$|\mathcal{S}(\mathcal{A},z)| \geq e^{-c_E}\frac{y}{\log z}\left(\phi_0\left(\frac{\log MN}{\log z}\right) - \varepsilon\right)$$
$$-(\log z)\sup_{a,b}\Big|\sum_{m<M}\sum_{n<N}a_m b_n R_{mn}\Big|. \quad (10.3.17)$$

以下当分この二重和の評価を考察する．目標は
$$\frac{11}{20} + 2\eta \leq \theta < \frac{7}{12} \quad (10.3.18)$$
$$\Rightarrow \sum_{m,\,n<Zx^\varepsilon} a_m b_n R_{mn} \ll yx^{-\eta^4}. \quad (10.3.19)$$

勿論，条件
$$AB \geq yx^{-\eta}, \quad A, B \leq Zx^\varepsilon, \quad (10.3.20)$$

のもとに
$$E(A,B) = \sum_{A\leq m<2M}\sum_{B\leq n<2B} a_m b_n R_{mn} \quad (10.3.21)$$

の評価を考察すればよい．このために，
$$A(s) = \sum_{A\leq m<2A} a_m m^{-s}, \quad B(s) = \sum_{B\leq n<2B} b_n n^{-s},$$
$$L(s) = \sum_{L/8\leq \ell<L} \ell^{-s}, \quad L = x/AB, \quad (10.3.22)$$

とおく．定義 (10.3.14) 及び条件 (10.3.12), (10.3.20) から従う評価
$$L > x^{3\eta} \quad (10.3.23)$$

を注意しておく．近似式 (1.5.1) により，T は (10.3.8) にある通りとし，
$$E(A,B) = \frac{1}{2\pi i}\int_{a-iT}^{a+iT} A(s)B(s)L(s)(x^s-(x-y)^s)\frac{ds}{s}$$
$$-yA(1)B(1) + O(yx^{-\varepsilon}), \quad a = 1 + (\log x)^{-1}. \quad (10.3.24)$$

積分を $|t| < L^{1/2}$ 及び $|t| \geq L^{1/2}$ に従って分割する．先ず，前者の場合，(2.1.12)–(2.1.14) から
$$L(s) = \frac{L^{1-s} - (L/8)^{1-s}}{1-s} + O(L^{-1}). \quad (10.3.25)$$

且つ, (10.3.20) に注意し,

$$\frac{x^s - (x-y)^2}{s} = yx^{s-1} + O(|s|y^2/x)$$
$$= yx^{s-1} + O(|s|yx^\eta/L). \qquad (10.3.26)$$

容易に

$$\frac{1}{2\pi i}\int_{a-iL^{1/2}}^{a+iL^{1/2}} A(s)B(s)L(s)(x^s - (x-y)^s)\frac{ds}{s}$$
$$=\frac{y}{2\pi i}\int_{a-iL^{1/2}}^{a+iL^{1/2}} A(s)B(s)\frac{L^{1-s} - (L/8)^{1-s}}{1-s}x^{s-1}ds + O(yx^{-\eta/2})$$
$$=yA(1)B(1) + O(yx^{-\eta/2}). \qquad (10.3.27)$$

つまり,

$$E(A,B) = \frac{1}{2\pi i}\Big\{\int_{a-iT}^{a-iL^{1/2}} + \int_{a+iL^{1/2}}^{a+iT}\Big\}A(s)B(s)L(s)$$
$$\times (x^s - (x-y)^s)\frac{ds}{s} + O(yx^{-\eta/2}). \qquad (10.3.28)$$

即ち, 或る数列 $\{t_r\}$ が存在し

$$L^{1/2} \leq |t_r| \leq T, \quad |t_r - t_{r'}| \geq 1, r \neq r',$$
$$E(A,B) \ll y\sum_r |A(a+it_r)B(a+it_r)L(a+it_r)| + yx^{-\eta/2} \qquad (10.3.29)$$

となる, としてよい. そこで,

$$U \leq |A(a+it_r)| < 2U, \quad V \leq |B(a+it_r)| < 2V, \qquad (10.3.30)$$
$$W \leq |L(a+it_r)| < 2W, \qquad (10.3.31)$$

なる t_r の個数を $S(U,V,W)$ とするならば,

$$E(A,B) \ll y(\log x)^3 \max_{U,V,W} UVWS(U,V,W) + yx^{-\eta/2}. \qquad (10.3.32)$$

勿論, $|\log U|, |\log V|, |\log W| \ll \log x$ と仮定できる.

先ず, 条件 (10.3.31) を考察する. このために, $L^{1/2} \leq T_1 \leq T$ とし, $T_1 \leq t_r < 2T_1$ 且つ (10.3.31) をみたす t_r の集合を $\mathcal{T}$ とする. 区間 $[T_1, 2T_1)$

に入る任意の t について，(1.5.1) により

$$L(a+it) = \frac{1}{2\pi i} \int_{1/\log x - iT_1/2}^{1/\log x + iT_1/2} \zeta(w+a+it) \frac{L^w - (L/8)^w}{w} dw$$
$$+ O((\log x)/T_1). \tag{10.3.33}$$

積分路を線分 $|\operatorname{Im} w| \leq T_1/2$, $\operatorname{Re} w = \frac{1}{2} - a$, に移動し，

$$L(a+it) \ll L^{-1/2} \int_{-T_1/2}^{T_1/2} |\zeta(\tfrac{1}{2} + (u+t)i)| \frac{du}{1+|u|}$$
$$+ L^{-1/2} \log x. \tag{10.3.34}$$

但し，(2.1.15) から従う $\zeta(w+a+it)$ の簡明な評価を用いた．両辺を 4 乗し，

$$|L(a+it)|^4 \ll L^{-2}(\log x)^3 \int_{-T_1/2}^{T_1/2} |\zeta(\tfrac{1}{2} + i(u+t))|^4 \frac{du}{1+|u|}$$
$$+ L^{-2} \log^4 x. \tag{10.3.35}$$

よって，

$$|\mathcal{T}|W^4 \ll L^{-2}(\log x)^3 \int_{-T_1/2}^{T_1/2} \sum_{t_r \in \mathcal{T}} |\zeta(\tfrac{1}{2} + i(u+t_r))|^4 \frac{du}{1+|u|}$$
$$+ T_1 L^{-2} \log^4 x. \tag{10.3.36}$$

積分内の和を (3.2.12)–(3.2.13) と同様に扱い，

$$|\mathcal{T}| \ll L^{-2} W^{-4} T_1 \log^{10} x. \tag{10.3.37}$$

つまり，ある絶対常数 $c > 0$ が存在し，

$$S(U, V, W) \ll L^{-2} W^{-4} T \log^c x. \tag{10.3.38}$$

また，(10.3.31) の両辺を自乗し (3.1.31) を用いる．更に，条件 (10.3.30) については (3.1.16) 及び (3.1.31) を援用する．
　即ち，

$$S(U, V, W) \ll F x^\varepsilon. \tag{10.3.39}$$

但し，

$$F = \min\Bigl\{\frac{1}{U^2} + \frac{T}{U^2 A},\ \frac{1}{V^2} + \frac{T}{V^2 B},\ \frac{T}{W^4 L^2},$$
$$\frac{1}{U^2} + \frac{T}{U^6 A^2},\ \frac{1}{V^2} + \frac{T}{V^6 B^2},\ \frac{1}{W^4} + \frac{T}{W^{12} L^4}\Bigr\}. \tag{10.3.40}$$

次の4種の場合を考察する．

$$\begin{array}{ll}\text{(i)}\ \ F \ll U^{-2}, V^{-2}, & \text{(ii)}\ \ F \gg U^{-2}, V^{-2}, \\ \text{(iii)}\ \ F \ll U^{-2}, F \gg V^{-2}, & \text{(iv)}\ \ F \gg U^{-2}, F \ll V^{-2}.\end{array} \tag{10.3.41}$$

(i) の場合，勿論 $F \ll (UVW)^{-1}W$ であるが，定理 2.3 及び (10.3.23) により，

$$W \ll \exp\Bigl(-c\frac{(\log L)^3}{(\log T)^2}\Bigr) \ll x^{-c\eta^3}. \tag{10.3.42}$$

従って，

$$\text{(i)} \Rightarrow UVWF \ll x^{-c\eta^3}. \tag{10.3.43}$$

(ii) の場合，

$$F \ll \min\Bigl\{\frac{T}{U^2 A},\ \frac{T}{V^2 B},\ \frac{T}{U^6 A^2},\ \frac{T}{V^6 B^2},\ \frac{T}{W^4 L^2},\ \frac{1}{W^4} + \frac{T}{W^{12} L^4}\Bigr\}$$
$$\ll \min\Bigl\{\frac{T}{U^2 A},\ \frac{T}{V^2 B},\ \frac{T}{U^6 A^2},\ \frac{T}{V^6 B^2},\ \frac{T}{W^4 L^2},\ \frac{1}{W^4}\Bigr\}$$
$$+ \min\Bigl\{\frac{T}{U^2 A},\ \frac{T}{V^2 B},\ \frac{T}{U^6 A^2},\ \frac{T}{V^6 B^2},\ \frac{T}{W^4 L^2},\ \frac{T}{W^{12} L^4}\Bigr\}$$
$$\ll \Bigl(\frac{T}{U^2 A}\Bigr)^\alpha \Bigl(\frac{T}{V^2 B}\Bigr)^\alpha \Bigl(\frac{T}{U^6 A^2}\Bigr)^\beta \Bigl(\frac{T}{V^6 B^2}\Bigr)^\beta \Bigl(\min\Bigl\{\frac{T}{W^4 L^2},\ \frac{1}{W^4}\Bigr\}\Bigr)^\gamma$$
$$+ \min\Bigl[\Bigl(\frac{T}{U^2 A}\Bigr)^\alpha \Bigl(\frac{T}{V^2 B}\Bigr)^\alpha \Bigl(\frac{T}{U^6 A^2}\Bigr)^\beta \Bigl(\frac{T}{V^6 B^2}\Bigr)^\beta \Bigl(\frac{T}{W^4 L^2}\Bigr)^\gamma,$$
$$\Bigl(\frac{T}{U^2 A}\Bigr)^{\alpha'} \Bigl(\frac{T}{V^2 B}\Bigr)^{\alpha'} \Bigl(\frac{T}{U^6 A^2}\Bigr)^{\beta'} \Bigl(\frac{T}{V^6 B^2}\Bigr)^{\beta'} \Bigl(\frac{T}{W^{12} L^4}\Bigr)^{\gamma'}\Bigr]. \tag{10.3.44}$$

これらの指数は，$2\alpha + 2\beta + \gamma = 1$, $2\alpha' + 2\beta' + \gamma' = 1$, 且つ $UVWF$ が U, V, W に関係せぬ量にて評価されるべく定めねばならない．つまり，$\gamma = \frac{1}{4}$, $\gamma' = \frac{1}{12}$, 且つ $2\alpha + 6\beta = 1$, $2\alpha' + 6\beta' = 1$. 従って，$\alpha = \frac{5}{16}$, $\beta = \frac{1}{16}$, $\alpha' = \frac{7}{16}$, $\beta' = \frac{1}{48}$. よって，

$$UVWF \ll T^{3/4}(AB)^{-7/16}(\min\{TL^{-2},1\})^{1/4}$$
$$+T(AB)^{-23/48}L^{-1/3}\min\{(AB)^{1/24}L^{-1/6},1\}$$
$$\ll T^{3/4}(AB)^{-7/16}(((TL^{-2})^{7/8})^{1/4}$$
$$+T(AB)^{-23/48}L^{-1/3}((AB)^{1/24}L^{-1/6})^{7/10}. \quad (10.3.45)$$

条件 (10.3.18) のもとに

$$(\text{ii}) \Rightarrow UVWF \ll x^{-7/16}T^{31/32} + x^{-9/20}T \ll x^{-\eta/4}. \quad (10.3.46)$$

また, (10.3.14), (10.3.18) 及び (10.3.20) のもとに

$$(\text{iii}) \Rightarrow UVWF \ll x^{-3/8}T^{7/16}A^{3/8} + x^{-5/12}T^{1/2}A^{5/12} \ll x^{-\eta/4}, \quad (10.3.47)$$

$$(\text{iv}) \Rightarrow UVWF \ll x^{-3/8}T^{7/16}B^{3/8} + x^{-5/12}T^{1/2}B^{5/12} \ll x^{-\eta/4}. \quad (10.3.48)$$

対称性から前者のみを扱うが, 条件から

$$F \ll \min\left\{\frac{1}{U^2}, \frac{T}{V^2B}, \frac{T}{W^4L^2}, \frac{T}{V^6B^2}, \frac{1}{W^4} + \frac{T}{W^{12}L^4}\right\}$$
$$+ \min\left\{\frac{T}{U^2A}, \frac{T}{V^2B}, \frac{T}{W^4L^2}, \frac{1}{U^2}, \frac{T}{V^6B^2}, \frac{1}{W^4} + \frac{T}{W^{12}L^4}\right\}$$
$$+ \min\left\{\frac{T}{U^2A}, \frac{T}{V^2B}, \frac{T}{W^4L^2}, \frac{T}{V^6B^2}, \frac{1}{W^4} + \frac{T}{W^{12}L^4}\right\}. \quad (10.3.49)$$

右辺の各項を $F_{(1)}$, $F_{(2)}$, $F_{(3)}$ とする. 明らかに $F_{(2)} \leq F_{(1)}$. また, $F_{(3)}$ は (i) の場合の議論により無視してよい. 一方,

$$F_{(1)} \ll U^{-1}\left(\min\left\{\frac{T}{V^2B}, \frac{T}{W^4L^2}, \frac{T}{V^6B^2}, \frac{1}{W^4} + \frac{T}{W^{12}L^4}\right\}\right)^{1/2}. \quad (10.3.50)$$

これは (10.3.44) と同様に扱うことができ, (10.3.47) の左辺にて評価される. 以上にて (10.3.18)–(10.3.19) の証明を終わる.

不等式 (10.3.17) に戻り, $2 < 2\log Z/\log z < 4$ 及び (6.1.3)–(6.1.4) を参照し, 条件 (10.3.18) のもとに

$$\pi(x) - \pi(x-y) \geq (C_1(\theta) - C_2(\theta) - O(\eta))\frac{y}{\log x}$$
$$- \sum_{Z \leq q < x^{1/2}} |\mathcal{S}(\mathcal{A}_q, q)|. \tag{10.3.51}$$

但し,
$$C_1(\theta) = \frac{5}{6\theta - 1} \log\left(\frac{28\theta - 13}{11 - 16\theta}\right). \tag{10.3.52}$$

残るは (10.3.51) の右辺の和の扱いであるが, このために $Z \leq Q < x^{1/2}$ について

$$\sum_{Q \leq q < 2Q} |\mathcal{S}(\mathcal{A}_q, q)| \leq \frac{1}{\log Q} \sum_{Q \leq q < 2Q} |\mathcal{S}(\mathcal{A}_q, (Z^2/Q)^{1/3})| \log q \tag{10.3.53}$$

を考察する. 不等式の成立は自明であるが, この様に設定する理由は次の通りである. 左辺の各項は $\pi(x/q) - \pi((x-y)/q)$ であり, 上からの篩評価を応用し, (10.3.51) の右辺が正となることを示すことが目的である. 定理 8.3 の証明の方針に類似する. しかし, (6.3.42) を用いて得られる上界にてはこの目的を達することはできない. つまり, 篩水準は自明な $(y/Q)^{1-\varepsilon}$ であり, これを「個別に」凌駕することは困難である. 然るに, (10.1.17) にて解説したが, $|\mathcal{S}(\mathcal{A}_q, q)|$ を集団として扱うならば, 自明な篩水準を越え得る可能性がある. 実際, 以下に示す様に水準 $(Z^2/Q)^{1-\varepsilon}$ を達成できるのである. 文脈は前後するが, この事実をもとに (10.3.53) の右辺が構成されている. なお, (10.3.53) における因子 $\log q$ の導入は, (8.3.2) にて暗示された von Mangold 函数の分解の活用を念頭においてなされている. 下記 (10.3.63) にある通り.

不等式 (10.2.44) にて

$$\mathcal{A} = \mathcal{A}_q, \quad r = 1, \quad z = (Z^2/Q)^{1/3}, \quad D = Z^2/Q \tag{10.3.54}$$

とし, (10.3.53) の右辺に挿入し

$$\sum_{Q \leq q < 2Q} |\mathcal{S}(\mathcal{A}_q, (Z^2/Q)^{1/3})| \log q$$

$$\leq \frac{(2+\varepsilon)y}{\log(Z^2/Q)} \sum_{Q \leq q < 2Q} \frac{\log q}{q}$$

$$+ \sum_K (-1)^{\nu(K)} \Theta_1(K) \sum_{d \in K} \sum_{\substack{f < z^\tau \\ f | P(z_1)}} \sum_{Q \leq q < 2Q} \xi_f^{(\nu(K)+1)} R_{dfq} \log q$$

$$+ \sum_{\substack{I < K \\ \nu(K) \equiv 0 \bmod 2}} \Theta_1(KI) \sum_{p,p' \in I} \sum_{d \in K} \sum_{\substack{f < z^\tau \\ f | P(z_1)}} \sum_{Q \leq q < 2Q} \xi_f^{(1)} R_{dpp'fq} \log q. \tag{10.3.55}$$

但し，(10.2.31) を想起した．目下の条件，即ち (10.3.14), (10.3.18) 及び $Q < x^{1/2}$ のもとにては，

$$x^{23/50+2\eta/5} \leq Z < x^{1/2-2\eta}, \quad x^{21/50+4\eta/5} < D. \tag{10.3.56}$$

そこで，

$$E = \sum_{d \in K} \sum_{\substack{f < z^\tau \\ f | P(z_1)}} \sum_{Q \leq q < 2Q} \xi_f^{(\nu(K)+1)} R_{dfq} \log q, \quad \Theta_1(K) = 1, \tag{10.3.57}$$

の評価を議論する．問題は (10.3.18)–(10.3.19) に帰着されることが示され，結論を得ることになる．先ず，素数 q についての因子 $\log q$ を分解する．そのために，函数

$$\sum_{n=1}^{\infty} \frac{\gamma^{(1)}(n)}{n^s} = \sum_{U \leq q} \frac{\log q}{q^s}, \tag{10.3.58}$$

$$\sum_{n=1}^{\infty} \frac{\gamma^{(2)}(n)}{n^s} = -\sum_{U \leq n} \frac{1}{n^s} \Big(\sum_{\substack{r | n \\ r < U}} \mu(r) \Big), \tag{10.3.59}$$

$$\sum_{n=1}^{\infty} \frac{\gamma^{(3)}(n)}{n^s} = -\zeta'(s)M(s) + N(s)(1 - \zeta(s)M(s)) - G(s)\zeta(s)M(s)$$

$$\tag{10.3.60}$$

を導入する．但し，勿論 $\sigma > 1$ とし，

$$M(s) = \sum_{n<U} \frac{\mu(n)}{n^s},$$

$$N(s) = \sum_{q<U} \frac{\log q}{q^s}, \qquad (10.3.61)$$

$$G(s) = \sum_q \frac{\log q}{q^s(q^s-1)}.$$

このとき，(1.3.1) 及び (8.1.42) に注意し，任意の $U \geq 1$ について

$$\sum_q \frac{\log q}{q^s} = \sum_{n=1}^{\infty} \frac{(\gamma^{(1)} * \gamma^{(2)})(n)}{n^s} + \sum_{n=1}^{\infty} \frac{\gamma^{(3)}(n)}{n^s}. \qquad (10.3.62)$$

つまり，

$$(\gamma^{(1)} * \gamma^{(2)})(n) + \gamma^{(3)}(n) = \begin{cases} \log n & n : \text{素数}, \\ 0 & \text{その他}. \end{cases} \qquad (10.3.63)$$

以下にては，

$$U = Q/Z \qquad (10.3.64)$$

として (10.3.63) を用いる．

和 E を分解し

$$E = E_1 + E_2, \qquad (10.3.65)$$

$$E_1 = \sum_{d \in K} \sum_{\substack{f<z^\tau \\ f|P(z_1)}} \sum_{Q \leq n < 2Q} (\gamma^{(1)} * \gamma^{(2)})(n) \xi_f^{(\nu(K)+1)} R_{dfn}, \qquad (10.3.66)$$

$$E_2 = \sum_{d \in K} \sum_{\substack{f<z^\tau \\ f|P(z_1)}} \sum_{Q \leq n < 2Q} \gamma^{(3)}(n) \xi_f^{(\nu(K)+1)} R_{dfn}. \qquad (10.3.67)$$

和 E_2 をはじめに扱う．このために，

$$V(s) = \sum_{Q \leq n < 2Q} \frac{\gamma^{(3)}(n)}{n^s},$$

$$W(s) = \sum_{d \in K} \sum_{\substack{f<z^\tau \\ f|P(z_1)}} \frac{\xi_f^{(\nu(K)+1)}}{(df)^s} \qquad (10.3.68)$$

とおく．近似式 (1.5.1) により,

$$E_2 = \frac{1}{2\pi i}\int_{\frac{1}{2}-iT'}^{\frac{1}{2}+iT'}\zeta(s)V(s)W(s)\frac{x^s-(x-y)^s}{s}ds+O(yx^{-\eta/2}). \quad (10.3.69)$$

ここに，T' は

$$\int_{\frac{1}{2}}^{2}|\zeta(\sigma+iT')|d\sigma \ll \log T, \quad T \leq T' < 2T, \quad (10.3.70)$$

を充たすものである．実際，$d < D$ に注意し，(10.3.54) 及び (10.3.56) より

$$V(s)W(s) \ll (1+Z^{2(1-\sigma)})x^\varepsilon \ll (1+x^{(1-4\eta)(1-\sigma)})x^\varepsilon. \quad (10.3.71)$$

従って，(10.3.69) を導くに際して必要となる積分路の移動にて生じる誤差は (10.3.70) のもとに無視できる．つまり，(10.3.70) を示せば済む．このために (2.1.12)–(2.1.14) に戻り

$$\zeta(s) = \sum_{n=1}^{N}\frac{1}{n^s}+O(T^{-\sigma}), \quad |t|\leq 2T, \sigma > -1; N = 4[T]. \quad (10.3.72)$$

補題 3.1 により

$$\int_{T}^{2T}\int_{\frac{1}{2}}^{2}|\zeta(\sigma+it)|^2 d\sigma dt \ll \int_{\frac{1}{2}}^{2}\sum_{n=1}^{N}(n+T)n^{-2\sigma}d\sigma$$
$$\ll T\log\log T. \quad (10.3.73)$$

よって，(10.3.70) を得る．次に，定義 (10.3.60) から，$s = \frac{1}{2}+it, |t|\leq T'$ 及び $\sigma_1 = (\log x)^{-1}$ について

$$\begin{aligned}V(s) = &\frac{1}{2\pi i}\int_{\sigma_1-iQ}^{\sigma_1+iQ}\Big\{-\zeta'(s+w)M(s+w)\\ &+N(s+w)(1-\zeta(s+w)M(s+w))\\ &-G(s+w)\zeta(s+w)M(s+w)\Big\}\frac{(2Q)^w-Q^w}{w}dw\\ &+O(Q^{1/2}|s|^{-1}(\log x)^2)+O(x^\varepsilon). \quad (10.3.74)\end{aligned}$$

実際，$Q \geq Z > T$ に注意し，(1.5.1) を応用し積分路を $\frac{1}{2}+\sigma_1+iu, |u|\leq Q$, にとるならば，誤差は $O(x^\varepsilon)$ である．積分路を $\text{Re}\,w = \sigma_1, |u|\leq Q$, に移動

するが，極 $w = 1 - s$ における留数は右辺の誤差項に含まれる．また，積分路の移動自体にて生じる誤差は定義 (10.3.61), (10.3.64), 及び (2.1.15) から従う $\zeta(s)$ の容易な評価の組み合わせにより，やはり (10.3.74) の誤差項に含まれる．積分表示 (10.3.69) に (10.3.74) を挿入し，

$$E_2 = -\frac{1}{4\pi^2} \int_{\sigma_1-iQ}^{\sigma_1+iQ} \frac{(2Q)^w - Q^w}{w} \int_{\frac{1}{2}-iT'}^{\frac{1}{2}+iT'} \zeta(s)W(s)\Big\{ -\zeta'(s+w)M(s+w)$$
$$+ N(s+w)(1 - \zeta(s+w)M(s+w))$$
$$- G(s+w)\zeta(s+w)M(s+w) \Big\} \frac{x^s - (x-y)^s}{s} ds\, dw$$
$$+ O\Big\{ yx^{\varepsilon - 1/2} \int_{\frac{1}{2}-iT'}^{\frac{1}{2}+iT'} (Q^{1/2}|s|^{-1} + 1)|\zeta(s)W(s)||ds| \Big\}. \tag{10.3.75}$$

誤差項の扱いは容易である故，省略する．内部積分は，$G(s+w) \ll \log x$ に注意し，

$$\ll yx^{-1/2}(\log x)$$
$$\times \Big(\int_{-T'}^{T'} |\zeta(\tfrac{1}{2} + it)|^4 \Big)^{1/4} \Big(\int_{-T'}^{T'} (|\zeta'(\tfrac{1}{2} + it + w)|^4 + |\zeta(\tfrac{1}{2} + it + w)|^4) dt \Big)^{1/4}$$
$$\times \Big(\int_{-T'}^{T'} |W(\tfrac{1}{2} + it)M(\tfrac{1}{2} + it + w)|^2 (1 + |N(\tfrac{1}{2} + it + w)|^2) dt \Big)^{1/2}$$
$$\ll yx^{-1/2} T^{1/4} Q^{3/4} x^{\varepsilon} \ll yx^{-\eta}. \tag{10.3.76}$$

実際，補題 3.5 及び $Q > T$ により，

$$\int_{-T'}^{T'} (|\zeta'(\tfrac{1}{2} + it + w)|^4 + |\zeta(\tfrac{1}{2} + it + w)|^4) dt \ll Q \log^c x. \tag{10.3.77}$$

補題 3.1 及び定義 (10.3.54), (10.3.61), (10.3.64), (10.3.68) により

$$\int_{-T'}^{T'} |W(\tfrac{1}{2} + it)M(\tfrac{1}{2} + it + w)N(\tfrac{1}{2} + it)|^2 dt \ll Q z^{\tau} \log^c x. \tag{10.3.78}$$

従って，$E_2 \ll yx^{-\eta/2}$ であり，

$$E = E_1 + O(yx^{-\eta/2}). \tag{10.3.79}$$

次に E_1 の評価であるが, $n < U = Q/Z$ について $\gamma^{(1)}(n), \gamma^{(2)}(n) = 0$ である故,

$$E_1 \ll (\log x)^2$$
$$\times \sup_{G,L} \Big| \sum_{d \in K} \sum_{\substack{f < z^\tau \\ f | P(z_1)}} \sum_{\substack{G \le g < 2G \\ L \le \ell < 2L}} \tilde{\gamma}^{(1)}(g) \tilde{\gamma}^{(2)}(\ell) \xi_f^{(\nu(K)+1)} R_{dfg\ell} \Big|. \quad (10.3.80)$$

但し,

$$Q/Z \le G, L \le 2Z, \quad Q \le GL < 2Q. \quad (10.3.81)$$

ここで, 定義 (10.3.57) に含まれる前提条件 $\Theta_1(K) = 1$ を用いる. 補題 10.3 により, 分解 $K = K_1 K_2$ が存在し, $(K_1) \le c_1 Z/G$, $(K_2) \le c_2 Z/L$, $c_1 c_2 = GL/Q$, とできる. 何故ならば, $D = z^3 = Z^2/Q$. つまり, (10.3.19) を援用できることとなり, $E_1 \ll yx^{-\eta^4}$. 即ち,

$$E \ll yx^{-\eta^4}. \quad (10.3.82)$$

明らかに, 同様の考察を (10.3.55) の右辺の第 3 項についても展開できる. 但し, (10.2.46) が用いられる.

以上をまとめ, (10.3.53) を経由し (10.3.51) における素数 q についての和は

$$\le (C_3(\theta) + O(\eta)) \frac{y}{\log x}, \quad C_3(\theta) = \frac{5}{6\theta - 1} \log \frac{5}{4(8\theta - 3)}. \quad (10.3.83)$$

従って, 条件 (10.3.18) のもとに, 充分大なる x について

$$\pi(x) - \pi(x - x^\theta) > \{C(\theta) - O(\eta)\} \frac{x^\theta}{\log x}. \quad (10.3.84)$$

但し,

$$C(\theta) = C_1(\theta) - C_2(\theta) - C_3(\theta)$$
$$= \frac{5}{6\theta - 1} \log \frac{3(28\theta - 13)(8\theta - 3)}{5(11 - 16\theta)} - \log \frac{(6\theta - 1)(8\theta - 3)}{3(1 - \theta)(11 - 16\theta)}. \quad (10.3.85)$$

特に, $C(0.5579131) > 9 \cdot 10^{-7}$.

定理 10.2 （素数定理 VII） 全ての n について
$$p_{n+1} - p_n \ll p_n^{0.558}. \tag{10.3.86}$$

10.4 付　　　記

第 10.1 節は Motohashi [74] 及び Chen [38] による．前者は Selberg 篩の残余項に関する (10.1.15)，また後者は Rosser の篩の残余項に関する (10.1.18)，各々の効果の発見である．Iwaniec [56][59] の証言する如く，これらは共に篩法における重大な進展 [58] の基となった．

定理 10.1 は Iwaniec [58] による．但し，(10.1.19) 以後第 10.2 節全体の議論は Motohashi [79, II][14, Chap. 2, 3] によるものである．なお，補題 10.3 の前半は Iwaniec によるが，後半は Motohashi による．

重要な注意であるが，Selberg の篩の残余項についても定理 10.1，$M=N$，と同等な事実が知られている．つまり，Selberg の篩に対し分割 (10.1.16) 或は (10.2.31) を導入し顕著な効果を得ることが可能である．Motohashi [81] をみよ．特に，「高次元」の篩問題 については定理 10.1 そのものに匹敵する結果が得られている．Motohashi–Pintz [83] をみよ．これは双子素数問題に関連する．

第 10.3 節は Iwaniec–Jutila [60] 及び Heath-Brown–Iwaniec [52] による．後者にては実は $p_{n+1} - p_n \ll p_n^{11/20+\varepsilon}$ なる評価が得られている．上記においては数値的な結論よりもむしろ定理 3.2 を如何に越えるかを示すことに重点をおき，[52] に多少の簡易化を加え議論した．この意味にて [60] は記念的な論文である．近年の進展は尖点形式のスペクトル理論を援用し成されている．第 2 巻にて扱うのが相応しいであろう．なお，有用な分解 (10.3.63) は Vaughan [103] による．

定理 10.2 に注がれた様々な着想，技法，結果は古典的な解析的整数論の深部をほぼ網羅するものと言える．

後　　書

　本巻を閉じるにあたり，最近の二つの発見につき僅少ながら記述を加え，たゆまぬ発展の一端を示唆することとする：

(1) B. Green–T. Tao による素数列における任意長算術級数列の存在証明（主に arXiv: 0404188v6 [math.NT]），

(2) D.A. Goldston–J. Pintz–C.Y. Yıldırım による素数列における極小間隙の存在証明（主に arXiv: 0710.2728v1 [math.NT]）.

前者は，あらかじめ定められた有限項数につき，連続する項全てが素数となる算術級数列の存在を主張する．列の個数は無限である．18 世紀に遡る予想の解決と言える．証明の枠組みは測度論であり本巻の範疇を離れる．法つまり公差につき制限を課す術が仮に得られるならば，双子素数予想の拡張一般に迫ることとなろう．一方後者は，n 番目の素数を p_n とし，

$$\liminf_{n\to\infty} \frac{p_{n+1}-p_n}{(\log p_n)^{1/2}(\log\log p_n)^2} < \infty$$

なる主張である．つまり，素数定理から容易にもたらされる $\log p_n$ なる平均間隔のほぼ開平以下となる極小間隙が無限に存在する．証明の主な手段は，定理 8.2 及び Selberg の篩であり本巻の範疇に優に含まれる．着想の根本はしかし次のすこぶる平明な観察である．函数 $u(m)$ は整数 m に含まれる素因数全ての個数であるとする．整数 $m_1,\ldots,m_k > 1$ につき，$u(m_1\cdots m_k) = k+l$，$l < k$，なるとき，これら整数の内少なくとも 1 個は素数である．いわゆる「鳩の巣」論法の一応用であるが，l なる助変数の介在により論法は自由度の増加を得，すこぶる興味深い進展を成すのである．

　なお，定理 8.2 に於いて絶対常数 $\alpha > \frac{1}{2}$ をもって仮に $Q = x^\alpha$ と成し得る

ならば，
$$\liminf_{n\to\infty}(p_{n+1}-p_n)<\infty$$
なる双子素数予想解決にほぼ匹敵する事実が (2) の方針そのままに従う．この極めて強い仮定を緩めることについては論文 [83] に考察がある．論文 [28] を念頭に観るとき，素数分布論の夢の一つは到達可能と映ろうか．注意であるが，Goldbach 予想に関しては，(1)(2) の論法は共に意味ある帰結を未だもたらしていない．定理 8.3 と比較し意外な印象を与えよう．

＊　＊　＊

　以上，素数分布論及び zeta-函数論，L-函数論の基礎を著者の観点から記述した．第 2 巻にては，これらの延長上にある意義深い進展を示す．更なる探求を期し来し方を見遣るべし．

　人は古来より素数の存在に惹かれ今にある．神話，伝承の数々に鏤められた素数の醸す不思議な懐かしさ．人は何故に素数を立て永遠の知恵を語るのか．割り切れぬ数への慈しみの為せるところ，とする他無かろうか．対するに，素数分布論は人の直感と憧れの大海に指一つ浸すほどの変化も与えてはいない．Riemann 予想解決の暁に於いてすら，それは変らぬに違いない．しかし，解決の彼方に果たして何が立ち現れるのであろうか．著者は観たい．

参 考 文 献

単行書

[1] E. Bombieri. *Le Grand Crible dan la Théorie Analytique des Nombres* (Second Édition). Astérisque **18**, Paris, 1987.
[2] G. Greaves. *Sieves in Number Theory.* Springer-Verlag, Berlin, 2001.
[3] C.B. Haselgrove. *Tables of the Riemann Zeta-Funcion.* Cambridge Univ. Press, Cambridge, 1963.
[4] M.N. Huxley. *Area, Lattice Points, and Exponential Sums.* Oxford Univ. Press, Oxford, 1996.
[5] A. Ivić. *The Riemann Zeta-Function. Theory and Applications.* John Wiley & Sons, New York 1985. Reprint: Dover Publ., Inc., Mineola, New York, 2003.
[6] A. Ivić. *Mean Values of the Riemann Zeta-Function.* Tata Inst. Fund. Res. Lect. Math. Phy., **82**, Bombay, 1991.
[7] M. Jutila. *A Method in the Theory of Exponential Sums.* Tata Inst. Fund. Res. Lect. Math. Phy., **80**, Bombay, 1987.
[8] A.A. Karacuba. *Elements of Analytic Number Theory.* Nauka, Moscow, 1975. (露語)
[9] E. Landau. *Handbuch der Lehre von der Verteilung der Primzahlen.* B.G. Teubner, Leibzig und Berlin, 1909.
[10] E. Landau. *Vorlesungen über Zahlentheorie.* S. Hirzel, Leibzig, 1927.
[11] Yu.V. Linnik. *Dispersion Method in Binary Additive Problems.* Leningrad Univ. Press, Leningrad, 1961. (露語)
[12] H.L. Montgomery. *Topics in Multiplicative Number Theory.* Lect. Notes in Math., **227**, Springer-Verlag, Berlin etc, 1971.
[13] H.L. Montgomery and R.C. Vaughan. *Multiplicative Number Theory.* I. Cambridge Univ. Press, Cambridge, 2007.
[14] Y. Motohashi. *Sieve Methods and Prime Number Theory.* Tata Inst. Fund. Res. Lect. Math. Phy., **72**, Bombay, 1983.
[15] Y. Motohashi. *Riemann–Siegel Formula.* Lect. Notes, Ulam Chair Seminar, Colorado Univ., Boulder, 1987.
[16] Y. Motohashi. *Spectral Theory of the Riemann Zeta-Function.* Cambridge Univ. Press, Cambridge, 1997.

[17] K. Prachar. *Primzahlverteilung*. Springer Verlag, Berlin, 1957.
[18] E.C. Titchmarsh. *The Theory of the Riemann Zeta-Function*. Clarendon Press, Oxford, 1951.
[19] E.C. Titchmarsh. *The Theory of Functions*. Oxford Univ. Press, Oxford, 1968.
[20] P. Turán. *Eine Neue Method in der Analysis und deren Anwendungen*. Akademiai Kiado, Budapest, 1953. The second edition: *A New Method in the Analysis and its Applications*. Wiley–Interscience, New York, 1984.
[21] R.C. Vaughan. *The Hardy–Littlewood Method*. Second Edition. Cambrige Univ. Press, Cambridge, 1997.
[22] I.M. Vinogradov. *The Method of Trigonometrical Sums in the Theory of Numbers*. Interscience Publ., London, 1954.
[23] E.T. Whittaker and G.N. Watson. *A Course of Modern Analysis*. Cambridge Univ. Press, Cambridge, 1927.

論文

[24] F.V. Atkinson. The mean value of the Riemann zeta-function. *Acta Math.*, **81** (1949), 353–376.
[25] M.B. Barban. The large sieve method and its application to number theory. *Uspehi Mat. Nauk*, **21** (1966), 51–102. (露語)
[26] H. Bohr and E. Landau. Sur les zèros de la fonction $\zeta(s)$ de Riemann. *Comptes rendus*, **158** (1914), 106–110.
[27] E. Bombieri. On the large sieve. *Mathematika*, **12** (1965), 201–225.
[28] E. Bombieri, J.B. Friedlander and H. Iwaniec. Primes in arithmetic progressions to large moduli. *Acta Math.*, **156** (1986), 203–251.
[29] V. Brun. Über das Goldbachsche Gesetz und die Anzahl der Primzahlpaare. *Arch. Mat. Natur. B*, **34**, No. 8, 1915.
[30] ——. La série $\frac{1}{5} + \frac{1}{7} + \frac{1}{11} + \frac{1}{13} + \frac{1}{17} + \frac{1}{19} + \frac{1}{29} + \frac{1}{31} + \frac{1}{41} + \frac{1}{43} + \frac{1}{59} + \frac{1}{61} + \cdots$ oú les dénominateurs sont "nombres premiers jumeaux" est convergente ou finie. *Bull. Sci. Math.*, (2) **43** (1919), 124–128.
[31] ——. Le crible d'Eratosthène et le théorème de Goldbach. *Videnskaps. Skr., Mat. Natur. Kl. Kristiana*, No. 3, 1920.
[32] A.A. Buchstab. An asymptotic estimate of a general number theoretic function. *Mat. Sbornik*, (2) **44** (1937), 1239–1246. (露語)
[33] A.A. Buchstab. New improvements in the method of the sieve of Eratosthenes. *Mat. Sbornik (N.S.)*, (2) **46** (1938), 375–387. (露語)
[34] F. Carleson. Über die Nullstellen der Dirichletschen Reihen und der Riemannschen ζ-Funktion. *Arkiv for Mat. Ast. och Fysik.*, **15** (1920), No. 20.
[35] P.L. Chebyshev. Sur la fonction qui détermine la totalité des nombres premiers inférieur à une limite donné. *Mém. Acad. Sci. St. Petersburg*, **6** (1848), 1–19.
[36] ——. Mémoire sur nombres premiers. *Mém. Acad. Sci. St. Petersburg*, **7** (1850),

17–33.
[37] J.-R. Chen. On the representation of a large even integer as the sum of a prime and the product of at most two primes. *Sci. Sinica*, **16** (1973), 157–176.
[38] —. On the distribution of almost primes in an interval. *Sci. Sinica*, **18** (1975), 611–627; II. *ibid*, **22** (1979), 253–275.
[39] B. Conrey. More than two fifths of the zeros of the Riemann zeta-function are on the critical line. *J. reine angew. Math.*, **399** (1989), 1–26.
[40] K. Dickman. On the frequency of numbers containing prime factors of a certain relative magnitude. *Ark. Mat. Astr. fyz.*, **22** (1930), 1–14.
[41] P.G.L. Dirichlet. Beweis des Satzes, daß jede unbegrenzte arithmetische Progression, deren erstes Glied und Differenz ganze Zahlen ohne gemeinschaftlichen Factor sind, unendlich viele Primzahlen enthält. *Abh. König. Akad. Wiss. Berlin, Jahrg.* 1837, *Math. Abh.*, (1839), 45–71.
[42] T. Estermann. On Dirichlet's L-functions. *J. London Math. Soc.*, **23** (1948), 275–279.
[43] E. Fogels. On the zeros of L-functions. *Acta Arith.*, **11** (1965), 67–96.
[44] J.B. Friedlander and H. Iwanec. On Bombieri's asymptotic sieve. *Ann. Scuola Norm. Sup. Pisa*, (4) **4** (1978), 719–756.
[45] P.X. Gallagher. A large sieve density estimate near $\sigma = 1$. *Invent. math.*, **11** (1970), 329–339.
[46] D. Goldfeld. The class number of quadratic fields and the conjecture of Birch and Swinnerton-Dyer. *Ann. Scuola Norm. Sup. Pisa Cl. Sci.*, (4) **3** (1976), 624–663.
[47] S. Graham. Applications of sieve methods. Ph.D. Dissertation, Univ. Michigan, 1977.
[48] J. Hadamard. Sur la distribution de zéros de la fonction $\zeta(s)$ et ses conséquences arithmétiques. *Bull. Soc. Math. France*, **24** (1896), 199–220.
[49] G. Halász. Über die Mittelwerte multiplikativer zahlentheoretischer Funktionen. *Acta Math. Acad. Sci. Hungar.*, **19** (1968), 365–403.
[50] G. Halász and P. Turán. On the distribution of roots of Riemann zeta and allied functions. *J. Number Theory*, **1** (1969), 121–137.
[51] D.R. Heath-Brown. The twelfth power moment of the Riemann zeta-function. *Quart. J. Math. Oxford*, **29** (1978), 443–462.
[52] D.R. Heath-Brown and H. Iwaniec. On the difference between consecutive primes. *Invent. math.*, **55** (1979), 49–69.
[53] G. Hoheisel. Primzahlprobleme in der Analysis. *Sitz. Preuss. Akad. Wiss.*, **33** (1930), 3–11.
[54] M.N. Huxley. On the difference between consecutive primes. *Invent. math.*, **15** (1972), 164–170.
[55] H. Iwaniec. On the error term in the linear sieve. *Acta Arith.*, **19** (1971), 1–30.
[56] —. Sieve methods. *Intern. Congress of Math. Proc., Helsinki 1978*, Acad. Sci.

Fennica, Helsinki 1980, pp. 357–364.
[57] —. Rosser's sieve. *Acta Arith.*, **36** (1980), 171–202.
[58] —. A new form of the error term in the linear sieve. *Acta Arith.*, **37** (1980), 307–320.
[59] —. Rosser's sieve — bilinear forms of the remainder terms — some applications. *Recent Progress in Analytic Number Theory.* Vol. 1. Acad. Press, London 1981, pp. 203–230.
[60] H. Iwaniec and M. Jutila. Primes in short intervals. *Arkiv för mathematik*, **17** (1979), 167–176.
[61] W.B. Jurkat and H.-E. Richert. An improvement of Selberg's sieve method. I. *Acta Arith.*, **11** (1965), 217–240.
[62] M. Jutila. On numbers with a large prime factor. *J. Indian Math. Soc., (N.S.)*, **37** (1973), 43–53.
[63] —. On Linnik's constant. *Math. Scand.*, **41** (1977), 45–62.
[64] M. Jutila and Y. Motohashi. Uniform bounds for Hecke L-functions. *Acta Math.*, **195** (2005), 61–115.
[65] S. Knapowski. On Linnik's theorem concerning exceptional L-zeros. *Publ. Math. Debrecen*, **9** (1962), 168–178.
[66] P. Kuhn. Zur Viggo Brun'schen Siebmethode. *I. Norske Vid. Selsk. Forh., Trondhjem*, **14** (1941), 145–148.
[67] N. Levinson. More than one third of the zeros of Riemann's zeta-function are on $\sigma = 1/2$. *Adv. Math.*, **13** (1974), 383–436.
[68] Yu. V. Linnik. The large sieve. *C.R. Acad. Sci. URSS (N.S.)*, **30** (1941), 292–294.
[69] —. On the least prime in an arithmetic progression. I. The basic theorem. *Rec. Math. (Sbornik)*, **15** (1944), 139–178; II. The Deuring–Heilbronn phenomenon. *ibid.*, 347–368.
[70] J.E. Littlewood. Sur les distribution des nombres premiers. *C.R. Acad. Sci. Paris*, **158** (1914), 1869–1872.
[71] F. Mertens. Über eine Eigenschaft der Riemannschen ζ-Function. Sitzungsbericht Kais. Akad. Wiss. Wien Math. Natur. Cl. Abt. 2A, **107** (1898), 1429–1434.
[72] H.L. Montgomery. The analytic principle of the large sieve. *Bull. Amer. Math. Soc.*, **84** (1978), 547–567.
[73] H.L. Montgomery and R.C. Vaughan. The large sieve. *Mathematika*, **20** (1973), 119–134.
[74] Y. Motohashi. On some improvements of the Brun–Titchmarsh theorem. *J. Math. Soc. Japan*, **26** (1974), 306–323.
[75] —. An induction principle for the generalization of Bombieri's prime number theorem. *Proc. Japan Acad.*, **52** (1976), 273–275.
[76] —. On the Deuring–Heilbronn phenomenon. *I. Proc. Japan Acad.*, **53** (1977), 1–2; II. *ibid*, **53** (1977), 25–27.

[77] —. A note on the large sieve. *Proc. Japan Acad.*, **53** (1977), 17–19; II. *ibid*, **53** (1977), 122–124; III. *ibid*, **55A** (1979), 92–94; IV. *ibid*, **56A** (1980), 288–290.

[78] —. Primes in arithmetic progressions. *Invent. math.*, **44** (1978), 163–178.

[79] —. On the linear sieve. *Proc. Japan Acad.*, **56A** (1980), 285–287; II. *ibid*, **56A** (1980), 386–388.

[80] —. An elementary proof of Vinogradov's zero-free region for the Riemann zeta-function. *Recent Progress in Analytic Number Theory*. Vol. 1. Academic Press, London 1981, pp. 257–267.

[81] —. On the error term in the Selberg sieve. *Number Theory in Progress*. Vol. 2. W. de Gruyter, Berlin 1999, pp. 1053–1064.

[82] —. An observation on the zero-free region of the Riemann zeta-function. *Periodica Math. Hungarica*, **42** (2001), 117–122.

[83] Y. Motohashi and J. Pintz. A smoothed GPY sieve. *Bull. London Math. Soc.*, **40** (2008), 298–310.

[84] K. Ramachandra. A simple proof of the mean fourth power estimate for $\zeta(\frac{1}{2}+it)$ and $L(\frac{1}{2}+it,\chi)$. *Ann. Scuola Norm. Sup. Pisa*, (4) **1** (1974), 81–97.

[85] A. Rényi. On the representation of an even number as the sum of a prime and an almost prime. *Izv. Akad. Nauk SSSR Ser. Mat.*, **12** (1948), 57–78. (露語)

[86] B. Riemann. Über die Anzahl der Primzahlen unter einer gegebenen Größe. *Monatsber. König. Preuss. Akad. Wiss. Berlin*, a.d. Jahre 1859, 671–680 (1860).

[87] K.A. Rodosskii. On the least prime in an arithmetic progression. *Mat. Sb.*, **34** (76) (1954), 331–356.

[88] A. Selberg. On the zeros of Riemann's zeta-function. *Skr. Norske Vid. Akad. Oslo* (1942), No. 10, 1–59.

[89] —. On the normal density of primes in small intervals, and the difference between consecutive primes. *Arkiv for Math. og Naturv. B*, **47** (1943), No.6, 87–105.

[90] —. Contribution to the theory of Dirichlet's L-functions. *Skr. Norske Vid. Akad. Oslo* (1946), No. 3, 1–62.

[91] —. The zeta-function and the Riemann hypothesis. *10th. Skand. Math. Kongr.*, (1946), 187–200.

[92] —. On an elementary method in the theory of primes. *Norske Vid. Selsk. Forh., Trondhjem*, **19** (1947), 64–67.

[93] —. On elementary methods in prime number theory and their limitations. *11th. Skand. Math. Kongr., Trondhjem*, (1949), 13–22.

[94] —. The general sieve-method and its place in prime number theory. *Proc. Intern. Cong. Math., Cambridge, Mass.*, **1** (1950), 286–292.

[95] —. Sieve methods. *Proc. Symp. Pure Math.*, **20** (1971), 311–351.

[96] —. Remarks on sieves. *Proc. 1972 Number Theory Conf.*, Boulder 1972, pp. 205–216.

[97] —. Remarks on multiplicative functions. *Springer Lect. Notes in Math.*, **626**

(1977), 232–241.
[98] C.L. Siegel. Über Riemanns Nachlass zur analytischen Zahlentheorie. *Quellen und Studien zur Geschichte der Math. Astr. und Physik, Abt. B: Studien*, **2** (1932), 45–80.
[99] —. Über die Klassenzahl quadratischer Zahlkörper. *Acta Arith.*, **1** (1936), 83–86.
[100] P. Turán. On a denisty theorem of Yu.V. Linnik. *Magyár Tud. Akad. Mat. Kutató Intz.*, (2) **6** (1961), 165–179.
[101] C.-J. de la Vallée–Poussin. Recherches analytiques sur la théorie des nombres premiers. Premier Parte. La fonction $\zeta(s)$ de Riemann et les nombres premiers en général. *Ann. Soc. Sci. Bruxelles*, **20** (1896), 183–256.
[102] —. Sur la fonction $\zeta(s)$ de Riemann et le nombres des nombres premiers inférieurs à une limite donnée. *Mém. Courronnés et Autres Mém. Publ. Acad. Roy. Sci., des Letteres Beaux-Arts Belgique*, **59** (1899/1900), Nr.1.
[103] R.C. Vaughan. An elementary method in prime number theory. *Acta Arith.*, **37** (1980), 111–115.
[104] A.I. Vinogradov. The density hypothesis for Dirichlet L-series. *Izv. Akad. Nauk SSSR Ser. Mat.*, **29** (1965), 903–934; Corrigendum. *ibid.*, **30** (1966), 719–720. (露語)

索 引

和 文

鞍点法 28, 32, 38, 41, 67

一次元篩 115, 149, 189, 217, 233
　——の篩限界 138
　——問題 111, 113, 114, 126, 127, 130, 147
　Jurkat–Richert の—— 147, 186
　Rosser の—— 127, 146, 147, 181, 222
因数表 (シュメールの) 105

緩衝因子 (Dirichlet 多項式) 80, 167, 168, 173, 188, 197
函数等式
　L-函数の—— 87, 92, 96, 172, 219
　Zeta-函数の—— 7, 8, 9, 11, 14, 27, 28, 31, 32, 52, 59, 61, 63, 71, 81

近似函数等式 28, 29, 34, 81

準指標 166

双対原理 159, 166, 193
素数定理の初等的証明 31, 54
素数分布の不規則性 35

対数積分 20, 29

凸性評価 27, 38, 90

非消滅領域
　L-函数の—— 92–94, 104

Zeta-函数の—— 14, 30, 36, 50, 54

双子素数予想 32, 83, 107, 109, 112, 113, 124, 146, 150, 181, 189, 247
篩 10, 28, 30, 54, 55, 80, 83, 92, 105, 108
　重み付き—— 186
　組み合わせ論的—— 112
篩係数 110, 112, 114, 119, 122, 125, 126, 127, 152, 217, 220, 221, 229
篩係数の水準 111, 119, 122, 186, 189, 217, 218, 220, 221, 241
篩限界 119, 122, 125, 130, 138
篩残余項 111, 112, 114, 124, 125, 147, 247
　——の双一次形 221, 222
　——Chen の着想 221, 247
　——Motohashi の着想 217–220, 247
　高次元篩の—— 247
　Iwaniec の—— 233
篩の次元 110, 124, 125

明示式 11, 16, 20, 25, 33, 35, 97, 99, 171, 215

臨界線 23, 32, 33, 35, 55, 187
臨界帯 10, 11, 36, 90, 91, 95

例外指標 94, 175, 202, 203, 204, 205, 208, 212, 216
例外零点 94, 96, 98, 100, 102, 148, 188, 208, 215
　——因子 215
零点

257

自明な―― 11, 19, 91, 95, 98
非自明な―― 91, 171, 173, 188, 189
複素―― 11, 12, 20, 23, 25, 33, 35, 50, 55, 60, 73, 74, 75, 78, 95, 168, 188, 197
臨界線上の―― 30, 33
零点密度
　――評価 74, 77, 177, 186, 188, 197, 211, 212
　――補題 104
　――予想 26
　――理論 26, 31, 55, 59, 60, 73, 80, 103, 187
重み付き―― 78

欧　文

Atkinson 漸近公式 82
Atkinson 分解 53, 63

Bombieri–Vinogradov, A.I., の平均素数定理 32, 175
　――の拡張原理 177
　――の原型 185
Borel–Carathéodory の定理 17, 29
Brun の純正篩 109, 112
Brun の着想 108, 114, 118, 152
Brun の篩 110, 112, 123
Brun の領域 214
Brun–Titchmarsh 定理 114, 148, 197
　――Montgomery–Vaughan の評価 167
　――Motohashi の評価 167, 218
Buchstab の等式 115, 146, 147, 188, 220, 234

Chebyshev の函数 9, 86, 97
Chen, J.R., の定理 181

de la Vallée-Poussin の素数定理 20
Deuring–Heilbronn 現象 208
Dirichlet の素数定理 83

Eratosthenes の篩 106, 108, 124

Euler 積 1–3, 5, 6, 9, 10, 15, 28, 31, 32, 60, 79, 80, 149, 167, 169, 188, 200, 205, 208, 214
Euler–Maclaurin の総和法 7

Farey 級数 125, 151, 160, 166

Gauss の予想 29, 35
Gauss の類数問題 105
Gauss 和 88
Goldbach 予想 83, 112, 114, 189

Hadamard の因数分解定理 12, 16, 91
Hardy–Littlewood 予想 108
Hilbert 不等式 80
Hoheisel の着想 23, 26, 30, 55, 79, 169, 177, 188
Huxley の素数定理 77

Landau の補題
　対数微分に関する―― 16, 30, 54
　Dirichlet 級数に関する―― 87, 103
Landau–Page の素数定理 99
Large sieve 80, 185
Lehmer の観察 34
Lindelöf 予想 26, 27, 52, 60, 77, 78, 81
Linnik 現象 104, 208, 215
Linnik の最小素数定理 185, 197, 203, 211, 213
Linnik の篩 150–151, 166
Linnik の分散法 177, 186, 217
L^2-不等式 55–59, 80, 149, 156–165, 177, 186
　加法的―― 169
　算術的―― 163, 165
　乗法的―― 169, 188
L^2-篩 149, 166, 177, 188, 197, 208, 214

Mertens の素数定理 23
Mertens の着想 13, 30

Perron の近似式 18, 20, 156, 187, 214,

236, 244
Poisson 和公式　9, 28, 37, 39, 51, 52, 54

Ramanujan の等式　3, 28, 53, 87
Riemann の遺稿　32
Riemann 予想　23, 24, 25, 26, 27, 31, 34, 52, 60, 73
　——の統計的証左　55, 167, 177
　拡張された——　31, 32, 103, 113, 114, 169, 177, 181, 185, 196, 197
　拡張された準——　208
　準——　24
Riemann zeta-函数　1
　——の 2 乗平均　62–70
　——の 4 乗平均　60, 80
　——の 12 乗平均　70
Rosser の篩　110, 114–119, 123, 125, 126, 129, 146, 220, 221, 247

Selberg の不等式　81
Selberg の篩　30, 147, 152, 159, 161, 166, 167, 186, 214, 217, 218, 222
　——の残余項　220, 247
Siegel の定理　100, 104
Siegel–Walfisz の素数定理　101

Turán の冪和法　214

Vinogradov, I.M., の素数定理　51
Vinogradov, I.M., の平均値定理　48
von Mngold 函数　9
　——の分解　241

Weyl の摂動　36, 39, 51, 52
Weyl 和　37, 41

索　引　259

MEMO

著者略歴

本橋洋一(もとはし よういち)

1944年　静岡県に生まれる
1966年　京都大学理学部数学科卒業
1999年　フィンランド科学アカデミー外国人会員
現　在　日本大学理工学部教授
　　　　理学博士
主　著　Sieve Methods and Prime Number Theory
　　　　（Tata IFR & Springer Verlag, 1983）
　　　　Spectral Theory of the Riemann Zeta-Function
　　　　（Cambridge Univ. Press, 1997）

朝倉数学大系1

解析的整数論 I
―素数分布論―

定価はカバーに表示

2009年11月15日　初版第1刷
2016年 1月25日　　　 第3刷

著　者　本　橋　洋　一
発行者　朝　倉　邦　造
発行所　株式会社 朝　倉　書　店

東京都新宿区新小川町6-29
郵便番号　162-8707
電　話　03(3260)0141
Ｆ Ａ Ｘ　03(3260)0180
http:// www.asakura.co.jp

〈検印省略〉

© 2009　〈無断複写・転載を禁ず〉　　　中央印刷・渡辺製本

ISBN 978-4-254-11821-6　C 3341　　Printed in Japan

JCOPY　<(社)出版者著作権管理機構 委託出版物>

本書の無断複写は著作権法上での例外を除き禁じられています．複写される場合は，
そのつど事前に，(社)出版者著作権管理機構（電話 03-3513-6969, FAX 03-3513-
6979, e-mail: info@jcopy.or.jp）の許諾を得てください．

好評の事典・辞典・ハンドブック

数学オリンピック事典	野口 廣 監修	B5判 864頁
コンピュータ代数ハンドブック	山本 慎ほか 訳	A5判 1040頁
和算の事典	山司勝則ほか 編	A5判 544頁
朝倉 数学ハンドブック［基礎編］	飯高 茂ほか 編	A5判 816頁
数学定数事典	一松 信 監訳	A5判 608頁
素数全書	和田秀男 監訳	A5判 640頁
数論＜未解決問題＞の事典	金光 滋 訳	A5判 448頁
数理統計学ハンドブック	豊田秀樹 監訳	A5判 784頁
統計データ科学事典	杉山高一ほか 編	B5判 788頁
統計分布ハンドブック（増補版）	蓑谷千凰彦 著	A5判 864頁
複雑系の事典	複雑系の事典編集委員会 編	A5判 448頁
医学統計学ハンドブック	宮原英夫ほか 編	A5判 720頁
応用数理計画ハンドブック	久保幹雄ほか 編	A5判 1376頁
医学統計学の事典	丹後俊郎ほか 編	A5判 472頁
現代物理数学ハンドブック	新井朝雄 著	A5判 736頁
図説ウェーブレット変換ハンドブック	新 誠一ほか 監訳	A5判 408頁
生産管理の事典	圓川隆夫ほか 編	B5判 752頁
サプライ・チェイン最適化ハンドブック	久保幹雄 著	B5判 520頁
計量経済学ハンドブック	蓑谷千凰彦ほか 編	A5判 1048頁
金融工学事典	木島正明ほか 編	A5判 1028頁
応用計量経済学ハンドブック	蓑谷千凰彦ほか 編	A5判 672頁

価格・概要等は小社ホームページをご覧ください．